edition suhrkamp 2655

Mit dem Lapidarium legen die Autoren den vorletzten Band ihrer Tetralogie vor, in dessen Mittelpunkt mit Mineralien und Steinen das dritte Reich der Natur steht. Gerade die Steine, die das Unbelebte verkörpern, erweisen sich dabei als äußerst dynamische Gebilde. Wie bereits für Tier und Pflanze, deren Vielfalt die Vorgängerbände gewidmet waren, so zeigt sich auch für die Steine, daß jegliche Bemühungen, zwischen den Seinsarten Grenzziehungen vorzunehmen, immer wieder selbst an ihre Grenzen stoßen. Zugleich fördert eine Wissensgeschichte der Steine eine Vielzahl spezifischer Phänomene zutage: Dazu gehören etwa Methoden der Datierung oder der Kristallzüchtung, Theorien der Zeitlichkeit oder der *agency* der Dinge und nicht zuletzt spezifische Disziplinen wie Mineralogie, Biogeochemie oder Quantenphysik.

In üppig illustrierten Vignetten über Goniometer, Ohr- und Zungensteine, Bezoare und Flüssigkristalle schlagen die Autoren den Bogen von der paläontologischen Semiotik, die Fossilien als Zeichen des Vergangenen liest, zu Experimenten, die der Psychoanalytiker Josef Breuer zum Gleichgewichtsorgan durchführte; von Radionukliden, die nach Atomwaffentests menschliche Körper verstrahlen, über Lagesensoren, die in moderne Smartphones verbaut sind, gelangen sie zu Quarzkristallen, die, einmal entsprechend programmiert, als Äquivalente zu Wünschelruten herhalten können.

Benjamin Bühler ist Germanist und Kulturwissenschaftler. Derzeit ist er als Heisenberg-Stipendiat am Zentrum für Literatur- und Kulturforschung in Berlin tätig.

Stefan Rieger ist Professor am Institut für Medienwissenschaft an der Ruhr-Universität Bochum. Zuletzt erschienen im Suhrkamp Verlag *Multitasking. Zur Ökonomie der Spaltung* (eu 46) und *Schall und Rauch. Eine Mediengeschichte der Kurve* (stw 1849).

Benjamin Bühler
Stefan Rieger

# Bunte Steine

## *Ein Lapidarium des Wissens*

Suhrkamp

Dieses Buch wurde gefördert mit Mitteln des im Rahmen
der Exzellenzinitiative des Bundes und der Länder eingerichteten
Exzellenzclusters »Kulturelle Grundlagen von Integration«
der Universität Konstanz.

Erste Auflage 2014
edition suhrkamp 2655

Originalausgabe

Satz: Satz-Offizin Hümmer GmbH, Waldbüttelbrunn
Druck: Druckhaus Nomos, Sinzheim
Umschlag gestaltet nach einem Konzept
von Willy Fleckhaus: Rolf Staudt
Printed in Germany
ISBN 978-3-518-12655-4

## *Inhalt*

# Einleitung

> Den Rest gab ihm das Auftreten des Dozenten Bohu Wamohu aus Kulahari, der sich in Oxford befand, weil er ein Schwager des Kulturministers war und eine Arbeit mit dem Titel »Der Stein als Antriebsfaktor des europäischen Denkens« vorgelegt hatte.
> Es ging ihm darum, daß in den Namen der Menschen, die bahnbrechende Entdeckungen gemacht hatten, der Stein auftritt, z. B. im Namen des größten Physikers (EinSTEIN), des größten Philosophen (WittgenSTEIN), des größten Theaterleiters (FelsenSTEIN), aber auch im Namen der Schriftstellerin Gertrude STEIN und des Philosophen Rudolf STEINer. Was die Biologie betrifft, so zitierte Bohu Wamohu den Verkünder der hormonalen Verjüngung STEINach, und zum Schluß versäumte er nicht hinzuzufügen, Wamohu heiße auf lamblisch soviel wie »Stein aller Steine«.
>
> *Lem 2003 [1957], 439*

## *Drei Naturreiche*

Die Steine sind als Naturobjekte den Pflanzen und Tieren gleichberechtigt. So brachte der Arzt Emanuel König (1658-1731) die geläufige neuzeitliche Ordnungsform auf den Begriff der drei Naturreiche, denen er denn auch drei Werke widmete: *Regnum animale* (1682), *Regnum vegetabile* (1686) und *Regnum minerale* (1688). Diese Dreiteilung blieb unbestritten bestehen. Dagegen herrschte bezüglich der internen Ordnung der Naturreiche kein Konsens unter den Naturforschern der frühen Neuzeit. Johann Friedrich Gmelin hält im Jahr 1777 fest, es habe zwischen den Jahren 1647 und 1775 über 27 verschiedene Systeme der Mineralogie gegeben (zitiert nach Adams 1954 [1938], 200). Für die Botanik hat Wolf Lepenies von Caspar Bauhin bis Carl von Linné 25 verschiedene Klassifikationssysteme ausgemacht (vgl. Lepenies 1978, 53 f.) Selbst nach Carl von Linnés Ausarbeitung der bis heute weitgehend gültigen Differenzierung der Reiche in Klassen,

Ordnungen, Familien, Gattungen, Arten und Varietäten blieben die Ordnungsformen Gegenstand zahlreicher Kontroversen, insbesondere wenn der Anspruch, ein *natürliches* System entwikkelt zu haben, erhoben wurde.

Angesichts der Vielzahl unterschiedlicher Ordnungssysteme bedurfte es Kriterien für die Auswahl eines bestimmten Systems, welche Georges-Louis Leclerc de Buffon im ersten Kapitel »De la manière d'étudier & de traiter l'Histoire Naturelle« des ersten Bandes seiner Naturgeschichte *Histoire naturelle, générale et particulière* (1749) mit Hilfe eines Gedankenexperiments präsentierte: Man stelle sich einen Menschen vor, der bei seinem Erwachen aus einem tiefen Schlaf keinen der Gegenstände kennt, die ihn umgeben. Buffon führt diesen Menschen auf ein freies Feld, wo sich ihm Tiere, Vögel, Fische, Pflanzen und Steine darbieten. Dieser Mensch werde zwar zuerst nicht unterscheiden und alles vermengen, bald aber beginne er, leblose von lebendigen Dingen, Pflanzen von Tieren und dann auch auf dem Land, im Wasser und in der Luft lebende Tiere zu unterscheiden. Diese Ordnung sei unter all den bisher gemachten die am wenigsten willkürliche, weshalb sie allen anderen vorzuziehen sei. Dem möglichen Einspruch, man könne ja nicht sicher wissen, wo die Grenzlinien zwischen Tieren und Pflanzen, Pflanzen und Mineralien wirklich verlaufen und wie die drei Reiche der Natur voneinander abzutrennen seien, begegnet Buffon mit dem Hinweis auf die Offenheit und damit Veränderbarkeit des Wissens: Man dürfe die Kategorien eben nicht absolut und ausschließend formulieren.

Wie alle Bände »unseres Projekts« thematisiert auch das *Lapidarium* die Frage nach der – mit Michel Foucault gesprochen – *Ordnung der Dinge*. Widmete sich das *Bestiarium* der Differenz von Tier und Mensch, das *Florilegium* den kulturellen Dimensionen der Pflanzen und bezicht das *Machinarium* das Reich der Artefakte ein, so richtet das *Lapidarium* seinen Fokus auf eine andere Differenz. Denn die Steine markieren als unbelebte Objekte die Grenze zwischen Nichtleben und Leben, zwischen anorganischer und organischer Natur. Damit steht auch ein Lapidarium im Horizont des Wissens vom Menschen, wie sich etwa am Beispiel der philosophischen Anthropologie des frühen 20. Jahrhunderts zeigt. Während Max Scheler die Unterscheidung anorganisch/organisch voraussetzt und sich gleich dem Aufbau der »biopsychischen Welt« widmet, stellt Helmuth Plessner gerade diese Unterscheidung ins Zentrum seiner Überlegungen zur theoretischen Biologie, um zu konstatieren: Nur lebende Körper haben ein besonderes Verhältnis zu ihrer eigenen Grenze (vgl. Plessner 2003, 175 f.). Und schließlich ist hier auch der vielzitierte, die Pflanze ausnehmende Satz von Martin Heidegger anzuführen: »[D]er Stein ist weltlos, das Tier ist weltarm, der Mensch ist weltbildend« (Heidegger 1983 [1929/30], 261). Sowohl Plessner als auch Heidegger rekurrieren hierbei auf avancierte biologische Forschungen, etwa auf Wilhelm Roux' Entwicklungsmechanik, Wolfgang Köhlers Gestalttheorie oder Jakob von Uexkülls Umweltlehre, lassen die anorganische Natur dafür aber völlig unbestimmt. Die anorganischen Objekte stehen somit in der Position eines zugleich eingeschlossenen und ausgeschlossenen Dritten: Ohne sie läßt sich »Leben« nicht bestimmen, zugleich scheiden sie als unmarkierte Objekte aus den jeweiligen Theorien aus – nicht ohne als Gespenster wiederzukehren, etwa in der *Kristallisation* der Kultur. Darunter verstand der philosophische Anthropologe Arnold Gehlen den Eintritt eines Zustandes auf irgendeinem kulturellen Gebiet, in dem alle darin angelegten Möglichkeiten grundsätzlich entwickelt seien, das heißt, ein »kristallisiertes System« ist nach Gehlen zwar noch beweglich, allerdings finden Neuigkeiten und Überraschungen nur noch in einem bereits »abgesteckten Feld und auf der Basis der schon eingelebten Grundsätze« statt (Gehlen 2004 [1961], 307).

## *Die Dynamik der Steine*

Dabei zeigt gerade der Kristall, daß Steine weder auf leblose Dinge noch auf passive Objekte reduziert werden können, sind ihre Beziehungen zum Reich des Lebendigen doch weitaus vielfältiger und komplexer. Eben aus der Analogie zwischen der Kristall- und der Zellbildung entwickelte der Physiologe Theodor Schwann eine Theorie, gemäß der die Annahme einer spezifischen Lebenskraft obsolet ist, denn, so Schwann in seiner wegweisenden Studie *Mikroskopische Untersuchungen über die Übereinstimmung in der Struktur und dem Wachstum der Thiere und Pflanzen* (1839), die »Grundkräfte des Organismus« stimmen »wesentlich mit den Kräften der anorganischen Natur überein« (Schwann 1987 [1839], 99 und 103). Der Vergleich mit den Kristallen (ebd., 114) öffnete somit in der Zelltheorie den Weg zu einer auf Physik und Chemie gegründeten Biologie – auch wenn Schwanns Theorie einer extrazellulären Entstehung von Zellen ein schnelles Ende fand, denn nach Rudolf Virchow galt: Jede Zelle kann nur aus einer anderen Zelle entstehen (»Omnis cellula e cellula«).

Die Betrachtung der Steine als passive Objekte ist demnach nur eine Seite ihrer Kultur- und Wissensgeschichte, denn sie sind alles andere als nur das unmarkierte Gegenüber der dynamisch erscheinenden lebenden Objekte. Die Steine sind vielmehr Akteure, die die Grenze zwischen Unbelebtem und Belebtem immer wieder überschreiten. Als in Ovids *Metamorphosen* (Ovid 1964, 38) nach der großen, von Jupiter veranlaßten Überschwemmung nur Deucalion und Pyrrha überleben, werfen sie auf Anweisung der Göttin Themis Steine hinter sich, die sodann ihre Härte und Starrheit verlieren und Menschengestalt annehmen. Der in christlichen Sagen erfundene Gral wiederum ist der lebenspendende Stein schlechthin – wenn auch (möglicherweise) nur aufgrund eines Übersetzungsfehlers. Denn in der Vorlage von Wolfram von Eschenbachs *Parzival*, Chrétien de Troyes' Roman *Perceval*, bezeichnete der Gral das Gefäß, in dem man die Hostie aufbewahrte. Bei Eschenbach jedenfalls heißt es: »dâ wont ein werlîchu schar. / ich will iu künden umb ir nar. / si lebent von einem steine: / des geslähte ist reine.« (»Die Truppe ist sehr kampferprobt. / Ich sage Euch, wovon sie leben: / alle dort ernährt ein Stein, / in seinem Wesen äußerst rein.«) (Eschenbach 2006, 777f. [469, 1-4]) Die Menschen auf der Gralsburg leben von dem Stein, vom *grâl*, dessen Wesen rein sei. So hält er Anfortas trotz seiner vergifteten Wunde am Leben, und auch der erste Gralshüter Titurel stirbt trotz seiner unheilbaren Lähmung dank des Grals nicht.

Es ist gerade die Literatur, die die Dynamik der Steine immer wieder herausstellt und somit die Grenzlinien zwischen den Reichen der Natur unterläuft. So ist der Titel unseres Lapidariums denn auch einem literarischen Text entlehnt, nämlich Adalbert

Stifters Erzählsammlung *Bunte Steine* (1852). In der Einleitung zu diesem Buch verweist Stifter auf drei zentrale Semantiken, die mit dem Stein ins Spiel kommen: Erstens erscheint der Stein als Gebrauchsobjekt, denn aus Steinen verfertige man »Täfelchen, Würfel, Ringe und Petschafte« (Stifter 1982 [1852], 17); zweitens als ästhetisches Objekt, wenn ein Stein nämlich »geheimnisvoll glänzte und leuchtete und äugelte« (ebd., 18); drittens als wissenschaftliches Objekt, nämlich als Teil einer Sammlung. Indem Stifter darüber hinaus die Ökonomie, Ästhetik und Wissenschaft der Steine durch seine Erzählungen kurzschließt, knüpft er an die Tradition der Lapidarien an, welche, wie der Orientalist Moritz Steinschneider in seinem kulturgeschichtlichen Versuch über Lapidarien betont, einen »verhältnismäßig reiche[n] Literaturzweig« des Mittelalters bildeten und in denen sich merkantilistische, naturhistorische, medizinische, mystische, magische und moralische Aspekte verschränkten (Steinschneider 1897, 42). Bei Stifter geht es allerdings nicht mehr um die heilsamen Wirkungen oder die Symbolik von Edelsteinen. Wenn er die Steine – die Überschriften der Erzählungen lauten »Granit«, »Kalkstein«, »Turmalin«, »Bergkristall«, »Katzensilber« und »Bergmilch« – in einen literarischen Kontext stellt, hebt er vielmehr ihre vielfältigen semantischen Dimensionen heraus: »Weil es unermeßlich viele Steine gibt, so kann ich gar nicht voraus sagen, wie groß diese Sammlung werden wird.« (Stifter 1982 [1852], 19) Sowohl die Literatur als auch die Wissenschaft schreiben sich demnach entlang den unermeßlich vielen Gegenständen ins Unendliche hinein fort. Stifter schließt hier nicht zuletzt an die Romantik an, etwa wird in E. T. A. Hoffmanns Erzählung »Johannes Kreislers Lehrbrief« aus seinen *Fantasiestücken in Callots Manier* (1814) gerade ein Stein zum Zeichenträger, das auf ihm wachsende Moos bildet die »seltsamsten Figuren«, »Zeichen«, die sich einer eindeutigen Bedeutungszuweisung entziehen bzw. die gerade den Raum eines unendlichen Spiels der Signifikanten eröffnen (Hoffmann 1966 [1814], 323).

Das Reich des Mineralischen ist somit gerade nicht stumm, leblos und passiv, im Gegenteil: Steine führen eine Semiotik der Dinge vor, an welcher deutlich wird, daß von den Dingen eine, wie Hartmut Böhme schreibt, »formative Kraft« ausgeht:

»Kurz gesagt: Dinge tun etwas mit den Menschen (und nicht nur wir mit ihnen).« (Böhme 2006, 18 f.) Diesem Tun der Dinge geht unser Lapidarium nach: So stellen zum Beispiel Objekte wie der Bezoar oder die Flüssigkristalle die Grenzen der Mineralogie in Frage, während Grenzsteine Unterscheidungen fixieren; fossile Objekte wie die Zungensteine konstituieren eine spezifische Semiotik zur Rekonstruktion des Vergangenen, während Transurane die instabile Materialität moderner Dinge in den Fokus rücken; Kohle konfrontiert die Zeit der Ökonomie mit derjenigen der Sedimentierung, während der Ohrstein unterschiedliche Bewegungsformen experimentell nachstellen läßt und anläßlich des Turmalins neue Akteursmodelle beschreibbar werden. In diesem Sinn untersucht das vorliegende Lapidarium die Modi, in denen Steine als Objekte und als Akteure Dynamiken und Vernetzungen von Wissen erzeugen.

## *Geologie der Zeit*

Vor allem aber stellen Steine etwas mit der menschlichen Zeit an. In Andreas Gryphius' Gedicht »Weicher=Stein« (1663) bringt ein als Kartentisch fungierender Stein nicht nur Freunde aus »vier benachbarten Fuerstenthuemern zusammen«, sondern erscheint als »Ebenbild der Welt / auff der wir Blutt und Leichen // Und Ehr' und Hab und Stand umb ein gewisses Zill // Ja wol die Seele selbst offt setzen auff ein Spill« (Gryphius 1964 [1663], 53). Der Stein erweist sich somit als mehrfache Allegorie (vgl. dazu ausführlich Kaminski 1998, 54-60): Er stellt einen Versammlungsort und zugleich das Ebenbild der Welt dar und ist damit auch die Bühne, als welche die Welt im Sinne der *theatrum mundi*-Metapher verstanden wird. Gryphius spielt hiermit auf den *vanitas*-Gedanken an, der Mensch ist, wie es in Gryphius' Gedicht »Es ist alles eitel« heißt, dem »Spiell der Zeitt« ausgesetzt (Gryphius 1963 [1663], 34). Die mit dem Stein aufgerufene Zeitlichkeit verleiht ihm denn auch, mit Walter Benjamin formuliert, einen Platz im »Inventar der Sinnbilder« der Melancholie, hat diese ihren Grund doch gerade in der »Gebrechlichkeit der Kreatur« (Benjamin 1974a [1928], 331 und 321).

Die mit den Steinen in Erscheinung tretende andere Zeitlichkeit sollte zum Charakteristikum der Geologie werden. Der Paläontologe und Wissenschaftshistoriker Stephen Jay Gould schloß für die Beurteilung der Bedeutung der Geologie an Sigmund Freuds Rede von den Kränkungen des Menschen an. Denn Freud habe die große zeitliche Begrenzung, welche die Geologie dem Menschen auferlegte, vernachlässigt, nämlich »the discovery of ›deep time‹« (Gould 1987, 2; den Ausdruck *deep time*, Tiefenzeit, übernimmt Gould von dem Sachbuchautor John McPhee). Die Melancholie hält denn auch Einzug in die Geologie, wie Gould mit einem Zitat aus George Lyells Hauptwerk *Principles of Geology* (1833) vorführt:

> Such views of the immensity of past time, like those unfolded by the Newtonian philosophy in regard to space, were too vast to awaken ideas of sublimity unmixed with a painful sense of our incapacity to conceive a plan of such infinite extent. Worlds are seen beyond worlds immeasurably distant from each other, and beyond them all innumerable other systems are faintly traced on the confines of the visible universe. (Zitiert nach Gould 1987, 2)

Lyell reagiert hier – mit Bezug auf das Werk des Geologen James Hutton – auf die die disziplinären Grenzen der Geologie überschreitenden Konsequenzen der um 1800 in Erscheinung tretenden Tiefenzeit. Auch wenn hier eine radikale Öffnung der Zeitvorstellung erfolgte, reicht die Tiefenzeit doch bis ins 17. Jahrhundert zurück, denn nach Martin Rudwick war die Geologie als Wissenschaft von der Erde die erste historische Wissenschaft und leistete bereits im 17. Jahrhundert ein Aufbrechen der insbesondere biblischen Zeitauffassung, wie der treffende Titel seiner Studie deutlich macht: *Bursting the Limits of Time* (Rudwick 2005, vgl. zur Geologie nach 1800 Rudwick 2008).

Ihr Pendant finden Lyells Ausführungen im Werk Stifters, der wie kaum ein anderer die radikale Kluft zwischen der Zeit der Steine und der Zeit des Menschen ausgestellt hat. Seine Erzählung »Der Hochwald« (1841) zum Beispiel beginnt mit einem regelrechten Zoom von einem den »Gränzknoten« zwischen dem böhmischen Land, Österreich und Bayern bildenden »derben Gebirgsstock« und dessen Wald hin zu den Protagonisten der Erzählung (Stifter 1980 [1841], 211). Der in Stunden gemessenen

Zeit des Wanderers steht hier eine »wilde Lagerung zerrissener Gründe« gegenüber, bestehend aus dem »dunklen Todtenbette tausendjähriger Vegetation, worauf viele einzelne Granitkugeln liegen, wie bleiche Schädel von ihrer Unterlage sich abhebend« (ebd., 212). Vor dem Hintergrund dieses »Felsentheaters« (ebd., 213) spielt sich die folgende Geschichte ab, die nicht zufällig auf dem Schauplatz einer Ruine enden wird, welche ihre ästhetische Wirkung aus ihrem »Vergangenheitscharakter« erhält, wie es der Soziologe Georg Simmel in seinem Essay »Philosophische Kultur« aus dem Jahr 1911 formuliert. Die Ruine schaffe nämlich die »gegenwärtige Form eines vergangenen Lebens [...] nach seiner Vergangenheit als solcher« (Simmel 1996 [1911], 294). Allerdings verschmelzen bei Stifter die Gegensätze von Vergangenheit und Gegenwart nur bedingt in einer »Einheitsform« (ebd., 295), denn bricht der Beginn der Erzählung die Vergangenheit in eine geologische Tiefenzeit auf, so endet sie gerade mit der Aufhebung der Zeit selbst.

In Stifters Werk affiziert die Zeit der Steine auch die der Menschen. Zwar repräsentieren die Steine die Tiefenzeit, aber sie unterstehen dennoch einem Prozeß der Veränderung, in der Terminologie der Mineralogie des 19. Jahrhunderts ausgedrückt: der Verwitterung. Stifters Texte arbeiten diese »Epistemologie der Verwitterung« poetisch aus, indem in ihnen sowohl Gesteine als auch Traditionen zersetzt werden (Vogel 2013). Die geologische Zeit relativiert somit zum einen die menschliche Zeit aufgrund ihrer Länge, zum anderen verweist die Verwitterung der Steine auf die Instabilität der menschlichen Wirklichkeit.

Mit den Steinen treten aber ebenso Formen der Ermächtigung über die Tiefenzeit auf. Eine zentrale Strategie der Zeitbeherrschung ergab sich aus der Verräumlichung der Zeit durch die Metapher der Schicht. Die Stratigraphie verknüpfte bereits in ihren Anfängen, das heißt im Werk von Niels Stensen (1638-1686), geologische Schichten und Perioden über die fossilen Objekte. Abraham Werner, der große Geologe des späten 19. Jahrhunderts, etwa beschrieb Formationen anhand ihrer mineralogischen Komposition, ihrer topographischen Position und der enthaltenen Fossilien (vgl. Rudwick 1985a, 126). Während die Geologen den Fossilien eher wenig Aufmerksamkeit schenkten, formulierte

Georges Cuvier das Prinzip der Stratigraphie gerade angesichts der fossilen Überreste des *Palaeotherium* (»altes Tier«) folgendermaßen: »the older the beds in which these bones are found, the more they differ from those animals we know today« (zitiert nach Rudwick 1985a, 127). Damit erhalten die Fossilien eine doppelte Bedeutung: Sie sind die Wissenschaftsobjekte der im 19. Jahrhundert auch disziplinär entstehenden Paläontologie, und sie sind technische Objekte der Paläontologie und Geologie, denn als Leitfossilien definieren sie spezifische geologische Epochen. So heißt es im *International Stratigraphic Guide* (1976): »The purpose of biostratigraphic classification is to organize rock strata systematically into named units based on content and distribution of fossils.« (Hedberg 1976, 45)

Die Verbindung zwischen Erdschichten und Zeitperioden markiert aber nicht nur eine zentrale Technik der relativen Zeitbestimmung, sondern erzeugt auch eine vor allem in den Humanwissenschaften des späten 19. und frühen 20. Jahrhunderts wirkmächtige Metapher. Dabei wird erstens die bei Charles Darwin durchaus netzwerkartig gedachte Evolution zu einer linear und hierarchisch organisierten »Stufenleiter des Fortschritts« (Haeckel 1872, 278; vgl. dazu ausführlich Bowler 1988), zweitens verlagern sich die geologischen Schichten in das Innere des Menschen und schreiben solchermaßen die geologische Zeit in den Körper ein. In Wilhelm Bölsches dreibändigem Werk *Das Liebesleben in der Natur* (1905) zum Beispiel lagern im menschlichen Leib »Altersschichten« wie in einem Bergwerk aufeinander (Bölsche 1905, Bd. II, 157), der Leib sei die »tiefere selbständige Schicht der Individualität« (ebd., 388). Der Psychologe Ernst Kretschmer wiederum leitet aus dem Schichtcharakter eine ganze Psychopathologie ab, denn Krankheiten wie Hysterie oder Schizophrenie seien dadurch gekennzeichnet, daß »entwicklungsgeschichtlich niedrigere psychomotorische Funktionsweisen an die Oberfläche kommen« und die Führung über die entwicklungsgeschichtlich höheren Zentren übernehmen (Kretschmer 1939, 45). Es ist somit das »Durchschlagen« der entwicklungsgeschichtlich älteren, und das heißt stets niederen Zentren, das zu Krankheit, Irrsinn oder Verbrechen führt. Auf den Punkt brachte die Verlagerung der Schichten in den Körper Gottfried

Benn in seinem Essay mit dem sprechenden Titel »Der Aufbau der Persönlichkeit. Grundriß einer Geologie des Ich« (1930). Benn macht in diesem Essay, der sich wie eine Diskursanalyse der Humanwissenschaften liest, im Schichtungscharakter des Psychischen den Kerngedanken der modernen Humanwissenschaften aus.

Die Zeit läßt sich aber nicht nur durch Fossilien bestimmen, auch die Elemente selbst fungieren als technische Objekte der Zeitmessung, wie die verschiedenen radiometrischen Methoden vorführen, welche auf der Zerfallsrate von Atomkernen beruhen. Radioaktive Isotope charakterisiert man hierbei anhand ihrer Halbwertszeit, der Zeitspanne also, innerhalb deren die Hälfte der Kerne zerfällt, und der bei dem Zerfall freiwerdenden Energie. Da die radioaktiven Isotope unterschiedliche Halbwertszeiten haben, lassen sich mit ihnen auch unterschiedliche Zeitdimensionen abdecken. Zum Beispiel zerfällt Kalium 40 in ca. 1,3 Milliarden Jahren zur Hälfte in Argon 40, so daß man mit Kenntnis der Halbwertszeit sowie der Konzentration der Anteile von Kalium und Argon das Alter des jeweiligen Gesteins bestimmen kann. Für biologische Fragestellungen eignet sich dagegen die Kohlenstoff-14-($^{14}C$)-Methode, weil $^{14}C$ (Halbwertszeit ca. 5760 Jahre) gemeinsam mit dem gewöhnlichen Kohlenstoff $^{12}C$ durch Photosynthese in den Stoffwechsel der Pflanzen gelangt. Da ein toter Organismus kein neues $^{14}C$ aufnimmt, läßt sich so das Alter des organischen Materials feststellen (vgl. ausführlich zu solchen Methoden Dalrymple 1991; Hedmon 2007).

Mit den Steinen eröffnet sich somit zwar ein unermeßlicher Zeitraum, der insbesondere im 18. Jahrhundert die biblischen Zeitvorstellungen verblassen läßt, zugleich aber bieten sie sich selbst an als Werkzeuge der Bändigung dieses Abgrunds der Zeit. Allerdings kann es sich stets nur um flüchtige Ermächtigungen handeln. Die Stratigraphie leistet schließlich zuerst einmal eine relative Zeitbestimmung, während die radioaktiven Uhren zwar der absoluten Zeitmessung dienen, doch nicht selten vervielfachen sich diese absoluten Zeiten aufgrund unterschiedlicher Meßmethoden und -agenten. Ein weiterer Aspekt der Zeit der Steine ist die Konfrontation unterschiedlicher Geschwindigkeiten. Denn während zum Beispiel die Millionen von Jahren erfordernde Bildung fossiler Rohstoffe einen Prozeß der Entschleunigung darstellt, erfolgt deren Verbrauch gerade im Modus der Beschleunigung. Und zu guter Letzt eröffnen die Steine auch umgekehrt den Raum der Zukunft: ob das Zeitalter des Anthropozäns eingeläutet wird oder ob Zukunftsvisionen eine menschenleere Welt der Steine entwerfen.

Wie kaum ein anderer hat der französische Philosoph und Soziologe Roger Caillois das imaginative Potential der Steine ausbuchstabiert. Sein Buch *Pierres* (1966) folgt dabei selbst einer imaginativen Ordnungsform, wenn er kieselhaltigen Sinterungen, Kupfer, Achat, Quarzphantom, widernatürlichen Steinen oder auch Dendriten, den Verzweigungen auf Steinen, Kapitel widmet. Pointiert bringt er hierbei die Zeitlichkeit der Steine auf den Punkt: »Von Steinen spreche ich, die älter sind als das Leben und die nach ihm, wenn es das Glück erfuhr, auf ihnen zu erblühen, auf den erkalteten Planeten fortdauern.« (Caillois 1983 [1966], 6) Bei Caillois dreht sich solchermaßen die Opposition von lebendig und leblos, denn es seien die Menschen, welche die Steine, die noch als zerbrochene ganz seien, um ihre Dauerhaftigkeit, ihre Härte, ihren Starrsinn und Glanz beneideten.

Wie Caillois' Schriften über Steine so geht auch dieses Lapidarium den *diagonalen* Verkettungen des an, mit und durch Steine konstituierten Wissens nach. Sein Gegenstand sind Wissensformen wie Mineralogie und Geologie, Geophysik und Biogeochemie, Theologie und Ökonomie, Paläontologie und Veterinärmedizin, Quantenphysik und Radioökologie. Indem wir unter die Kategorie *Steine* – der Offenheit unserer bisherigen Ordnungslogik treu bleibend – auch Fossilien, chemische Elemente und selbst die Erde oder tierische Exkremente fassen, gehen wir sowohl dem für dieses Naturreich spezifischen Wissen nach als auch seinen Rändern, an denen sich eine andere Geschichte des Lebens, der Zeit, des Menschen und nicht zuletzt des Sozialen abzeichnet.

*Benjamin Bühler, Stefan Rieger*

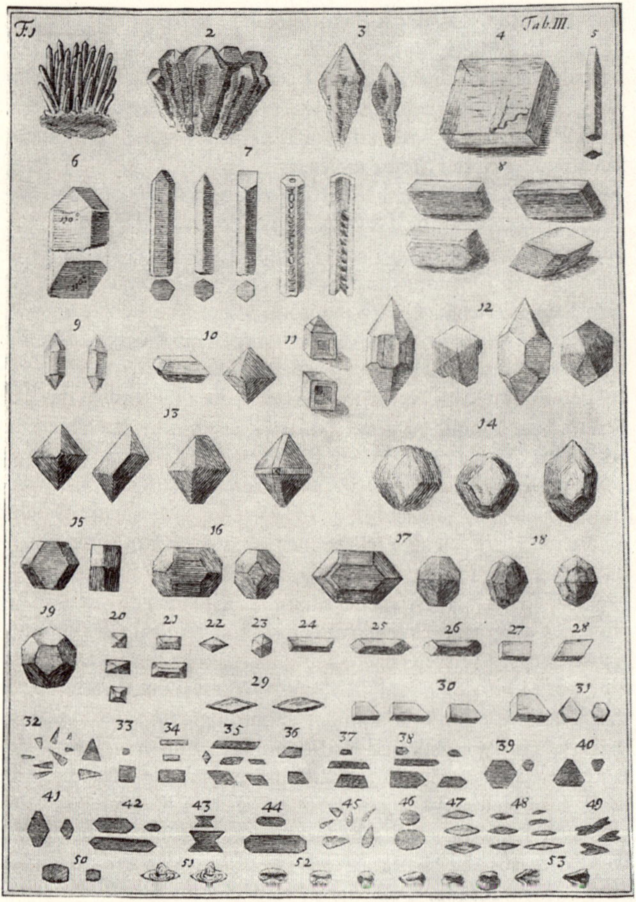


Abb. 1: Kristallzeichnungen von Moritz Anton Cappeler 1723 nach Fabian 1986.

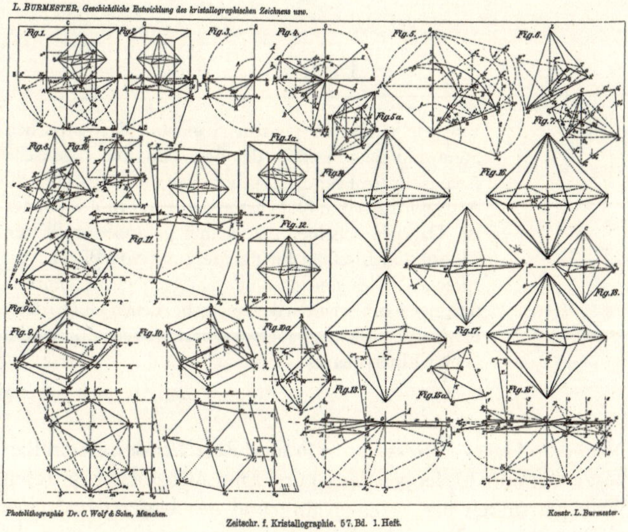


Abb. 2: Kristalltypen nach Ludwig Burmester 1922.

# Bezoar

> Ein rätselhaftes Ding zwischen Land und Meer, zwischen Stein und Baumharz ist der Bernstein. Die chemische Analyse spricht für die Zugehörigkeit zum Mineralreich. Auch wird aus ihm Öl bereitet, das dem Erdöl verwandt ist. Dagegen scheinen die in ihm gefundenen Blätter, Moose und Insekten für die Herkunft von Bäumen zu sprechen. Dies sind aber nur übriggebliebene Umrisse und gleichsam Schatten der eingeschlossenen Dinge: denn der Körper selbst ist längst verzehrt, und man findet ihn beim Öffnen niemals.
>
> *Leibniz 1949 [1749], 139*

Nachdem Harry Potters bester Freund Ron Weasley einem Liebeszauber zum Opfer gefallen ist und dann auch noch vergifteten Wein getrunken hat, weiß er aufgrund des Unterrichtsfaches »Zaubertränke« Rat: Schnell holt er aus dem Koffer seines Lehrers das Gegenmittel: »the shrivelled kidney-like stone« (Rowling 2005, 373). Harry stopft den Bezoar in den Mund seines Freundes und rettet ihm damit das Leben. Daß Bezoare gegen Gifte wirken, ergibt sich bereits, wie der Eintrag in *Zedlers Universallexikon* weiß, aus der Etymologie, wobei der Artikel gleich mehrere Herleitungen vorschlägt. Bezoar könne von den hebräischen Wörtern »Bed«, Arznei, und »Zahard«, Gift, stammen oder aber von »Bel«, König, und »Zoar«, Gift; möglich sei auch die Herkunft aus dem Persischen, der Ausdruck »Pa-Zàhar« setze sich zusammen aus »Pa«, contra, und »Zahar«, Gift (Zedler 1733, 1662).

Bei Bezoaren handelt es sich nicht um echte Steine, sondern um aus unverdauten Haaren und Fellresten bestehende Bälle, die im Magen von Ziegen, Katzen oder auch Greifvögeln entstehen. Doch gerade *weil* Bezoare keine echten Steine sind, konstituieren sie Verhandlungen über die Ränder der Gesteinskunde. Der Bezoar ruft schließlich mindestens drei zentrale Fragen der Mineralogie auf, nämlich nach der Wirkkraft und der Ordnung der Steine sowie nach dem Objekt der Mineralogie.

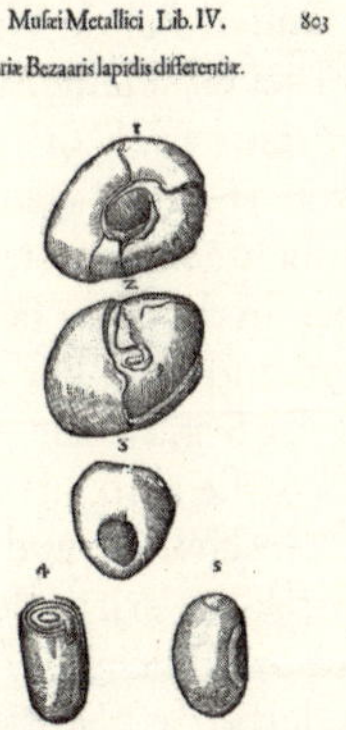


Abb. 1: Bezoare nach Aldrovandi 1648.

Der Artikel in *Zedlers Universallexikon* differenziert die Bezoare nach Herkunft, Gestalt, Aufbau und Wirkungskraft in vier unterschiedliche Steine. Der aus Persien und Ostindien stammende orientalische Bezoar-Stein sei ein sehr zarter und mürber glänzender Stein, grünlich oder olivenfarbig, der von außen dicht sei, nach innen aber Schalen wie eine Zwiebel aufweise. Der zweite aus Peru und Westindien kommende okzidentalische Bezoar-Stein sei rauh und grau, seine Exemplare zeigten unterschiedliche Größe und Gestalt, aber auch er bestünde aus Schalen, wenn auch aus dickeren als der orientalische Bezoar. Eine weitere, besonders wertvolle Art des Bezoars sei der aus Ostindien kommende Sau- oder Schwein-Stein, der die Größe einer Haselnuß besitze und nur bei wenigen, vorzüglich kranken Stachelschweinen vorkomme, weshalb er so rar und kostbar sei. Die letzte angeführte Variante ist der Affen-Bezoar, der sogar ein eigenes Lemma erhält. Der Affen-Stein sei klein wie eine Nuß, rund oder oval und von schwärzlicher Farbe. Man finde ihn im Kopf oder im Magen von Pavianen. Im Vergleich zu den anderen Formen weise der Affen-Stein die größte Kraft auf, er treibe Schweiß, widerstehe der Pestilenz und anderen Seuchen, besonders aber Giften (Zedler 1732, 719).

Die Zuschreibung mannigfacher heilender Wirkkräfte an Steine reicht von der Antike bis in die Gegenwart (→ Quarz). Zahlreiche Belege hierfür finden sich in Plinius' *Naturalis historiae*. Der Magnetstein etwa sei ein Heilmittel gegen Tränenfluß und Verbrennungen (vgl. Plinius 2007, 91), der sogenannte *sarkophagus* zehre innerhalb von vierzig Tagen Leichen aus (laut Kommentar ist wahrscheinlich gebrannter, spaltbarer Kalkstein gemeint, den man Leichen in den Sarg beigab und der die Flüssigkeit aufsaugte; ebd., 91 und 184), der einer Scherbe gleichende *ostrakitai* (möglicherweise Sepiaschale, ebd., 188) diene dem Glätten der Haut, als Trank stille man mit ihm Blut, und mit Honig aufgestrichen heile er Geschwüre und Schmerzen an den Brüsten (ebd., 97). Im Mittelalter erhält der Karfunkelstein besondere Prominenz – seine angeblichen Wirkungen gelten zwar im Verlauf des 18. Jahrhunderts den Naturforschern als bloßer Aberglaube, dafür kehrt er jedoch in der Literatur der Romantik wieder und schließt damit an eine lange literarische Tradition an (vgl. ausführlich zur Geschichte des Karfunkelsteins Ziolkowski 1961): Im in der zweiten Hälfte des 12. Jahrhunderts entstandenen *Alexanderroman* des Pfaffen Lamprecht erhält Alexander von der Königin Candacis unter anderem ein Einhorn als Geschenk, das den Karfunkel trägt (Pfaffe Lamprecht 2007, V. 5130-5140). In Wolfram von Eschenbachs *Parzival* versuchte man dagegen erfolglos, sowohl mit dem Herzen des Einhorns als auch mit dem Karfunkelstein, der auf dessen Stirn am Ansatz des Hornes wachse, Anfortas' giftige Wunde zu heilen (Eschenbach 2006, Buch 9, 482, 24-483,5) – erst mit dem Gral konnte man Anfortas am Leben erhalten.

Den Bezoar wiederum setzte man in erster Linie bei Vergiftungen ein, weshalb ihn viele Ärzte bei sich führten. Den Grund für diese Wirkkraft bezieht Georg Agricolas Sohn Johann Georg Agricola aus Texten arabischer Ärzte, wie er in seiner der medizinischen Bedeutung des Hirsches gewidmeten Schrift ausführt: *Cervi cum integri et vivi natura et proprietas tum excoriati et dissecti in medicina usus, Das ist: Außführliche Beschreibung deß gantzen Lebendigen Hirschens, seiner Natur vnd Eygenschafften: Dann ferner Welcher Gestalt deß zu gewisser Zeit gefangenen Hirschens fürnembste Glieder in der Arztney zu gebrauchen ...* (Amberg 1617). Der Hirsch sei bei den arabischen Ärzten für seine Widerstandskraft gegen Gift bekannt, besonders aber werde der aus dem Auge des Hirschs wachsende Stein »Bezoar« gerühmt. Um nämlich Würmer, die an ihren Eingeweiden nagen, zu töten, zögen die Hirsche mit ihrem Atem giftige Schlangen aus ihren Höhlen, die sie anschließend vertilgten. Damit ihnen aber das Gift nichts anhabe, legten sie sich in kaltes Wasser, währenddessen ihnen aus ihren Tränen ein Stein, der Bezoar, erwachse und dann abfalle (Agricola 1617, Vorrede).

Laut dem Zedler-Eintrag, der die Hirschgeschichte ebenfalls anführt, dient der schweiß- und gifttreibende orientalische Bezoar aber auch als Mittel gegen »Pest, Pocken, die rothe Ruhr, fallende Sucht, Schwindel, Hertzklopffen und die Würmer« (Zedler 1732, 1658). Ein weiteres wichtiges Anwendungsgebiet waren Hundebisse, zumal man bis zur ersten, von Louis Pasteur erfolgreich durchgeführten Impfung gegen Tollwut (1885) keine Therapiemöglichkeiten kannte (Forbes 1980, 13 f.). Daher erhielt der Bezoar im 19. Jahrhundert in den USA (neben anderen Steinen und steinähnlichen Substanzen) den Namen *madstone* (ebd., 15; den Ausdruck verzeichnet erstmals das *Oxford English Dictionary* aus dem Jahr 1864). Der wiederholte Einsatz und das Vertrauen in den eigentlich wirkungslosen Bezoar rührten wohl auch daher, daß nicht alle Hunde, die Menschen bissen, tollwütig waren.

In der frühen Neuzeit gibt es kaum ein Werk, das sich unter der Bezeichnung »Fossilien« mit Steinen beschäftigt, in dem nicht auch Gallensteine, Perlen, Korallen oder Bezoare behandelt werden. Obgleich diese Objekte gerade keine Fossilien im Sinne von aus der Erde gegrabenen Objekten waren, wurden sie aufgrund ihrer *Steinartigkeit* doch aufgenommen (Rudwick 1985a, 24) – ob in Conrad Gessners *De Omni Rerum Fossilium Genere, Gemmis, Lapidibus, Metallis, Et Huiusmodi, Libri Aliquot* (Tiguri 1565), Andrea Cesalpinos *De metallicis libri III* (Rom 1596) oder Ole Worms *Museum Wormianum seu Historia Rerum Rariorum* (1655). Dabei stellte sich für die Mineralien bzw. Fossilien genauso die Frage nach der Ordnung wie für die Pflanzen und Tiere. So versuchten Botaniker wie Hieronymus Bock (*Kreuter-Buch*, 1551) und Zoologen wie Edward Wotton (*De differentiis animalium libri decem*, 1552) eine Ordnung jenseits des in der Regel in Stein-, Pflanzen- und Tierbüchern gebrauchten willkürlichen Alphabets zu entwickeln. Auf ein Mineralsystem zielt Georg Agricola in seinem wegweisenden Werk *De natura fossilium libri X* (1546), wobei er von der grundlegenden Unterscheidung Erden (*terrae*), Gemenge (*succi*), Steine (*lapides*), Metalle (*metalla*) und Gemische (*mista*) ausgeht. Ausführlich diskutiert Agricola hier auch bereits vor ihm entwickelte Ordnungen wie Aristoteles' einfachere Unterscheidung zwischen Fossilien und Metallen oder Avicennas Einteilung der Mineralien in Steine (*lapides*), Erze (*liquefactiva*), Brenze (*sulphura*) und Salze (*salia*). Dabei konnte sich eine solche Grobeinteilung ohne weiteres mit dem alphabetischen Ordnungsprinzip verbinden, wie etwa in der ebenfalls von Agricola erwähnten Schrift *De mineralibus* (1260-1262) von Albertus Magnus, die die Mineralien in drei Gruppen gliedert und dann in jeder Gruppe die einzelnen Mineralien alphabetisch aufführt (vgl. Prescher 1958, 6f.; Agricola 1958 [1546], 36-39). Dagegen teilt Agricola systematisch jede Gruppe nach weiteren Kriterien wie Härte, Gestalt, Farbe, Geschmack oder Geruch ein. Die Steine gliedern sich zum Beispiel in Steine im engeren Sinne (*lapides*: Magnetstein, Haematit u. a.), Edelsteine (*gemmae*: Diamant, Karfunkel u. a.), Marmor (*marmora*: Porphyrites, Ophites u. a.) und Fels (*saxa*: Sand- und Kalkstein u. a.) (vgl. Agricola 1958 [1546], 40 und 115).

Im Gegensatz zu Bock, Wotton und Agricola blieb Conrad Gessner in seinen Tierbüchern zwar bei der alphabetischen Ordnung, reflektierte aber durchaus alternative Ordnungsprinzipien. Ausführlich geht Gessner im ersten Band seiner fünfbändigen *Historia animalium* auf Aristoteles' Schrift *De partibus animalium* ein, deren Ordnungsprinzip für zahlreiche frühneuzeitliche Naturforscher maßgeblich war. Aristoteles grenzte sich darin von der Platonischen Methode der Dihairesis ab, die vom Allgemeinen zum Einzelnen geht und jeweils anhand eines Kriteriums Dichotomien bildet. Das heißt, die eine Gruppe hat eine bestimmte Eigenschaft, die andere nicht. Bei der konsequenten Anwendung dieses Verfahrens auf den Menschen kam Platon zu dem Ergebnis, der Mensch sei ein Lebewesen, das auf dem Land lebe, keine Federn, aber zwei Füße habe. Wie eine Legende berichtet, habe der Kyniker Diogenes nach Kenntnisnahme dieser Definition einen Hahn genommen und gerupft, ihn dann in die Akademie getragen und ausgerufen: »Das ist Platons Mensch« (vgl. Harig/Kollesch 2000, 67). Aristoteles dagegen zog möglichst viele Merkmale zur Bestimmung von Gattungen heran, denn es sei unmöglich, daß sich eine Art nur durch ein Merkmal unterscheide, wie es das dichotomische Verfahren nahelege.

Gessner versteht sein eigenes Werk aber als ein Verzeichnis der Tiere. Um als Nachschlagewerk dienen zu können, sei die alphabetische Anordnung sinnvoll, denn sie erleichtere dem Leser das Finden bestimmter Tiere. Zum einen sei nämlich das »Finden« schwierig, weil die Bezeichnungen der Tiere uneinheitlich seien, zum anderen solle sein Werk *Historia animalium* alles umfassen, was jemals über den Gegenstand geschrieben worden sei, und damit nichts anderes als eine Bibliothek darstellen.

Gessner ergänzt das alphabetische Prinzip aber nicht nur durch ein rhetorisches Ordnungsverfahren (Friedrich 1995), er kann auch ersteres nicht wirklich durchhalten: In der »Epistola« des ersten Buches über die Vögel schreibt er:

> Ich wollte meine Bücher über Vierfüßer und Vögel nach der Ordnung der Buchstaben einteilen und bin damit dem Beispiel einerseits alter, andererseits noch in unserem Gedächtnis bewahrter Gelehrter gefolgt. Damit aber diese Ordnung nicht allzu sehr bekannte Lebewesen auseinanderreiße, habe ich sie meist gleicherweise verbunden, indem die einzelnen doch wohl nach den gemeinsamen und wichtigsten Namen einer jeden Gattung nacheinander erwähnt werden: wie hier in der Naturgeschichte der Vögel nach dem Habicht die verschiedenen Abweichungen der Habichte und Falken: nach dem hühnerartigen Hausgeflügel die meisten Vögel der gleichen am Land oder im Wasser lebenden Gattung. (Zitiert nach Riedl-Dorn 1989, 35 und 144)

Wo der Augenschein die Tiere zu einer Gruppe zusammenführt, soll das Alphabet diese Gruppe nicht künstlich zerreißen. Hier zeigt sich nicht nur mangelnde Konsequenz, sondern vor allem die nicht hintergehbare Problematik der alphabetischen Ordnung selbst: Für Gessner ist diese zwar aus praktischen Gründen unvermeidlich, der Leser soll sich dadurch in dem umfangreichen Wissen und der unklaren Nomenklatur zurechtfinden, gleichwohl ist sie nur eine Notlösung, weil es schlichtweg keine bessere Systematik gibt. So weicht Gessner auch im vierten Band über die Fische von seinem eigenen Ordnungsprinzip ab, wenn er die alphabetische Anordnung und die Zusammenstellung von Gruppen kombiniert.

In seinem letzten und unvollendet gebliebenen Buch über Steine, *De Omni Rerum Fossilium Genere, Gemmis, Lapidibus, Metallis, et Huiusmodi* (1565), verurteilt Gessner jedoch die alphabetische Ordnung, wie sie in den *Lapidarien* üblich war und wie er sie selbst verwendet hatte, als trivial. Gessner ordnet die Steine dagegen gemäß ihrer Form und Gestalt, in welcher sich die Natur selbst zum Ausdruck gebracht habe (vgl. Adams 1954 [1938], 178-183). Indem er seine Klassifikation auf die von der Natur selbst hervorgebrachten Formen begründet, zielt er demnach – im Gegensatz zu seinen anderen Abhandlungen – auf ein *natürliches* System der Steine.

ARCA RERVM FOSSILium Ioan. Kentmani.

| | |
|---|---|
| 1 TERRAE * | 2 SVCCI NATIVI. |
| 3 EFFLORESCENTES * | 4 PINGVES |
| 5 LAPIDES * | 6 LAPID. IN ANIMALIBVS |
| 7 FLVORES * | 8 SILICES |
| 9 GEMMAE * | 10 MARMORA |
| 11 SAXA * | 12 LIGNA IN Saxa corporata. |
| 13 ARENAE * | 14 AVRVM |
| 15 ARGENTVM * | 16 ARGENTVM VIVVM |
| 17 AES SEV CVPRVM * | 18 CADMIA MET. PLVMBAGO |
| 19 PYRITES * | 20 PLVMBVM NIGRVM |
| 21 CINEREVM * | 22 CANDIDVM |
| 23 STIBI * | 24 FERRVM |
| 25 STOMOMA * | 26 MARINA VARIA |

*Quicquid terra sinu, venisq; recondidit imis,*
*Thesauros orbis hæc breuis arca tegit.*
*Laus magna est tacitas naturæ inquirere vires,*
*Maior in hoc ipsum munere nosse Deum.*
*Georg. Fabricius. C.*

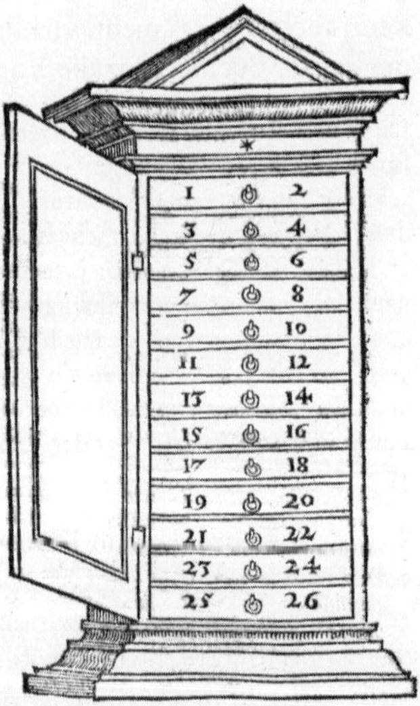


Abb. 2a und 2b: Johann Kentmanns »Arca« aus Conrad Gessners Werk *De Omni Rerum Fossilium Genere, Gemmis, Lapidibus, Metallis, et Huiusmodi*, Zürich 1565.

In den Studierzimmern von Naturforschern wie Gessner fanden nicht nur die Lektüre, das Exzerpieren und Ordnen antiker Texte statt, sondern hier wurden auch Objekte gesammelt, untersucht, beschrieben, ausgestellt und klassifiziert. Gessners Buch über Fossilien stützte sich dabei erstmals explizit (vgl. Rudwick 1985a, 11) auf eine vorhandene Sammlung: die von Johann Kentmann von Torgau (1518-1574), einem Arzt und Naturforscher, der Gessner auch eine Reihe von Objekten sandte. Daher druckte Gessner den Katalog Kentmanns in seinem Buch ab. Das Studierzimmer verband solchermaßen Bibliothek, Naturalienkammer und Laboratorium und wurde somit zu einem »Theater der Natur« (Findlen 1994, 193), das unter anderem ausgestopfte Tiere, Teile von Tieren, getrocknete Pflanzen, Samen, Steine und Instrumente beinhaltete. Aldrovandis Studio in Bologna beherbergte um 1595 etwa 11 000 Tiere, Früchte und Mineralien, ein Herbarium von 15 Bänden mit rund 7000 getrockneten Pflanzen sowie etwa 18 000 Illustrationen (vgl. Riedl-Dorn 1989, 59f.). An den Dachbalken hingen wie in anderen Naturalienkammern der Zeit größere Tiere. Die Schränke waren in unzählige Fächer mit beschrifteten Schubladen eingeteilt, die gleich einer Kartei unterschiedliche Objekte wie Fossilien, Mineralien oder Conchilien enthielten. Wegweisend war Aldrovandis beinahe 10 000 Seiten umfassender Katalog *Musaeum metallicum*, der Steine, darunter natürlich auch den Bezoar, Metalle, Kristalle, Fossilien, Muscheln und Artefakte darstellt.

Diese Sammlungen bildeten die materielle Grundlage der Ordnungssysteme, zugleich mußten sich die jeweiligen Klassifikationsversuche an den einzelnen Objekten bewähren. Allerdings waren die zum Beispiel an Fürstenhöfen aufzufindenden Sammlungen häufig eher ein Durcheinander willkürlich aufgenommener Kuriositäten als geordnete Sammlungen, wie der Kommentar des barocken Autors Eberhard Werner Happel über Kunstkammern im allgemeinen und die Kurfürstliche Kunstkammer zu Dresden im besonderen belegt. In seinem Werk *Relationes curiosae* schreibt er:

Abb. 3: Eine der berühmtesten Naturalienkammern des 17. Jahrhunderts: das Museum Wormianum in Kopenhagen.

> Wo sollen wir beginnen? Ich halte, es wird gleich viel gelten, ob wir darin eine Ordnung halten oder nicht. In dieser Betrachtung kann uns eine angenehme Konfusion und Unordnung ohne Zweifel annehmlicher fallen als eine nette Ordnung, welche leicht zu erfinden, aber übel zu halten sein möchte. (Happel 1990 [1683-1691], 224)

Nun wurden zwar in der Tat die geplanten Ordnungsentwürfe in der Regel kaum umgesetzt, doch auf der diskursiven Ebene zeigte sich durchaus ein Wille zur Ordnung. In Francis Bacons Vision zum Beispiel sollte eine Sammlung folgende Bestandteile enthalten: einen Garten mit wilden und kultivierten Pflanzen aus verschiedenen Klimata, Gebäude mit seltenen Tieren und Vögeln sowie einen Teich mit Süß- und einen mit Salzwasser für die jeweiligen Fische: »And so you may have in small compass a model of the universal nature made private.« (Zitiert nach Impey/MacGregor 1985, 1) In Bacons Wissenschaftsutopie *Nova*

*Atlantis* von 1627 findet sich diese Idee realisiert im Haus Salomons, das auch »Kollegium der Werke der sechs Tage« genannt wird, womit dieses nichts anderes abbildet als die gesamte Schöpfung Gottes (Bacon 1984 [1627], 29).

Bei allen Querverbindungen folgen die Sammlungen sowohl in diskursiver als auch in praktischer Hinsicht einer anderen Logik als die Schriften der Naturgeschichte. Die Objekte haben nämlich zum einen stellvertretenden Charakter, der Mikrokosmos der Sammlung steht für den Makrokosmos; zum anderen kommt der Art und Weise ihrer Darstellung in mehrfacher Hinsicht eine zentrale Rolle zu. So hatten viele Sammlungen wegen ihres Anspruchs, als Mikrokosmos den Makrokosmos zu spiegeln, zumindest grobe Prinzipien der Ordnung, etwa die vier Elemente, die vier Jahreszeiten, die acht Planeten, die Kontinente, zwölf Monate oder die Sternzeichen. Große Aufmerksamkeit kam dem Buch *L'Idea del theatro* (1550) des italienischen Gelehrten Giulio Camillo zu, das allerdings nie realisiert wurde (angeblich soll lediglich ein begehbares hölzernes Modell existiert haben). Camillos Theatrum stellt, ausgehend von den sieben Säulen des Salomonischen Tempels, eine Kette der Beziehungen her: zwischen der Weisheit, den Sephiroth der überirdischen Welt, der Schöpfungsgeschichte, den Planeten und anderem. Die Planeten eröffnen ihrerseits die Reihe der Engel, mythischen Götter, Elemente, charakterlichen Eigenschaften, Künste usw. Auf diese Weise soll über die Zeichen eine Darstellung der irdischen und der für den Menschen nicht einsehbaren himmlischen Welt geleistet werden. Weiterhin eröffnet dieses Theater einen Raum, in dem durch Bilder das gesamte menschliche Wissen gespeichert werden soll (vgl. Yates 1984, Kap. 6).

Wie sich in Camillos Entwurf zeigt, kommen den Sammlungen neben der Befriedigung der Neugier auch andere Funktionen zu. Als Repräsentationen des Universums erfüllen sie eine epistemische und als Speicherort des Wissens eine mnemotechnische Funktion. Zentral ist jedoch weiterhin die didaktische Funktion: In den in Universitäten eingebundenen botanischen Gärten lernten die Studenten die potentiellen Arzneipflanzen kennen und bestimmen, während die anatomischen Theater Skelette, anatomische Präparate und anderes zur Veranschaulichung

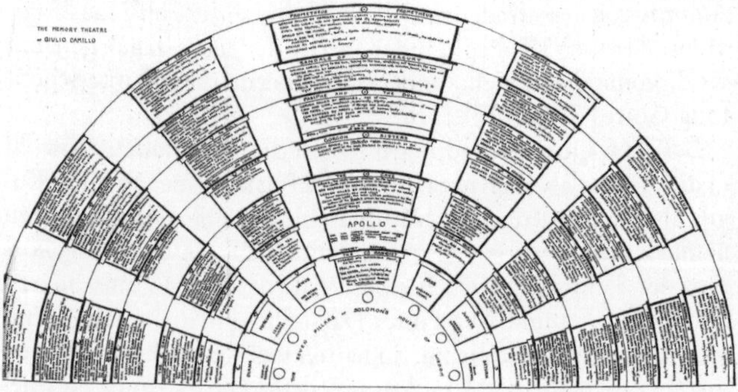


Abb. 4: Giulio Camillos »Memory Theatre« nach Yates 1984.

bereitstellten. Der Mediziner Pieter Paaw konzipierte etwa das in ganz Europa berühmte anatomische Theater an der Universität Leiden als ein »museum of mortality« (Schupbach 1985, 170). Die Inszenierung der Objekte erschien ihm dabei besonders wichtig. So waren Skelette von Tieren und Menschen in mehreren Reihen ausgestellt, darunter repräsentierten die Skelette eines Mannes und einer Frau neben einem Baum Adam und Eva. Sammlungen wiesen aber auch politische Funktionen auf. Die Kunstkammer von Rudolf II. in Prag beispielsweise war nicht für jedermann zugänglich, Eintritt erhielten aber Botschafter und Würdenträger befreundeter Staaten, denen auf diese Weise die Größe des habsburgischen Reiches vermittelt werden sollte (vgl. Kaufman 1978, 22). Vor allem die *Exotica*, die außereuropäischen Objekte, repräsentierten so den weltweiten Herrschaftsanspruch der Habsburger (vgl. Polleroß 1992).

Die frühneuzeitlichen Sammlungen boten nicht zuletzt auch ein Experimentierfeld für unterschiedliche Ordnungsansätze. Seit Mitte des 16. Jahrhunderts war die Organisation der Sammlungen selbst Gegenstand theoretischer Reflexion. In zahlreichen Schriften wurde ausdrücklich gegen eine bloß willkürliche Anordnung der Dinge argumentiert und die Ordnung und Kategorisierung der Objekte nach bestimmten Prinzipien eingefordert. Wegweisend sollte hierfür Samuel Quicchebergs Abhandlung *Inscriptiones vel tituli theatri amplissimi* (1565) werden, die in Form von Überschriften ein ideales Museum entwarf, in dem unterschiedliche Sammlungen, Naturalia wie Artificilia, Gemälde wie Münzen, Musikinstrumente wie Kupferstiche und vieles mehr, in einem öffentlich zugänglichen Haus vereint werden sollten. Quiccheberg sah gerade im Vergleich zu den schriftlichen Enzyklopädien einen Medienvorteil der Sammlungen:

> Ich meine nämlich, daß die Rede keines Menschen ausdrücken kann, wie viel Umsicht und Nutzen bei der Verwaltung des Staates, sei es des Zivil- und des Kriegswesens, sei es der kirchlichen und der gebildeten Öffentlichkeit, aus dem Einblick und der Beschäftigung mit Bildern und den Dingen, die wir empfehlen, erwachsen können. Es gibt auf Erden nämlich keine Lehre, kein Studium und keine Übung, die nicht folgerichtig nach ihren Werkzeugen aus diesem empfohlenen Bestand verlangten. Es bedarf noch einer göttlichen Begabung, welche dies alles zusammenstellt und ordnet, damit das kurzfristig und in Fülle Erworbene den Geist eines nicht ungebildeten Menschen in zahllosen Themen unterrichten kann. (Quiccheberg 2000 [1565], 91)

Quicchebergs Museum weiß sich gegenüber den schriftlichen Enzyklopädien durch die Präsentation der Objekte im Vorteil. Dem »universo theatro« (ebd., 88) wird damit ein didaktischer Nutzen zugesprochen, verlange doch jede Lehre nach konkreten Objekten (im Gegensatz hierzu treiben virtuelle Dinge einen fundamentalen Wandel der gegenwärtigen Museumslandschaft voran, vgl. dazu Niewerth 2011). Und die Sammlung bezieht sich auch hier auf die Sphäre des Politischen, wenn sie den einzelnen darauf vorbereiten soll, den Staat zu verwalten. Quiccheberg kommt es auf die Materialität, auf die sinnliche Erfahrbarkeit der Objekte an. Denn in diesem Theater werde alles aus »der Betrachtung der Bilder, der Untersuchung der Stoffe und der Ausrüstung mit Werkzeugen der ganzen Welt heraus, für die bald gliedernde Tabellen und wahrheitsgemäße Zusammenfassung dienlich sind, zugänglich und klarer« (ebd., 161). Voraussetzung für das Gelingen eines solchen Museums, dessen Plan Quiccheberg nicht nur an Fürsten und Gelehrte, sondern überhaupt an gebildete Menschen adressiert, ist die Ordnung und Präsentation der Objekte, welche denn auch im Zentrum der Schrift stehen. Sein Buch biete eine Anleitung zu einem *theatrum sapientiae*, einem, wie es im Titel heißt, umfangreichen Theater, »welches einzelne Stoffe aus der Gesamtheit aller Dinge und herausragende Bilder umfaßt« (ebd., 37).

Trotz solcher Entwürfe bleiben die Sammlungen ungeordnet, wie Johann Daniel Major in seiner Schrift *Unvorgreiffliches Bedencken von Kunst- und Naturalienkammern insgemein* (1674) feststellt. Die Gründe, die dazu führten, seien unterschiedlicher Art: Ein rein praktischer Grund liege darin, daß die Sammler wegen des schlechten Eindruckes nicht gerne Lücken in ihren Regalen ließen. Daher müßten sie beim Eintreffen neuer Objekte alle alten umsetzen, was aber irgendwann nicht mehr getan werden könne, weshalb die Aufstellung schlicht nach den räumlichen Möglichkeiten erfolge und zu einer beliebigen Anordnung führe. Abträglich seien auch das schlechte Gehalt der Vorsteher der Kammern, der Bau der Kammern selbst, wenn etwa zuwenig Licht einfalle oder die Räume zu feucht seien, sowie die mangelnde Pflege der Sammlungen, denn die Objekte veränderten sich durch Alter, Staub, Trockenheit und Feuchtigkeit oder die Einwirkung von Spinnen und Fliegen. Außerdem fehlten den Gelehrten wichtige handwerkliche Fähigkeiten wie Zeichnen, in kleinere oder größere Formate Projizieren, Schleifen, Ätzen, Drehen, Löten, Schnitzen, Polieren usw., welche für die Bearbeitung der Objekte von größter Bedeutung seien. Ein weiterer Grund für die »Confusion« liege darin, daß man kostbare Objekte in eigenen Schränken verwahre, womit man sie aus ihren natürlichen Zusammenhängen reiße. So komme eine Perle neben einen Bezoar-Stein statt zu den Muscheln und Schnecken, wo der Bezoar doch eigentlich zu den Gliedern und Exkrementen der vierfüßigen Tiere gehöre (vgl. Major 1674, Kap. 6, 5).

Dagegen meinte zwar auch Georges-Louis Leclerc de Buffon, der im Jahr 1739 Intendant des Pariser Jardin des Plantes wurde, womit die Betreuung des Cabinet du Roi verbunden war, daß nichts die Naturgeschichte mehr fördere als das stete Anschauen der natürlichen Dinge. Allerdings könne eine Naturalienkammer niemals die *natürliche* Ordnung der Dinge darstellen. Sammlungen folgen notwendigerweise einer künstlichen Ordnung, und zwar nach Buffon aus epistemischen (Unmöglichkeit der Repräsentation der natürlichen Ordnung, daher werden zur Vermeidung von Verwirrung willkürliche Grundsätze angewandt), praktischen (Platz für die Aufstellung der Objekte, deren Verderblichkeit, Ungeziefer, Nässe usw.) und ästhetischen Gründen (so ausstellen, daß die Objekte ins Auge fallen, Geschmack als Richtschnur). Somit begleiteten die Diskussionen um die Systeme der Natur die Sammlungen ebenso wie die Naturgeschichte bis in das 19. Jahrhundert. Erschienen künstliche Systeme als pragmatische Konstruktionen, so strebten die Naturforscher doch auch immer wieder nach der *natürlichen* Ordnung der Natur, ohne diese jemals erreichen zu können. Letzteres zeigt sich nicht zuletzt an Störfällen, an Objekten, die sich nicht in das jeweilige Ordnungssystem einfügen lassen (vgl. Bäumler/Bühler/Rieger 2011) – wozu in der frühen Neuzeit auch der Bezoar zählte.

Obgleich schon Major den Bezoar im Jahr 1674 den tierischen Exkrementen zuordnete und Frederick Slare in seiner Schrift *Experiments and Observations upon Oriental and Other Bezoar-Stones* (1715) aufzeigte, daß die teuer verkauften Bezoare keineswegs die heilenden Eigenschaften besaßen, die man ihnen zuschrieb, erschien er doch bis ins frühe 19. Jahrhundert in Büchern zur Mineralogie. Valmont de Bomare führt die Bezoare in seiner Schrift *Mineralogie, oder Neue Erklärung des Mineral-Reichs* (1769) gemeinsam mit Perlen und Blasen-, Gallen- und Nierensteinen in der Kategorie »Steine, die in Tieren entstehen« auf, welche er ausdrücklich von Steinen unterscheidet, die Tiere verschluckt haben, sowie von sehr harten Knochen, die man ebenfalls in den Tieren finde (Valmont de Bomare 1769, 311). Dagegen lehnt Ambrosius Rau in seinem *Lehrbuch der Mineralogie* (1826) eine solche Einteilung ab, da Perlen, Bezoare und Blasensteine keine für sich selbst bestehenden Wesen seien und demnach auch nicht »Objekte der Mineralogie« sein könnten (Rau 1826, 23). Bereits vor Rau hatte Franz Reuss eine ähnliche Grenze eingezogen, allerdings anhand des Kriteriums der Entstehung. Zwar verstünde man unter Fossilien alle aus der Erde gegrabenen Körper, wenn diese aber von Pflanzen und Tieren abstammten, zählten sie nicht zur Mineralogie, woraus folgt: »Alle Mineralien sind daher Fossilien, aber nicht alle Fossilien sind Mineralien.« (Reuss 1801, § 10). Obgleich der Begriff »Fossil« bald den versteinerten Pflanzen und Tieren vorbehalten sein sollte (→ ZUNGENSTEIN), spielte der Bezoar in der Folgezeit keine Rolle mehr in der Mineralogie.

Dafür findet die Semantik des Bezoars ihre Fortsetzung in der Veterinärmedizin. Bezoare bilden sich gemäß eines einschlägigen Wörterbuchs aus dem Jahr 1983 aus verschluckten Haaren oder Pflanzenfasern im Verdauungstrakt von Wiederkäuern, dabei können sie steinähnliche Formen annehmen. Bezoare lösten Verdauungsstörungen, Entzündungserscheinungen und Magen- oder Darmverschluß aus, weshalb sie ohne chirurgischen Eingriff zum Tode führten (vgl. Wiesner/Ribbeck 1982, 157). Eine heilende Wirkung schreibt man den Bezoaren demnach nicht mehr zu, vielmehr werden sie nun selbst in eine Krankheitssystematik eingebunden. Das *Handbuch der speziellen pathologischen Anatomie der Haustiere* (1970) führt aus:

> Bezoare bilden sich meist bei Tieren mit Allotriophagie verschiedener Genese. Infektionskrankheiten (Tollwut), abnormer Appetit (Fötenfressen), Ektoparasiten bei Vögeln und bei Schafen, chronische Organkrankheiten mit sekundärer Schädigung des Haarkleides können Ursache sein. Meist sind es jedoch Nährstoffmangel und Avitaminosen. Die Bezoarkrankheit kommt in Gegenden mit phosphorarmen Böden und in Vitamin C- und D-Mangelgebieten gehäuft vor. Sie ist einzudämmen durch hochwertige Zusatznahrung. (Dobberstein/Pallaske/Stünzi 1970, 437)

*B. B.*

# Erde

> Dunkel und unsichtbar war die erste Welt am Anfang allen Seins, so dunkel wie die Wolle der schwarzen Schafe. Diese Welt der dunklen Erde war klein, eine winzige Insel auf dem unendlichen Weltennebel. Vier Himmelsrichtungen gab es, und über jeder lag eine Wolke. In der Mitte aber wuchs die Weltenkiefer, von der alle Kiefern ihren Anfang genommen haben. Die vier Wolken enthielten das Wesen dieser ersten Welt, die gestaltlos war, und jede Wolke hatte eine bestimmte Farbe.
>
> *Aus einem Märchen der Navajo-Indianer*

Der Raumflug der Apollo 17 im Jahr 1972 ermöglichte zum ersten Mal die fotografische Abbildung des Blicks auf die Erde vom Weltraum aus. Die *blue marble* sollte zum Symbol der zur selben Zeit aufkommenden Umweltbewegung werden: Sie fand sich auf dem Umschlag der ersten Ausgabe des von Steward Brand herausgegebenen *Whole Earth Catalog* (1968) sowie auf dem des von der Ökonomin Barbara Ward und dem Mikrobiologen René Dubos herausgegebenen Buches *Only One Earth. The Care and Maintenance of a Small Planet* (1971), das von größter Bedeutung für die erste Umweltkonferenz der UN in Stockholm im Jahr 1972 war, und auch heute noch ist die *blue marble* ein zentrales Symbol in der Diskussion um die Folgen der Umweltverschmutzung, des Verbrauchs begrenzter Ressourcen und des Klimawandels. David Guggenheims Film *An Inconvenient Truth* (2006) über das Engagement des ehemaligen Vizepräsidenten der USA Al Gore beginnt und endet so auch mit einem Bild der vom Weltall aus fotografierten Erde, denn, wie Gore ausführt, eine Zukunft für die menschliche Zivilisation gebe es nur, wenn man die Umweltprobleme global angehe (Guggenheim 2006).

Die Fassung der Erde als *blue marble* ist selbst nur eine Repräsentationsform unter anderen, denn kaum eine Gesellschaft kommt ohne Vorstellungen über die Erde aus, über ihre Entstehung, Geschichte und Zukunft, über ihre äußere Gestalt und ihren inneren Kern. Je nach historischer Situation sind Märchen, Mythologien, Religionen und Wissenschaften an der Konstruktion eines Bildes von der Erde beteiligt. Die Erde läßt sich dabei in ihrer Gesamtheit – ob damit wirklich die gesamte Erde oder nur das, was man für das Ganze hält, gemeint wird, sei dahingestellt – nur über Fiktionen fassen, die dieser Gesamtheit Form geben und die, indem sie den Anfang, die Geschichte und die Zukunft der Erde narrativ ausarbeiten, Legitimationen und Stabilisierungen für Institutionen wie auch für soziale Prozesse bereitstellen. Zeigt sich letzteres am Beispiel der Wirkungsgeschichte der erwähnten *blue marble* in der Umweltbewegung, so ersteres an der Etablierung, Erhaltung und Infragestellung des biblischen Schöpfungsmythos.

Daß die Frage nach dem Anfang unvermeidlich in Paradoxien führt, belegt der klassisch gewordene Streit zwischen zwei rabbinischen Schulen um die Reihenfolge der Schöpfung, welcher aus den beiden unterschiedlichen Schöpfungsgeschichten der Bibel resultiert und im Midrasch, das heißt in *Bereschit Rabba*, seinen Niederschlag fand (die folgenden Ausführungen rekurrieren auf Plietzsch 2012): Lautet der erste Vers der Thora »Am Anfang schuf Gott den Himmel und die Erde« (1. Mose 1,1), heißt es in der zweiten Variante: »Am Tage, als Gott der Herr Erde und Himmel erschuf« (1. Mose 2,4). Die Schule des Rabbiners Schammai, gemäß der Gott zuerst den Himmel erschuf, wandte gegen die Schule Hillels, die von der Ersterschaffung der Erde ausging, ein, daß nach deren Fassung der Mensch zuerst den Schemel und erst dann den Stuhl herstelle, denn es heiße: »So spricht der Herr: Der Himmel ist mein Stuhl und die Erde meiner Füße Schemel.« Dagegen wandte die Schule Hillels ein, nach Schammai würde ein Mensch zuerst den Söller und dann das Haus bauen, denn es heiße: »der im Himmel seinen Söller gebaut und sein Gewölbe auf die Erde gegründet hat« (zitiert nach Plietzsch 2012). Im Midrasch folgt daraus eine lange Diskussion, in der schließlich die Gleichzeitigkeit der Erschaffung von Himmel und Erde behauptet wird, denn, so Rabbi Schimon, Gott habe Himmel und Erde erschaffen wie eine Pfanne und ihren Deckel, beide bilden zusammen eine Einheit. Auf die Bibel selbst bezieht sich Rabbi Elasar ben Schimon. Überall lasse Gott Abraham dem Isaak und Isaak dem Jakob vorangehen, dann aber heiße es: »Und ich werde an meinen Bund mit Jakob denken (und auch an meinen Bund mit Isaak und auch an meinen Bund mit Abraham).« Die drei seien daher gleichwertig. Diese Argumentation belegt er an weiteren Beispielen, Mose/Aaron, Josua/Kaleb, Vater/Mutter, in denen das zeitliche Vorangehen gerade nicht in eine hierarchische Opposition, sondern in eine Gleichwertigkeit übergeht.

Während der Midrasch einem dialogischen, die Kontroverse abbildenden Prinzip folgt, gemäß dem die Diskussion um die Auslegung von Bibelstellen immer weitergehen kann, findet sich in der christlichen Patristik ein monologisches, abschließendes Verfahren. Für die Deutung der Schöpfungsgeschichte bildete sich eine eigene Gattung heraus, das sogenannte *In Hexaemeron* (vgl. Winden 1988). Die früheste überlieferte Schrift, die sich ausschließlich dem Schöpfungsbericht widmet, stammt von Basilius von Caesarea und hatte großen Einfluß auf spätere Genesis-Kommentare. Eustathius übersetzte sie vor 400 n. Chr. ins Lateinische, und an ihr orientierte sich unter anderem der Kirchenvater Ambrosius von Mailand, bei dem wiederum Augustinus lernte.

Basilius' Deutung des ersten Verses zielt zuerst einmal auf eine Abgrenzung von der griechischen Philosophie. Zwar hätten sich griechische Philosophen viel mit der Natur beschäftigt, doch habe bei ihnen »auch nicht *eine* Ansicht unumstößlich und unerschütterlich« festgestanden. Stets habe eine zweite Ansicht die erste verworfen. Gegen das Prinzip des Dialogischen setzt Basilius die Eindeutigkeit:

> Damit es uns nicht ebenso ergehe, hat der, welcher die Weltschöpfung beschreibt, gleich in den ersten Worten mit dem Namen Gottes unsern Verstand erleuchtet, indem er sagte: »Im Anfange schuf Gott.« Wie trefflich die Reihenfolge! »Anfang« stellt er voran, damit nicht der eine und andere die Welt anfangslos wähne [...]. Hat also die Welt einen Anfang, und ist sie geschaffen worden, so forsche nach, wer ihr den Anfang gegeben, und wer ihr Schöpfer ist! Doch nein, damit du nicht beim Nachforschen durch menschliche Vernunftschlüsse dich von der Wahrheit abbringen lassest, ist uns Moses mit seiner Belehrung zuvorgekommen und hat unsern Seelen gleichsam als Siegel und Schutzwehr den verehrungswürdigsten Namen Gottes eingeprägt mit den Worten: »Im Anfange schuf Gott.« Das selige Wesen, die

unerschöpfliche Güte, der Gegenstand der Liebe für alle vernunftbegabte Kreatur, die heißersehnte Schönheit, der Anfang der Dinge, der Quell des Lebens, das Licht des Geistes, die unbegreifliche Weisheit – ist Er, der im Anfange schuf den Himmel und die Erde. (Basilius 1925, 11 f.)

Während sich nach Basilius die Griechen um den Anfang streiten, sieht er die eigentliche Bedeutung des Verses im Verweis auf das Ende: »Weil aber naturgemäß der Anfang vor dem Ende kommt, so mußte er [Moses] bei der Rede von den in der Zeit gewordenen Dingen zuallererst das Wort vorausschicken: ›Im Anfange schuf‹« (ebd., 14). Basilius wendet sich somit gegen die griechische Idee einer ewig existierenden Welt.

Ambrosius' Schrift *Exaemeron* orientiert sich weitgehend an Basilius, stellt aber noch klarer die unterschiedlichen Deutungsmöglichkeiten des Anfangs heraus: Der Vers »Im Anfang schuf Gott« bezieht sich seiner Meinung nach sowohl auf Gott selbst, der der Anfang und der Schöpfer ist, als auch auf den Beginn der Welt; der Akt der Schöpfung vollzieht sich vor der Zeit, welche allererst durch diesen erzeugt wird; während Gott demgemäß ohne Anfang und Ende ist, ist die menschliche Welt an die Zeit gebunden. Die Rede vom Anfang verweise ebenso auf das Können des Künstlers wie auf den Anfang einer Schulung; und schließlich liefert Ambrosius auch noch eine typologische Deutung: Im Evangelium finde sich nämlich ein mystischer Anfang, wie sich etwa in der Offenbarung (22,13) zeige.

Basilius und Ambrosius geht es um die Etablierung ihrer Deutungshoheit über die Bibel, und zwar sowohl gegen die griechischen Philosophen als auch gegen die jüdischen Kommentatoren. Dabei beanspruchte ihre Deutung universale Gültigkeit. In Ambrosius' Konzeption etwa entsteht aus der »ungleichartigen Welt« ein einheitlicher Organismus, kraft eines unlöslichen Gesetzes habe sich »Verschiedenartiges […] zu einem festen Verbande und Gefüge« zusammenschließen können (Ambrosius 1914, 50). In diesem einheitlichen Bund hat anderes – und das heißt: andere Vorstellungen und andere Deutungen vom Anfang (oder Nichtanfang) der Erde – keinen Ort, es erscheint vielmehr als zu bekämpfender Verstoß gegen das »unumstößliche Gesetz« (ebd.).

In die Krise geriet das christliche Schöpfungsnarrativ spätestens im 17. Jahrhundert, und zwar gerade durch solche Forscher, die die Gültigkeit der biblischen Geschichte belegen wollten. Im Zentrum stand dabei immer wieder die Frage nach dem Alter der Erde. Der zweite Petrus-Brief gab dafür eine klare Vorgabe: »Eins aber sei euch nicht verborgen, ihr Lieben, daß ›ein‹ Tag vor dem Herrn wie tausend Jahre ist und tausend Jahre wie ein Tag.« (2. Petr 3) Demgemäß war das Jüngste Gericht um 2000 n. Chr. zu erwarten, wobei, wie Luther (mit Blick auf Mk 24,22) schrieb, Gott um der »Auserwählten willen« die restliche Zeit verkürzen werde (Hölscher 1999, 31). Allerdings ließen sich diese Berechnungen im 17. Jahrhundert nicht mehr aufrechterhalten (zum Folgenden: ebd., 31 f.): Die Bibel selbst lieferte keine eindeutigen Angaben, zwischen der Biblia Hebraica und der Septuaginta gab es einen Unterschied von tausend Jahren. Man bezog zunehmend auch andere, vor allem orientalische Überlieferungen ein, und so kam etwa der Bibliothekar Isaac de La Peyrère zu der These, es müsse eine »präadamitische« Menschheit gegeben haben. Und schließlich ließen sich auch die Befunde der Geologie nicht mehr mit der Bibel in Einklang bringen. Nach dem Naturforscher John Ray waren aufgefundene fossile Farne älter als 4000 Jahre, und nach Meinung Robert Hookes müßten sich die geologischen Formen durch Hebungen, Senkungen und Überschwemmungen gebildet haben, die auf weitaus längere Zeitintervalle verweisen.

Auch das Genre der Erdgeschichtsliteratur ist diesem Kontext zuzurechnen, zum Beispiel der vierte Teil der *Principia Philosophiae* (1644) René Descartes', der eine mechanische Theorie zur Entstehung der Erde sowie zur Beschaffenheit der Erdoberfläche bietet, John Woodwards *An Essay towards a Natural History of the Earth* (1692) oder John Rays Abhandlungen *Three Physico-Theological Discourses* (1693). Gemeinsam ist diesen Werken, daß sie die biblische Geschichte anhand wissenschaftlicher Tatsachen und Naturgesetze belegen wollen. So nahm sich William Whiston in seiner Schrift *Gruendlicher Beweis, daß die Offenbahrung befindliche Geschichte von der Schoepfung der Welt und die allda geschehene Verkuendigung von dem Untergang der Welt mit der gesunden Vernunft keineswegs streite* (1720), der deutschen Übersetzung seines Werkes *A New Theory of the Earth* (1696), das Sechstagewerk vor, wie es vor ihm auch schon Basilius, Ambrosius und andere getan hatten. Er betrachtet die Mosaische Schöpfungsgeschichte nun aber als ein

»historisches Tage-Buch von denen Veraenderungen des unfoermlichen Klumpens / und der sichtbaren Wercke / an einem jedweden Tage / ein solch Tage-Buch / als ein ehrlicher und aufmercksamer Zuschauer auf Erden würde gemacht und aufgeschrieben [...] haben« (Whiston 1720, 36).

Dabei kommt Whiston jedoch nicht um eine Relativierung der Schöpfungsgeschichte herum. Hatte Peyrère schon von einer präadamitischen Menschheit gesprochen, so führt Whiston aus, daß es vor Erschaffung der Erde bereits ein Universum gegeben habe (ebd., 50). Die versuchte wissenschaftliche Begründung des Sechstagewerks führt solchermaßen immer wieder ihre beschränkte Gültigkeit vor.

Neben der Erdentstehung stand die Frage nach der Genese der Erdoberfläche an zentraler Stelle dieser Schriften. Da die Erklärungen hierfür auf das Ereignis der Sintflut zurückgriffen, mußte diese aus natürlichen Ursachen heraus erklärt werden, und so widmete sich auch Whiston ausführlich den Ursachen, dem Zeitpunkt und den Folgen der Sintflut. Seiner Theorie nach war ein Komet nahe an der Erde vorbeigeflogen und hatte dabei die Dünste, die er in seinem Schweif mit sich führte, auf die Erde als Regen entladen (ebd., 446). Damit bot er eine Erklärung für die Herkunft der enormen Wassermengen. War solchermaßen eine natürliche Erklärung formuliert, konnte Whiston nun ausführen, daß die Sintflut überhaupt die Beschaffenheit der Erde verändert habe: Unterschiede liegen nach Whiston in dem Grad der Hitze, der Feuchtigkeit – das seien wichtige Faktoren dafür, daß die Erde vor der Flut Pflanzen- und Tierarten hervorbrachte, danach aber nicht mehr – und den Luftbewegungen: Vorher war die Erde still und ruhig, danach gab es Winde und Stürme; waren Ebbe und Flut früher gleichmäßig, nahmen sie nach der Sintflut gewaltige Ausmaße an (ebd., 407ff.). Bezüglich der Erde schreibt er, vor der Flut sei ihre Form kugelrund und gleichmäßig gestaltet gewesen. Nach der Sintflut aber habe sich die Bewegung der Erde verändert, denn nun drehte sie sich nicht nur um die Sonne, sondern auch um sich selbst; außerdem verschob sich die Erdachse, was Einfluß auf die Jahreszeiten hatte, und nicht zuletzt teilte

Abb. 1: Nach der Sintflut: J. J. Scheuchzer, *Museum Diluvianum* (1716).

sie das trockene Land in zwei große, feste Länder ein, die einander entgegengesetzt und durch ein großes Meer getrennt waren (ebd., 476).

Was Whiston über Hunderte von Seiten ausführlich beschreibt, fand sich bereits auf dem Titelbild des Buches *The Sacred Theory of the Earth* (1684) des Theologen Thomas Burnet. Bei allen Unterschieden zwischen diesen Werken sind sie sich über die landschaftsgestaltende Funktion der Sintflut einig. Burnets Bild, das Stephen Jay Gould in seinem Buch *Time's Arrow – Time's Cycle. Myth and Metaphor in the Discovery of Geological Time* (1987) ausführlich analysiert, zeigt die Erde in unterschiedlichen Zustandsformen. Zuerst befindet sich die Erde im Chaos, dann entsteht eine vollkommen gleichmäßige und glatte Kugel, auf welche die Sintflut folgt (zu erkennen ist Noahs Arche). Erst nach der Sintflut habe sich die Gestalt der Erdoberfläche ausgebildet, wobei Burnet jetzt auch in die Zukunft sieht: Kommen werde eine weitere Katastrophe, nun in Form des Feuers, nach welcher wieder ein vollkommener Zustand der Erde entstehe, worauf sich die Erde in einen Stern verwandeln werde. Auch Burnet möchte mit wissenschaftlichen Beobachtungen und Argumenten die biblische Schöpfungsgeschichte belegen, was sich bei ihm methodologisch folgendermaßen niederschlägt:

> We are the Inhabitants of the Earth, the Lords and Masters of it; and we are endow'd with Reason and Understanding; doth it not then properly belong to us to examine and unfold the works of God in this part of the Universe, which is faln to our lot, which is our heritage and habitation? And it will be found [...], that in the present form and constitution of Earth, there are certain marks and indications of its first State; with which if we compare those things that are recorded in Sacred History, concerning the first Chaos, Paradise, and an universal Deluge, we may discover [...], what the Earth was in its first Original, and what Changes have since succeeded in it. (Burnet 1965 [1684], 27)

Burnet liefert hier die Grundargumentation der Physiko-Theologie, der es nicht nur um die Möglichkeit wissenschaftlicher Forschung geht, sondern die mit wissenschaftlichen Mitteln die Wahrheit der biblischen Erzählung zu beweisen versucht. Dabei begründet Burnet seine Methodologie semiotisch, was für die Geologie und auch für die Archäologie und Paläontologie funda-

Abb. 2: Titelbild der zweiten Auflage von Thomas Burnets *The Sacred Theory of the Earth* aus dem Jahr 1691.

mental bleiben sollte: Die Vergangenheit lasse sich anhand gegenwärtig aufzufindender Zeichen, *marks* und *indications*, rekonstruieren (→ ZUNGENSTEIN).

Während Forscher wie Whiston oder Burnet physiko-theologisch argumentierten, fiel der Bezug auf die Bibel im 18. Jahrhundert zunehmend weg. Nichtsdestotrotz trieb die geologische Phantastik auch weiterhin Blüten: Ob sich Neptunisten und Vulkanisten über die Mechanismen der Entstehung der Erdoberfläche stritten oder ob man zu Beginn des 20. Jahrhunderts die Beschaffenheit der Erde in früheren Zeiten zu rekonstruieren versuchte – Alfred Wegeners (1880-1930) Theorie der Kontinentalverschiebung war jedenfalls zuerst einmal nur eine Theorie unter anderen.

In all diesen Fiktionen der Entstehung der Erde und ihrer Oberfläche bleiben die Lebewesen überhaupt wie auch der Mensch passive Wesen, die den geologischen Kräften und Großereignissen ausgesetzt sind. Doch spätestens im 20. Jahrhundert begann sich dieses Bild auf der theoretischen Ebene zu ändern, der Mensch wurde von einem geologisch passiven Objekt zu einem äußerst aktiven Akteur. Vordenker dieses epistemischen Umbruchs, der bis zur gegenwärtigen Konjunktur des Konzepts des Anthropozäns reicht, ist der russische Wissenschaftler Wladimir I. Wernadski, der die Biogeochemie begründete. Dabei versteht Wernadski unter dem Begriff der Biosphäre gerade nicht die bloße Anwesenheit des Lebens auf dem Planeten Erde, vielmehr hebt er ihre Komplexität hervor, sie bestehe sowohl aus lebenden Organismen als auch aus unbelebten, »inerten« Körpern, welche selbst »heterogene Naturkörper« wie Böden, Schlämme oder Oberflächengewässer bildeten (Wernadski 1997, 41).

Eine zentrale Neuerung Wernadskis besteht in der Hervorhebung der aktiven Rolle der Lebewesen für die Gestaltung der Biosphäre, denn es finde ein ständiger Austausch von Materie zwischen den verschiedenen Sphären der Erde statt, so daß sich die Biosphäre nach oben bis zur Stratosphäre und nach unten bis in die Sedimentgesteine hinein erstrecke. Zwei Prozesse sind nach Wernadski besonders wichtig: Der erste Prozeß sei inzwischen bekannt und werde auch erforscht, nämlich die Evolution der Arten im Lauf der geologischen Zeit, also die Veränderung der lebenden Körper. Der zweite Prozeß sei dagegen weniger gut erforscht, weshalb er sich diesem verstärkt widme: Nach Wernadski tritt im »Lauf der geologischen Zeit die Kraft der lebenden Materie in der Biosphäre immer auffälliger hervor« (ebd., 42). Mit dem Programm der Biogeochemie zielt Wernadski auf die Verbindung dieser Prozesse, denn die Evolution der Arten erfasse auch die Biosphäre und wirke sich, wenn auch weniger radikal, auf die inerten Naturkörper aus, weshalb sich von einem »Evolutionsprozeß der Biosphäre selbst« (ebd., 43) sprechen lasse. Eine dritte Stufe sieht Wernadski schließlich im Erscheinen des Menschen als neuer »geologischer Kraft«. Mit dem Einfluß wissenschaftlichen Denkens und menschlicher Arbeit gehe die Biosphäre in die »Noosphäre« über (ebd., 44), was die geologischen Prozesse wiederum beschleunige.

Wernadskis Überlegungen zu lebenden Organismen und Menschen als geologische Kraft, mit denen die Disziplinen Geologie, Chemie und Biologie eine neue Verbindung eingehen, sind in den letzten Jahrzehnten wieder zunehmend in den Blickpunkt der Wissenschaften gerückt. Eine erste Variante der Rezeption dieses Konzepts aber hat bis heute den Ruf einer esoterischen Weltanschauung: die in den sechziger Jahren entstandene Gaia-Theorie des amerikanischen Wissenschaftlers James Lovelock. Nach seinem eigenen Verständnis leistet Lovelock mit seinem Ansatz eine Radikalisierung von Wernadskis Theorie (vgl. zum Vergleich der Theorien Oldroyd 1998, 388-402; Levit 2001, 92-105). Während dieser nämlich mit der Biogeochemie Organismen und ihre materielle Umwelt als koexistierend und koevolutiv betrachtet habe, würde seine Geophysiologie Organismen und Gaia als *ein* System ansehen (vgl. Lovelock 1992, 68). Lovelock kann die Kybernetik, die Wernadski noch nicht kennen konnte, in seine Theorie integrieren und somit das Verhältnis von Organismen und ihrer materiellen Umwelt in Konzepten von Regelkreisen beschreiben.

Lovelocks Gaia-Theorie verbindet zwei Semantiken miteinander. Zum einen beschreibt er die Erde, einen Ausdruck des Entomologen William Morton Wheeler aufgreifend, als einen »Superorganismus«, womit das ganze Feld organischer Metaphorik ins Spiel kommt. So versteht sich Lovelock in seinem Buch *GAIA – The Practical Science of Planetary Medicine* (1992) als »Erdarzt«, der statt eines Thermometers ein Satellitenradiometer verwendet, der nicht Blut- und Urintests durchführt, sondern Luft- und Meerwasserproben nimmt (ebd., 13). Durch die Verwendung einer solchen die Erde personifizierenden Metaphorik konnten verschiedene esoterische Öko-Ideologien problemlos an die Gaia-Theorie anschließen, wovon sich Lovelock selbst aber distanzierte. Zum anderen betont er nämlich, Gaia sei nicht lebendig in dem Sinne, daß sie beseelt sei, Geist besitze oder gar einen Willen habe. Lebendig sei Gaia, weil es sich um ein sich selbst regulierendes System handle, welches dem Thermostat eines Bügeleisens genauso gleiche wie einem Bakterium oder einem Bienenstaat (ebd., 11 und 31). Auf diese systemtheoretische Semantik setzte denn auch die Mikrobiologin Lynn Margulis in ihrem Buch *Symbiotic Planet* (1998, unter dem unglücklich gewählten Titel *Die andere Evolution* auf deutsch 1999 veröffentlicht), die ausdrücklich nicht von der »Mutter Erde« oder der Erde als einem Lebewesen spricht. Schließlich ernähre sich kein Organismus von seinen eigenen Abfällen, das »Gaia-System« aber unterscheide nicht zwischen Nahrung und Abfall, sondern führe »Materie auf globaler Ebene der Wiederverwertung zu« (Margulis 1999, 148). Für Margulis entsteht das Gebilde Gaia aus den

Wechselbeziehungen zwischen den Lebewesen und der Sonne als Energiequelle: Gaia sei eine Vielzahl interagierender Systeme, die auf der Erdoberfläche ein Ökosystem bilden (ebd., 149f.). Für Margulis ist die Gaia-Theorie »strenge Naturwissenschaft« (ebd., 154). Der Name Gaia führe unterschiedliche Wissenschaften zusammen, eröffne neue Forschungsperspektiven, etwa die Frage nach der Verteilung von Gold, Eisen, Phosphat und anderen Mineralien, und nicht zuletzt wecke er das Interesse eines internationalen Publikums für diese Forschung, womit Margulis gerade die Wirkmacht der spezifischen Form der Repräsentation der Erde hervorhebt.

Die globale Perspektive, die die Beschreibung der Erde als Gaia ermöglicht, verbindet sich mit der These, daß die lebenden Organismen selbst ihre Umwelt mit erzeugen. Damit wird die Zusammensetzung der Atmosphäre zu einem Indikator für Leben, und genau hier liegen die Anfänge der Gaia-Theorie. Wie Lovelock (1979, 1ff.) berichtet, arbeitete er als Berater bei der NASA in einer Gruppe, die nach Anhaltspunkten für die Existenz von Leben auf dem Mars suchte. Lovelock ging dazu von der Hypothese aus, daß sich die Atmosphäre eines belebten von derjenigen eines unbelebten Planeten unterscheidet, wofür ihm als Beispiel die Erde diente, deren Atmosphäre Methan und Sauerstoff in hoher Konzentration enthält. Da diese beiden Gase schnell zu Kohlendioxid und Wasserdampf reagieren, müssen, angesichts ihres konstanten atmosphärischen Vorkommens, Methan und Sauerstoff ständig nachproduziert werden. Daß die Sauerstoffkonzentration in der Atmosphäre konstant bei ca. 21 Prozent liegt, kann nach Lovelock nicht alleine aus nichtbiologischen Prozessen hergeleitet werden. Da nun die Atmosphäre auf dem Mars völlig anders gestaltet ist als die der Erde, unter anderem besteht sie hauptsächlich aus Kohlendioxid, ließ sich folgern, daß es auf dem Mars kein Leben geben kann. Die Vorhersage des Ansatzes, Leben durch Untersuchung der Atmosphäre nachweisen zu können, bestätigte sich im Jahr 1976 (vorläufig), nachdem die NASA zwei Viking-Sonden auf den Mars gesandt hatte.

Lovelock konnte seine Überlegungen zum Verhältnis zwischen Organismen und Stoffkonzentrationen in der Atmosphäre mit einem berühmten Beispiel aus der Evolutionstheorie begründen:

Vor mehr als drei Milliarden Jahren, als der Sauerstoffpegel in der Atmosphäre unter einem Prozent lag, begannen blaualgenähnliche Einzeller, Photosynthese zu betreiben. Damit verdrängten sie zum einen andere Organismen, die nicht das Sonnenlicht als Energiequelle nutzen konnten, zum anderen erzeugten sie Sauerstoff, welcher für die ausschließlich anaeroben Organismen auf der Erde ein Zellgift war. Photosynthese betreibende Einzeller verursachten somit das erste große Massenaussterben auf unserem Planeten, womit sie freilich Platz machten für die Organismen, die aus der Verarbeitung des Zellgifts Sauerstoff wiederum Energie gewannen, und zwar wesentlich mehr als anaerobe Organismen aus der Vergärung organischer Substrate. Nichtsdestotrotz handelte es sich nicht nur laut Lovelock, sondern auch gemäß dem Biologen Hubert Markl um die »schlimmste globale Umweltvergiftung, der das Leben je ausgesetzt war« (Markl 1988, 22; vgl. Lovelock 1979, 31f. und 109; → GRÜNE PFLANZEN).

Während sich Lovelock in seinem ersten Buch vor allem dem Wechselverhältnis von Organismen und Atmosphäre widmete, fügte er später weitere Beispiele hinzu: Meeresalgen seien etwa an der Wolkenbildung maßgeblich beteiligt, indem sie Dimethylsulfide abgeben, welche als Kondensationskerne für Wasserdampf fungieren, also für die Wolkenbildung über den Meeren mit verantwortlich sind (vgl. Lovelock 1992, 127). Und selbst für die Plattentektonik macht Lovelock die Mitwirkung von Organismen aus. Die Sedimentation von Kalk auf dem Meeresboden könnte den Chemismus und die Temperatur der Krustengesteine so verändert haben, daß es zu Plattenbewegungen kam (ebd., 130).

Lovelocks um Synthese bemühte Theorie erzeugte dabei eine Spaltung: Während sich vor allem in der Umweltbewegung enthusiastische Verteidiger seiner Thesen fanden, gingen Naturwissenschaftler auf Distanz. So hat der Geologe Peter Westbroek in seinem populärwissenschaftlichen Buch *Life as Geological Force. Dynamics of the Earth* (1991) Lovelocks Gaia-Theorie den Arbeiten des amerikanischen Geologen Robert M. Garrels gegenübergestellt. Garrels nimmt ebenfalls eine globale Perspektive ein, betrachtet die Erde allerdings als eine chemische Fabrik,

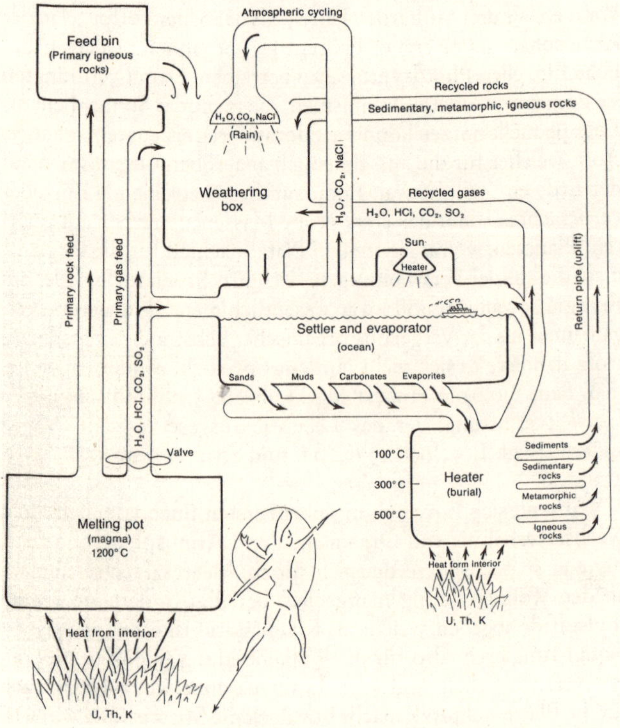


Abb. 3: Schematische Darstellung der Erde als chemische Fabrik nach Garrels/Mackenzie 1971, 330.

in der große chemische Reserven durch Transportleitungen und Förderbänder miteinander verbunden sind.

Garrels' äußerst komplexe Theorie, deren Grundzüge Westbroek und Oldroyd vereinfacht darstellen (Westbroek 1991, 89-107; Oldroyd 1998, 390-396), beruht auf einer Computersimulation, mit der er versucht, die Prozesse in der chemischen Fabrik Erde quantitativ zu beschreiben. Allerdings wies die Repräsentation der Erde als chemische Fabrik zu viele Variablen auf, weshalb er sich auf die globalen Kohlenstoff- und Schwefelkreisläufe beschränkte. Garrels wies die Kopplung dieser Kreisläufe nach und belegte damit, daß die chemischen Reservoire der Erde miteinander verbunden sind und sich die Vorräte nicht aufbrauchen; Schwefel bewegt sich etwa zwischen dem Gips- und dem Pyritreservoir. Den Einfluß der Lebewesen auf diese dynamischen Prozesse erkannte Garrels sehr wohl, allerdings ging er davon aus, daß sich die Biosphäre den Bedingungen der chemischen Fabrik Erde anpassen muß (vgl. Westbroek 1991, 107).

Westbroek ergänzt die Kreislauf-Modelle Garrels' am Beispiel der westfriesischen Insel Vlieland um den biologischen Aspekt. Ein Kennzeichen der Insel sind die wandernden Dünen, für die, wie Westbroek ausführt, der Strandhafer (Ammophila) eine wichtige Rolle spielt. Diese Gräser sind nämlich nicht nur an die Sandbewegungen angepaßt, sie bauen vielmehr die Vordüne auf und stabilisieren sie, indem ihr Wurzelsystem den heranwehenden Sand auffängt, von dem sie Nährstoffe beziehen. Die Gräser erzeugen somit eine natürliche Barriere, die den Sandstrand vor der wandernden Düne schützt. Lebewesen sind demnach keineswegs nur an die abiotischen Bedingungen angepaßt, sie gestalten sie vielmehr mit. Westbroek liefert hierfür eine Reihe weiterer Beispiele: Ob Bakterien und Kieselalgen Land erzeugen, Pflanzen den Wasserkreislauf regulieren, Pilze, Flechten und Bakterien Steine verwittern, Wälder Erosion verhindern oder ob Lebewesen Kalkstein aufbauen – Leben erweist sich als geologische Kraft. Die Repräsentationen der Erde als chemische Fabrik oder als Biosphäre sind nach Wesbroek allzu reduktive Konzeptionen.

Damit stehen sich nicht nur die Ansätze der Geochemie und Geophysiologie gegenüber, sondern auch unterschiedliche epistemische Formen. Denn Garrels' fundamentale Hypothese, die Erde als chemische Fabrik zu repräsentieren, führt erstens zu einem computersimulierten Modell der Erde und zweitens zu einer überprüfbaren Hypothese (Kopplung von Kohlenstoff- und Schwefelkreislauf). Lovelocks Repräsentation der Erde als Gaia liefert dagegen keine überprüfbare Hypothese. Während Garrels mit wissenschaftlichen Daten operiert, erzeugt Lovelock andere Formen der Evidenz für seine Theorie, so etwa sein Modell von »Daisyworld«, einem Planeten, auf dem nur eine Pflanze in unterschiedlicher Färbung wächst. Anhand der Relation von hellen bzw. dunklen Gänseblümchen zur Temperatur auf der Oberfläche dieses Planeten veranschaulicht er, wie Lebewesen ihre Umgebung, hier die Temperatur, auf ihr Optimum hin regulieren.

Für die Geowissenschaften mag eine Theorie, die keine falsifizierbare Hypothesen hervorbringt, nicht brauchbar sein, allerdings haben mit diesem Problem letztlich alle Versuche zu kämpfen, die von der Erde als Ganzes in Gestalt einer Fiktion ausgehen. Auch Garrels' chemische Fabrik war letztlich zu komplex, um dargestellt zu werden, weshalb er sich lediglich einen Teilbereich herausnahm. Deutlich wird diese Problematik ebenfalls in der heutigen Meteorologie und Klimaforschung, deren Ziel es ist, »ganze Erdsysteme zu modellieren und mit ihnen zu experimentieren«, wie Gabriele Gramelsberger schreibt (2010, 137). Allerdings handelt es sich hierbei erstens um »gigantische Modelle«, die ein einzelner Forscher nicht mehr zu überblicken vermag, weshalb jeder sich auf seinen Teilbereich beschränken muß. Zweitens lassen sich die unterschiedlichen Modelle nicht einfach koppeln, für die Biosphäre und die Anthroposphäre finden sich keine physikalischen Grundgleichungen (ebd., 137). Die Repräsentation der Erde im Computermodell sprengt solchermaßen den Rahmen menschlichen Erkenntnisvermögens, zugleich müssen die Politiker auf der Grundlage solcher Modellierungen ihre Entscheidungen treffen: Unsicheres Wissen wird so zur Basis gegenwärtiger Politik (vgl. dazu z.B. Hulme 2009; Gramelsberger/Feichter 2011).

Abgesehen davon, bewegt sich Lovelocks Gaia-Theorie ohnehin auf einem anderen Feld als dem der reinen Naturwissenschaft, nämlich dem der politischen Ökologie, eines Diskurses, der gerade durch die Vermischung unterschiedlicher naturwissenschaftlicher, soziologischer, ökonomischer Aussageformen sowie politischer Maßnahmen gekennzeichnet ist (vgl. Bühler 2013a). Lovelock beansprucht zwar, eine Theorie formuliert zu haben, an der sich die Wissenschaften orientieren sollen, zugleich aber adressiert er die Öffentlichkeit, die er zum Umdenken und vor allem zu ökologisch bewußtem Handeln animieren möchte. Dementsprechend verbindet seine Theorie die Forderung nach Maßnahmen gegen die Umweltzerstörung auf wissenschaftlicher Grundlage mit der Forderung, eine bestimmte Haltung einzunehmen: Die Menschen seien nicht die »Verwalter der Erde«, sondern eher »gewerkschaftliche Vertrauenspersonen« (Lovelock 1992, 184).

Die Überlegungen zum Leben als geologischer Kraft, wie es Westbroek formuliert, kehren heute unter der Deklaration einer neuen Erdepoche, des Anthropozäns, wieder. In einem Artikel für den *Global Change Newsletter* zeigten der Biologe Eugene F. Stoermer und der Chemiker Paul J. Crutzen (2000; vgl. auch Crutzen 2011), daß die dahinterstehende Idee weitaus älter ist: Nachdem auf dem Internationalen Geologischen Kongreß im Jahr 1885 der Begriff »Holozän« für die nacheiszeitliche geologische Epoche eingeführt worden war, hätte eine Reihe von Forschern bemerkt, daß menschliche Aktivitäten während des Holozäns allmählich zu einer signifikanten geologischen Kraft geworden seien. Schon in dieser Phase der Forschungsgeschichte spielt auch die Ökologie eine wichtige Rolle. Als Beleg führen Crutzen und Stoermer George Perkins Marshs im Jahr 1864 erstmals publiziertes Buch *Man and Nature* an, das zehn Jahre später unter dem Titel *The Earth as Modified by Human Action. A New Edition of Man and Nature* (1874) in einer erweiterten Fassung erschien. Marshs Buch, in dem er vor allem die Zerstörung des Waldes und deren Folgen für den Wasserhaushalt kritisiert, ist bis heute ein wichtiger Bezugstext der amerikanischen Umweltbewegung. Ebenfalls in diese Reihe gehören gemäß den beiden Autoren der Geologe Antonio Stoppani, der 1873 erstmals von einem »anthropozänen Zeitalter« sprach, Wernadskis Begriff »Biosphäre« (1926) und Edouard Le Roys und Teilhard de Chardins Terminus »Noosphäre« (1924), mit dem sie auf eine Phase der geistigen Entwicklung verweisen und so die Formung der Umwelt und damit der Zukunft durch den Menschen markieren. Crutzen und Stoermer schließen hier an, wenn sie schreiben:

Considering these and many other major and still growing impacts of human activities on earth and atmosphere, and at all, including global, scales, it seems to us more than appropriate to emphasize the central role of mankind in geology and ecology by proposing to use the term »anthropocene« for the current geological epoch. The impacts of current human activities will continue over long periods. (Crutzen/Stoermer 2000, 17)

Die beiden Forscher lassen das Anthropozän in der zweiten Hälfte des 18. Jahrhunderts beginnen, da seither die Zunahme von Treibhausgasen in der Atmosphäre nachweisbar ist. Vor allem aber stelle die neue geologische Epoche für den Menschen eine enorme Herausforderung dar, denn sie bedürfe der intensiven Erforschung der Biosphäre sowie der weisen Anwendung dieses Wissens (vgl. Bühler 2012; → TREIBHAUS). Mit letzterem Punkt weisen die beiden auf ein komplexes und höchst prekäres Feld zwischen Naturwissenschaften und Politik hin. Denn wenn die Wissenschaften, allen voran die Klimaforschung, sich als Produzenten von Ungewißheit verstehen, Politiker und selbst Intellektuelle aber offensichtlich über keine wegweisenden und global durchsetzbaren Konzepte verfügen, ist es eher unwahrscheinlich, daß gilt: »mankind will remain a major geological force for many millenia, maybe millions of years, to come« (Crutzen/Stoermer 2000, 18).

*B. B.*

# Flüssigkristall

> Man ist gewohnt, die Grenze zwischen den organisch lebenden und den anorganischen Gebilden so zu ziehen, daß die Kristalle die höchste Stufe des Anorganischen einnehmen, und daß erst jenseits einer tiefen physiologischen Kluft das niedere organische Leben mit den einfachsten Erscheinungen in Gestalt der Amöben, Bakterien, der ihnen ähnlichen Spermien u. dgl. beginnt.
>
> *Rinne 1931, 59*

> Wer mit meinem Ideengang und mit meiner mikroskopischen Arbeitsweise, die, wie eingangs bemerkt, von biologischen Untersuchungen ihren Ausgang nahm, nicht vertraut ist, wird gar nicht begreifen, weshalb ich in der Frage, ob Kristalle flüssig sein können, eines der wichtigsten Probleme der Physik sah und derselben außerordentlich viel Zeit und Mühe widmete.
>
> *Lehmann 1910, 42f.*

Weil Sein und Schein auch im Reich der Mineralogie das Sagen haben, ist die Geschichte der sogenannten flüssigen oder scheinbar lebenden Kristalle eine über den Status rhetorischer Rede. Ihre Rekonstruktion erfolgt daher entlang jenen Markierungen, die eigentliches und uneigentliches Sprechen voneinander trennen. Weil ausgerechnet Kristalle, die der Alltagssachverstand zunächst und die Wissenschaft sehr lange problemlos den statischen Verhältnissen des Anorganischen zugeschrieben haben, dem Geltungsbereich der Mineralogie entzogen und aus den Schubfächern ihrer Sammlungen gelöst werden, gilt der Übergriff ins Organische als Stein des Anstoßes. Wie folgenreich dabei der unterschlagene Beweisgrund eines ausgestellten »Scheinbar« als unzulässige Annäherung an das Organische tatsächlich ist, davon handelt in aller Ausführlichkeit ein Streit, der ganz explizit und vehement um den Status des Lebens entbrennt (vgl. zum Status der wissenschaftlichen Kontroverse Liebert/Weitze 2006). Es ist eine der besonderen Pointen dieser mit Autoren wie Ernst

Abb. 1: Otto Lehmann am Kristallisationsmikroskop nach Brauns 1931.

Haeckel und Friedrich Rinne prominent geführten Auseinandersetzung, daß die Rolle unterschlagener oder eigens ausgewiesener Adjektive oder Gänsefüßchen als Markierung uneigentlicher Rede, daß überhaupt die Rolle der wissenschaftlichen Darstellung nicht erst nachträglich von – etwa rhetorisch und literaturwissenschaftlich – geschulten Wissenschaftshistorikern kundgetan wird, sondern daß diese Diskussion im wissensgeschichtlichen Segment selbst reflektiert und natürlich auch argumentativ benutzt wird (vgl. Haeckel 1925; Rinne 1931). Die Rede von der Paradoxie, die der Begriffsbildung beim Flüssigkristall anhaftet, und die Folgen dieser Paradoxie begleiten seine Verwissenschaftlichung nicht als sprachkritisches Beiwerk oder rhetorisches Ornament, sondern konstitutiv.

Es wäre für die eigene Darstellung reizvoll, diese Geschichte auf den deutschen Physiker Otto Lehmann (1855-1922) auszurichten, der als Vater der Flüssigkristalle gilt und ihrer Erforschung eine ganz besondere Form der Sorge angedeihen ließ. Ein ergiebiges, weil anekdotenreiches Narrativ wäre die Folge, in dem ein Mann allen Anfeindungen seitens Theorie, Wissenschaft und Zeitgeist widersteht und seinen Kampf um die Legitimität der von ihm ans Tageslicht geförderten Kristalle unverdrossen führt – mit einem Engagement, das Hartnäckigkeit mit Trotz und einem Schuß Querulantentum paart, das mit großer Verve die Register der Überzeugung zieht, das Strategien und Medientechniken des Augenscheins ebenso bemüht wie literarische Verfahren der Wissenschaftspopularisierung. Selbstverständlich müßte eine solche Geschichte auch jenen tautologischen Verweisstrukturen Rechnung tragen, mit denen von Lehmann selbst ersonnene Apparaturen wie etwa ein von ihm immer weiter verbessertes Kristallisationsmikroskop seinen Behauptungen über die flüssigen Kristalle visuelle Plausibilität zuteil werden ließen.

Lehmanns Widerspruchsgeist war gerade deshalb so vehement entfacht, weil andere Forscher sich durchaus unter Umgehung technisch vermittelten Sehens zu Stellungnahmen in dieser Sache berufen fühlten. Und selbstverständlich dürfte am Ende einer solchen Rekonstruktion (als eine Art nachträglicher Wiedergutmachung an die Adresse eines Mannes, der sich notorisch Ehranfeindungen ausgesetzt sah, der sich mit Kollegen um die Priorität bestimmter Entdeckungen stritt, der mehrere Male für den Nobelpreis vorgeschlagen war und ihn doch nie erhalten hat) der Hinweis darauf nicht fehlen, daß nach einer Latenzzeit von ca. sechzig Jahren, also Ende der sechziger Jahre, eine erneute Beschäftigung mit den Flüssigkristallen erfolgte – dieses Mal nicht mit dem Gestus eines wissenschaftsgeschichtlichen Grundlagenstreits um die Ordnung des Organischen, sondern mit der

Abb. 2: Mikroskopiertisch nach Lehmann 1910.

Perspektive auf eine praktische Nutzanwendung, die vor allem die Gestaltung von Displays ab dem zweiten Drittel des 20. Jahrhunderts nachhaltig geprägt hat. So reizvoll und sicher auch gefällig diese Form wäre, diese Geschichte soll weniger Personen und Anekdoten gelten, als vielmehr Konstellationen dessen, was zu sehen, zu sagen und zu wissen ist.

Als flüssige Kristalle gelten Substanzen, die durch zwei Haupteigenschaften gekennzeichnet sind: durch ihre Fluidität und durch ihre Anisotropie. Als anisotrop gelten Phänomene, die richtungsabhängige physikalische Eigenschaften aufweisen wie etwa die Kristalle (→ TURMALIN). Um diese Eigenheit und mit ihr zugleich eine Besonderheit der verwendeten Kristallisationsmikroskope deutlich zu machen, verweist Lehmann auf den Unterschied zwischen Kristall und Glas. Wie aber kann man beide bei aller äußeren Ähnlichkeit und allem Augenschein zum Trotz voneinander unterscheiden? Technisch vermittelte Strategien virtueller Zeugenschaft machen die Unterscheidung möglich.

> Im allgemeinen ist die Unterscheidung mit Leichtigkeit möglich mit Hilfe des Polarisationsmikroskops. Man bringe den Splitter in das dunkle Gesichtsfeld gekreuzter Nicols und drehe das Objekttischchen, auf welchem derselbe liegt. Besteht er aus Glas, so bleibt er in jeder Stellung dunkel, denn ein Glas ist isotrop, in ihm ist keine Richtung vor der anderen bevorzugt. Anders verhält sich ein Kristall; ein solcher wird, wenigstens im allgemeinen, bei jeder vollständigen Drehung viermal hell und dunkel. […] [D]er Kristall ist anisotrop, während das Glas isotrop ist. (Lehmann 1910, 7)

Ort dieser Drehung, die über die Ordnung der Dinge entscheidet, ist das Kristallisationsmikroskop, als dessen Spezialist Lehmann gilt. Zu diesem Ruf hat nicht zuletzt seine unablässige Arbeit an der Verbesserung des Mikroskops beigetragen, das neben einer Polarisationsoptik auch mit Vorrichtungen zur Erhitzung und Abkühlung ausgestattet war (vgl. zum Apparateselbstbau Lehmann 1885 und 1910). Die Folge sind Apparaturen, in denen die genannten Aspekte mit der Drehbarkeit des Objekttisches verbunden sind und die in späteren Varianten sogar die Projektion nach außen erlauben. In einem Zustand zwischen flüssig und fest weisen die sogenannten flüssigen Kristalle ein Merkmal der Anisotropie auf, das bis zu seiner Entdeckung den festen Körpern vorbehalten war: die optische Doppelbrechung.

Erstmalig beschrieben wird ein Flüssigkristall im Jahr 1888 durch den österreichischen Chemiker und Botaniker Friedrich Reinitzer (1857-1927). Beim Untersuchen von Cholesterin stellt er fest, daß das Benzoat des Cholesterins in einem bestimmten Temperaturbereich zwischen 145 und 178,5 Grad Celsius zähflüssig und dabei zugleich doppeltbrechend auftritt (vgl. dazu Reinitzer 1888). Zur Klärung dieses sonderbaren Zwischenstadiums wendet er sich auf Vermittlung des Prager Kristallographen Viktor Leopold Zepharovich an Lehmann, der zu diesem Zeitpunkt bereits als Kapazität auf dem Feld der Kristallisationsmikroskopie gilt. Reinitzer veröffentlicht seine Beobachtung im Jahr 1888, Lehmann wiederum gibt im Folgejahr seine Arbeit

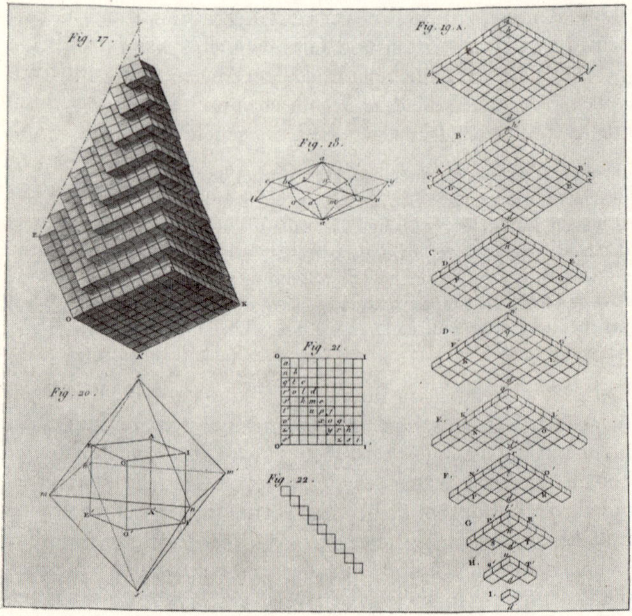

Abb. 3: Mauerwerk bei René-Just Haüy nach Fabian 1986.

»Über fliessende Krystalle« in den Druck, die bereits in ihrem allerersten Satz die Problematik der Rede auf den Punkt bringt:

Fliessende Krystalle! Ist das nicht ein Widerspruch in sich selbst – wird der Leser der Überschrift fragen –, wie könnte denn ein starres, wohlgeordnetes System von Molekülen, als welches wir uns einen Krystall vorstellen, in ähnliche äussere und innere Bewegungszustände geraten, wie wir sie bei Flüssigkeiten als »Fliessen« bezeichnen und durch mannigfache Verschiebungen und Drehungen der ohnehin schon des Wärmezustandes halber äusserst lebhaft durcheinander wimmelnden Moleküle zu erklären pflegen? (Lehmann 1889, 462)

Und er fährt fort, indem er im Bild bleibt und die Rede von einem steinernen Mauerwerk zur Veranschaulichung benutzt (→ Kalkspat). Wäre die Molekülstruktur so starr wie in einem Mauerwerk, so würde die Rede von einem Fließen dieses Mauer-

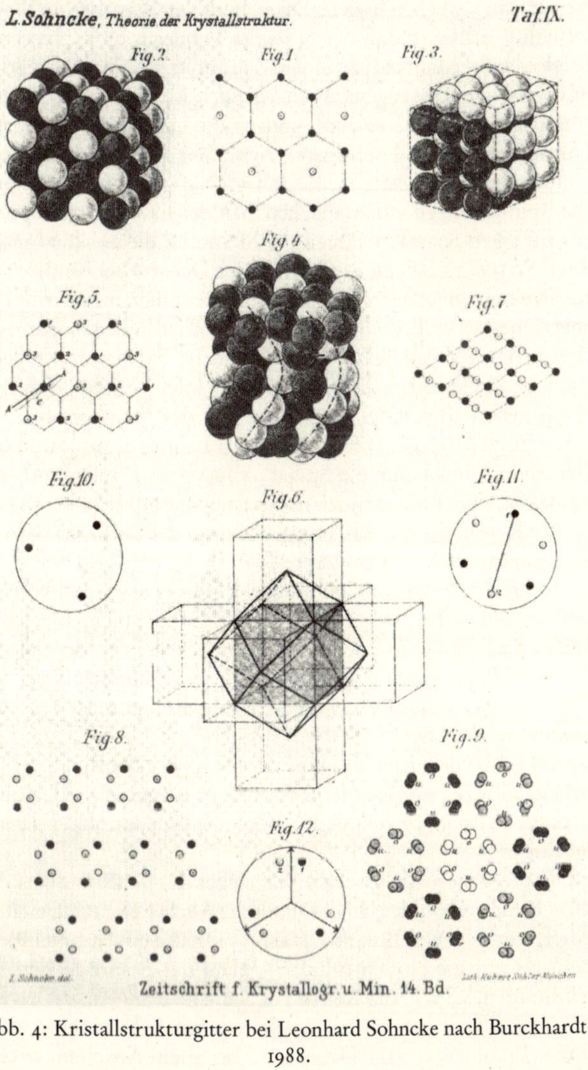


Abb. 4: Kristallstrukturgitter bei Leonhard Sohncke nach Burckhardt 1988.

werkes tatsächlich Schwierigkeiten bereiten. Was aber im Wechselschluß nahelegt, daß der gewählte Vergleich hinkt. In einem Brief vom 25. Mai 1908, zu einem Zeitpunkt mithin, als der Streit um den Status der sogenannten *lebenden Kristalle* bereits längst entfacht war, rekonstruiert Lehmann die Umstände, die ihn zur Formulierung von den *flüssigen Kristallen* geführt haben – verbunden mit dem Gestus, seine Autorität gegen etwaige Ansprüche Reinitzers geltend zu machen. Mit der Existenzbehauptung der flüssigen Kristalle kamen der Stein und die Diskussion um ihren Status ins Rollen. Im Verlauf der Debatte entzündete sich ein Streit um die Angemessenheit von Formulierungen, in dessen Sperrfeuer neben dem unscheinbaren Epitheton »scheinbar«, das dem Leben vorangestellt wird, sprachliche Nuancierungen eine wichtige Rolle spielen sollten. So ist es kein Wunder, daß Lehmann neben allen möglichen Strategien der Transparenzerzeugung durch Modellversuche (vgl. dazu Lehmann 1910) und Medientechnik nicht nur die Sprachphilosophie Fritz Mauthners, sondern darüber hinaus auch noch die Philosophie Hans Vaihingers zu Rate zog. Das »Als-ob« gerät so aus der Philosophie in die Molekularphysik und ans Leben (vgl. Lehmann 1919; Brandstetter 2009). Diese Diskussion wurde mit einer solchen Intensität geführt, daß selbst ihre eigene Historiographie nicht ausbleiben durfte. Sie liegt vor in einer Publikation des Bonner Mineralogen Reinhard Brauns aus dem Jahr 1931. Diese versammelt unter dem Titel *Flüssige Kristalle und Lebewesen* 170 Referate aus dem *Neuen Jahrbuch und Centralblatt für Mineralogie, Geologie und Paläontologie*, die den zum Teil kontroversen Sachstand in der Flüssigkristallfrage stellvertretend dokumentieren und prädestiniert sind, die Aufregung anläßlich Lehmanns Behauptungen zu verdeutlichen.

Die provozierende Titelwahl ist selbst dem Zustand analogischer Rede geschuldet, zu dem sich der Verfasser auch gleich dezidiert verhält. Wie Brauns schreibt, enthält sein Sammelreferat mehr als nur die bloßen Inhaltsangaben der besprochenen Abhandlungen, sie will die Kritik zur Sprache bringen, zu der vorrangig »zu weit getriebene Vergleiche mit Lebewesen« Anlaß boten (Brauns 1931, III). Dabei wird bei allem Anschein wissenschaftlicher Neutralität ein wenig untergründiges Psychogramm

Otto Lehmanns mit transportiert. Der Vater der flüssigen Kristalle wird dort als Forscherpersönlichkeit beschrieben, die, ansonsten vollständig normal, mithin liebenswürdig, bescheiden, unprätentiös und aufopferungsvoll, renitent gegen andere Forschungsergebnisse ist und Widerspruch nicht ertragen kann. Die Situation spitzt sich mit der Exponiertheit seiner Ergebnisse zu.

> Dies steigerte sich, nachdem er Vater der »scheinbar« lebenden Kristalle geworden war [...], eine unglücklich gewählte Bezeichnung. Zwar hat LEHMANN bis zuletzt immer wieder gesagt, daß diese nicht als »wirkliche Lebewesen im üblichen Sinne« zu betrachten seien [...], aber er hat ihnen doch von Anfang an bis zuletzt besondere Bedeutung für die Biologie zugesprochen. (Ebd., VIII)

An dieser Formulierung Lehmanns entzündete sich, so fährt Brauns fort, ein mit aller Härte ausgefochtener Streit. »Wie ein Kriegsruf hat der Titel sofort zwei Parteien gebildet und die ›flüssigen Kristalle‹ zum Kampfobjekt gemacht.« (Ebd., 20)

Der Sammelreferent Brauns zeichnet sehr überzeugend nach, wie Lehmann im Verlauf dieser Auseinandersetzung sein eigener Historiograph wird, oder genauer noch: wie er von vornherein in der Rolle eines solchen auftritt. Diese Einschätzung eröffnet einen Zugang zu den Publikationsstrategien und ihren Petitessen, zum Geflecht an gefühlten Animositäten und manifesten Anfeindungen, an Unterstellungen und Rechtfertigungen. Brauns macht dabei den Stellenwert der Flüssigkristallfrage deutlich: Diese erregt die Gemüter so sehr, daß selbst die Zuteilung von Redezeit auf Fachtagungen eskaliert und zum Argument in eigener Sache wird. Anläßlich eines Kongresses der renommierten Bunsen-Gesellschaft, auf dem sein Kontrahent, der deutschbaltische Chemiker Gustav Tammann, hinreichend Gelegenheit hat, seine Kritik vorzubringen, moniert Lehmann, daß man ihm die zustehende Redezeit beschnitten hätte. Die Position seines Widersachers ist dabei ebenso eingängig wie grundsätzlich. Tammann hält die Entdeckungen Lehmanns lediglich für Emulsionen und gelangt zu folgender Einschätzung, die ihr Berichterstatter – nicht ganz ohne unfreiwillige Komik – ausgerechnet als »lapidar« bezeichnet: »Tammann entgegnete jedoch lapidar: Weiche Kristalle existieren zweifellos, meinetwegen soll es auch fließende Kristalle geben, aber Flüssigkristalle? Niemals!« (Knoll/Kelker 1988, 78)

Damit waren die Claims abgesteckt. Und was hat man nicht alles unternommen, um die Situation im Anschluß an die Tagung zu klären und die aufgebrachten Gemüter wieder zu beruhigen. Ein Treffen mit Tammann unter vier Augen wurde ins Auge gefaßt, und neben allen persönlichen Vorwürfen und Ehrabschneidungen wurde sogar eine Kommission ins Leben gerufen, die den Status der flüssigen Kristalle, genauer noch: die Frage nach ihrer bloßen Existenz klären sollte. Diese Expertenrunde wurde im Jahr 1906 auf der ersten Sitzung der Deutschen Bunsen-Gesellschaft eingerichtet. Zielvorgabe war es, bis 1908 einen abschließenden Bericht zu erarbeiten – unter dem Vorsitz des Niederländers van't Hoffs und unter Hinzuziehung von Forschern wie Gustav Tammann, Rudolf Schenck und natürlich Otto Lehmann selbst. Der nutzt die Aufforderung zur Mitarbeit, indem er möglichst viele sachkundige Kollegen um Teilnahme bittet. Ein Brief, den er an nahezu 100 Forscher aus dem In- und Ausland verschickt, veranschaulicht die enorme Relevanz, die der Diskussion um den wissenschaftlichen Status der Flüssigkristalle in dieser Phase beigemessen wird. Lehmanns Rundschreiben redet der Arbeitsteilung und damit einem Kompetenzverbund aus verschiedenen Wissenschaften das Wort. So muß er gar nicht selbst Stellung nehmen etwa hinsichtlich der umstrittenen Analogie von Flüssigkristallen und den niedrigen Lebewesen, sondern kann entsprechende Auskünfte von Experten außerhalb seiner eigenen Zunft erbitten. Für die Klärung solcher Übertragungen seien eben andere Disziplinen zuständig – allen voran die Biologie.

Auf die persönlichen Anfeindungen reagiert Lehmann mit Anleihen bei der zeitgenössischen Presse- und Satirelandschaft: Dabei sticht besonders ein fingiertes Dreiergespräch ins Auge, in dem er zwei aus der zeitgenössischen Karrikaturszene bereits gut bekannte Figuren mit den Namen Müller und Schulze als Vertreter unterschiedlicher Fächer zur rückhaltlosen Überzeugungsarbeit antreten läßt. Er selbst besetzt dabei naturgemäß die Rolle des heroischen Demonstrators und Generators der von ihm behaupteten Effekte, der das Feld der Auseinandersetzung als strahlender Überzeugungssieger verläßt. Auf welche Weise dieses Dreiergespräch gewertet wurde, macht Brauns deutlich:

Abb. 5: Schultze und Müller, Karikatur aus dem humoristisch-satirischen Wochenblatt *Kladderadatsch* 1905.

Ich habe zeitig vor Übertreibungen gewarnt [...], LEHMANN hat sich bald danach ganz in dem gleichen Sinne ausgesprochen [...], eine nachhaltige Wirkung aber haben die Warnungen nicht gehabt; man vergleiche unter anderem sein bald danach veröffentlichtes Streitgespräch mit MÜLLER und SCHULZE [...], zudem eine Entgleisung, indem diese Figuren an die bekannten Namen im Kladderadatsch erinnern. Diese Übertreibungen haben zu heftigen Auseinandersetzungen mit NERNST [...], QUINCKE [...], TAMMANN [...], VORLÄNDER [...] u. a. geführt, der sonst so friedliche Mann konnte hierbei in geradezu fanatische Erregung geraten. Eine im Jahre 1905 unter dem Vorsitz von VAN'T HOFF eingesetzte Kommission der Deutschen Bunsen-Gesellschaft sollte einen Ausgleich herbeiführen [...], der Versuch ist aber gescheitert, noch bevor die Kommission in Tätigkeit getreten war. Wer LEHMANN näher kannte, hat nichts anderes erwartet [...]. (Brauns 1931, VIII)

Lehmann ist derart erregt, daß er auf die Gepflogenheiten der Rechtsprechung und auf entsprechende Erwartungshaltungen innerhalb der *scientific community* hinweist. Eine stellenweise kaum verhohlene Gereiztheit ist die Folge, mit der Lehmann auf die Verletzung von Urheberansprüchen reagiert. Über deren Status gerät er zunehmend ins Sinnieren. Das wird deutlich in einem eigenen Kapitel seiner Monographie *Das Kristallisationsmikroskop und die damit gemachten Entdeckungen insbesondere die der flüssigen Kristalle*, das die Überschrift »Flüssige Kristalle und Urheberrecht« trägt (Lehmann 1910). Auffallend an diesem Schlußkapitel ist weniger, daß dort das Bürgerliche Gesetzbuch (und damit die Möglichkeit von Patentansprüchen) zitiert wird, sondern daß ausführlich auf die unsachgemäßen Gepflogenheiten und Usancen im wissenschaftlichen Umgang verwiesen wird (vgl. zum Stellenwert von Patenten Kümmel-Schnur/Kassung 2012). Anläßlich der dort verwendeten Bescheidenheitsrhetorik, die für die Beschreibung von Wissenschaftlern Konvention geworden ist, gelangt er zu ganz grundsätzlichen Überlegungen über die Sitten des Wissenschaftsbetriebs. Für diese konstatiert er einen Spagat zwischen dem, was als charakterologisch angemessen, und dem, was als wissenschaftlich unangemessen gilt. Vor die Wahl zwischen Moral und Gerechtigkeit gestellt, optiert Lehmann immer für die Wissenschaft – ganz egal, wie er selbst dabei als Person abschneidet.

Weil Semantik und Alltagssachverstand die Welt der Kristalle eben nur schwerlich an das Reich des Organischen und des Lebens anschließen, tut gerade hier Überzeugungsarbeit besonders not. Unzufrieden mit den vorhandenen Definitionen des Lebens, spielt Lehmann den Ball zurück in die Felder der für das Leben zuständigen Wissenschaften. Was dabei zutage tritt, ist ein Konzept des latenten Lebens, das zugleich einen Höhepunkt spekulativen Denkens über Begriff und Sache von Systemen darstellt (vgl. zur Rede vom latenten Leben etwa Lehmann 1907b, 62). Sein Beispiel latenten Lebens scheint eine Anordnung zu verdoppeln, innerhalb deren bei Jakob von Uexküll eine Zecke ohne Umwelt überlebt, und dabei die Frage aufzuwerfen, was das denn überhaupt zu bedeuten habe für ein tragfähiges Konzept von Leben (→ ZECKE).

Bereits 1906 hat er in einer Veröffentlichung unter dem Titel »Flüssige Kristalle und Theorien des Lebens« (Lehmann 1906) auf den Status einer solchen Latenz hingewiesen und gegen seine Widersacher Versuche eines Wissenschaftlers namens Koch ins Feld geführt, die dieser mit hartnäckig isolierten Samen anstellte, die »monatelang in möglichst evakuierten zugeschmolzenen Glasröhren aufbewahrt« wurden (Lehmann 1908, 520). Spekulationen über die Latenz des Lebens sind die Folge, die auch außerhalb vermeintlich streng abgeschirmter Fachdisziplinen für Furore sorgen und ganz wundersame Blüten treiben: »Arrhenius, ein Anhänger des Kosmozoismus, nimmt sogar auf Grund anderer Erfahrungen an, Bakterien könnten sich in dem luftleeren äußerst kalten Weltraum aufhalten und durch den Strahlungsdruck von einem Weltkörper zum andern getrieben werden, ohne ihre Keimfähigkeit zu verlieren.« (Ebd.)

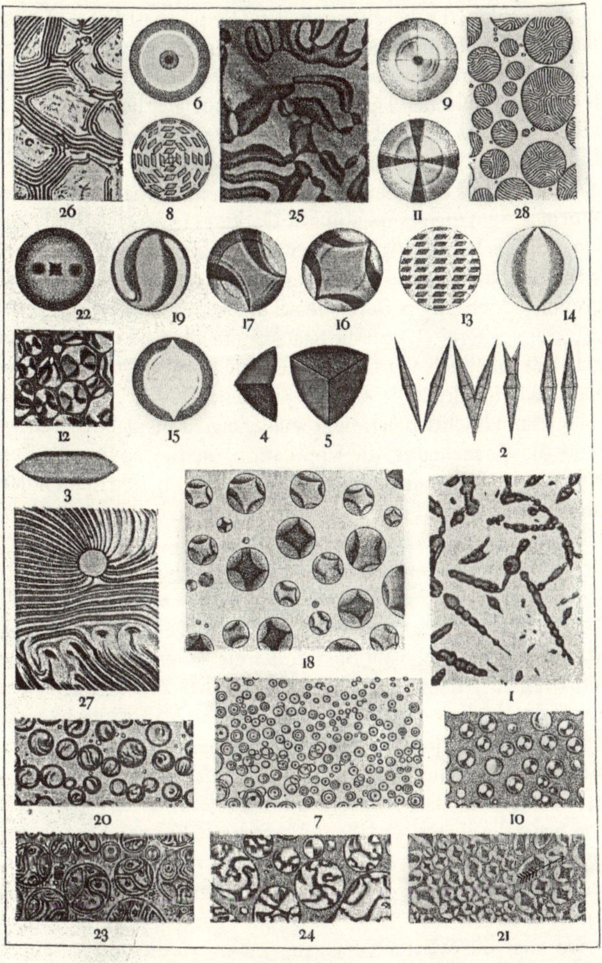


**Flüssige Kristalle**

**Nach Professor Otto Lehmann, Karlsruhe**

Abb. 6: Flüssige Kristalle im Anschluß an Otto Lehmann nach Haeckel 1925.

Maßgeblich für diesen Strang der Rezeption ist Ernst Haeckel, der Lehmann damit einen Bärendienst erwiesen hat. Der Monist Haeckel jedenfalls wird so zu jener Systemstelle, an der die Markierungen zwischen eigentlicher und uneigentlicher Rede endgültig verschwinden. Die von ihm betriebene Animalisierung führt zur Rede von Kristallwürmern und erschließt eine Vergleichswelt aus dem Bereich des Organischen, bei der vor allem Würmer, Schlangen und anderes Getier eine zentrale Rolle spielen. Vergleiche und Analogien werden aber auch auf der Ebene weniger komplexen Lebens gesucht (vgl. dazu Lehmann 1907a), greifen jedoch andere Bereiche auf und auf diese über. Der Boden war gut vorbereitet, und die Saat konnte auch entsprechend aufgehen. Schließlich wurde Lehmann nicht müde, Verhaltensweisen der Flüssigkristalle nachzuzeichnen, die den Übergang vom Leben zum Nichtleben immer wieder eigens plausibilisieren sollten – die Vermehrung, die Kopulation, die Bewegung, ihr Regenerationsverhalten im Fall von Verstümmelung und nicht zuletzt die Individuation, die als Indikator für die Übergängigkeit zwischen den Naturreichen taugt (vgl. dazu Jordan 1842; für den Fall der Pflanze Fritsch 1920; für das Tier unter anderem die Arbeiten von Hans Przibram und Paul Kammerer; → MOLCH; → POLYP; → DICTYOSTELIUM MUCOROIDES). Der schon angeführte Mineraloge und Kristallograph Rinne jedenfalls kann Überschriften in einem Parallelismus formulieren, der im Zeichen der Individualität das Organische und das Anorganische einander annähert: »[i]ndividuelle Dimensionen im Anorganischen« und »[i]ndividuelle Dimensionen im Organischen« (Rinne 1931, 44ff.). Die Folge sind Redeeffekte, die Spermien als lebende flüssige Kristalle ausweisen – so in Veröffentlichungen Rinnes, nach dem allen Belebungsversuchen zum Trotz mit dem Rinneit ein seltenes Mineral aus der Klasse der Halogenide benannt ist (vgl. Rinne 1930).

Wo aber die Wörter versagen, setzen Medientechniken und vorrangig der Film an. Wie um den Eindruck des Lebendigen auch durch die Wahl des passenden Mediums zu unterfüttern, soll ein Film das scheinbare Leben der Flüssigkristalle dem Kinopublikum breitenwirksam vor Augen stellen (vgl. zum Status des Films Brandstetter 2009; Siedentopf/Sommerfeldt 1907;

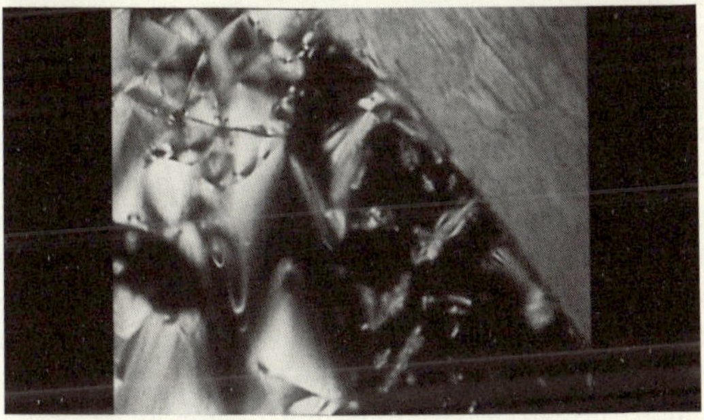

Abb. 7 und 8: Flüssigkristalle nach Painlevé 2005.

Lehmann 1921): *Flüssige Kristalle und ihr scheinbares Leben. Forschungsergebnisse dargestellt in einem Kinofilm*. Was in dieser Publikation zutage tritt, ist nicht nur der Augenschein, mit dem das bewegte Leben durch das Medium der bewegten Bilder demonstriert wird – in einer epistemisch nachgerade tautologischen Veranstaltung, wenn man eine alternative Mediengeschichte veranschlagt und diese mit der Entdeckung des Lebens beginnen läßt. Es könnte eine der mediengeschichtlichen Pointen sein, daß der Weg vom Kristallisationsmikroskop zu Techniken der Sichtbarkeit führt, dorthin also, wo eine neue, bunte Welt der Flüssigkeitsanzeigen und -displays das Sagen über das Sehen und Darstellen hat. Wenn heute auf den flachen LCD-Bildschirmen die Welt der flüssigen Kristalle erscheint, scheint dieser Weg auf eine sonderbare Weise geschlossen zu sein. Allerdings ist

Lehmann selbst nicht Teil dieser Entwicklung. Der Augenschein und die Geschichte der optischen Medien verfehlen ihren Diskursbegründer, ein Grund mehr, diesen die Last der ganzen Geschichte nicht alleine tragen zu lassen. Durch die Arbeiten des Schweizer Chemiekonzerns Hoffmann-La Roche zu Beginn der siebziger Jahre des 20. Jahrhunderts gelangt die Flüssigkristallforschung jedenfalls zu jener praktischen Nutzanwendung (und ihrer Patentlegung), deren Resultate als LCD und nach einem Siegeszug durch die Welt der Digitaluhren und Autoarmaturen heute als flache Designwunschmaschine die Massivität alter Röhrenfernsehgeräte ersetzen (vgl. Sluckin et al. 2004).

Von derlei Nutzanwendung blieb Lehmann allerdings weit entfernt. Er, dessen Erfindung als bloße Phantasterei oder kuriose Anomalie belächelt wurde, träumte statt dessen einen Traum, der wiederum in seiner Ökonomie radikaler kaum sein könnte. Mit der Annäherung der Beschreibungssprache für die flüssigen Kristalle an Muskeln, Pseudopodien und Cilien (vgl. Lehmann 1908), damit an das Reich des Organischen, ist ein Zustand erreicht, der die Unterschiede der Seinsarten – jedenfalls in seinem Gedankenspiel – zu überwinden scheint. Er tut dies ausgerechnet im Begriff der Arbeit. Nicht von Flüssigkristallbildschirmen und Unterhaltungselektronik träumt Lehmann, dafür aber von einer nachhaltigen Lösung aller Energieprobleme auf dieser Welt (→ Bioreaktor).

Zu industrieller Verwertung der Ergebnisse hat sich bisher keine Gelegenheit gezeigt, doch läßt sich erwarten, daß auch für die Technik diese Fortschritte auf dem Gebiete der Molekularmechanik von Nutzen sein werden, insofern die mechanische Technologie (die Lehre von der künstlichen Gestaltung der Stoffe) sich auf Kenntnis der Molekularmechanik aufbauen sollte.

Vielleicht gelingt sogar einmal die Nachahmung der direkten Arbeitserzeugung aus chemischer Energie, wie sie in so mannigfaltiger Weise bei der Tätigkeit der Lebewesen stattfindet, d. h. die Herstellung eines »künstlichen Muskelmotors«, welcher hinsichtlich der Krafterzeugung ähnliches leistet wie der Muskelapparat eines Pferdes oder auch nur der einer Fliege, aber vielleicht mit noch größerem Wirkungsgrad. (Lehmann 1921, 72)

*S. R.*

# Grenzstein

> *Limitrophy* is therefore my subject. Not just because it will concern what sprouts or grows at the limit, around the limit, by maintaining the limit, but also what *feeds the limit*, generates it, raises it, and complicates it. Whatever I will say is designed, certainly not to efface the limit, but to multiply its figures, to complicate, thicken, delinearize, fold, and divide the line precisely by making it increase and multiply.
>
> *Derrida 2002, 377*

Bevor man einen Kaufvertrag für ein Grundstück unterzeichnet, sollte man, wie zahllose Ratgeber empfehlen, seine Grenzen prüfen – um nicht zuviel zu bezahlen, um Nachbarschaftsstreitigkeiten von vornherein entgegenzuwirken oder um zu wissen, an welcher Stelle ein Zaun bestimmter Höhe gebaut werden darf. In der Regel läßt sich der genaue Umfang einfach anhand von Grenzsteinen feststellen, manchmal aber fehlen die Grenzsteine, sind in der Erde versenkt oder von Steinmauern überbaut. In diesem Fall kommt das Katasteramt oder ein privates Vermessungsbüro ins Spiel. Denn wenn die materiellen Zeichen für die Eigentumsverhältnisse fehlen, werden die Grundstücksgrenzen anhand einer Flurkarte rekonstruiert und die Steine dann neu eingesetzt. Grenzsteine verweisen solchermaßen sowohl auf die materiale als auch symbolische Ordnung von Eigentumsverhältnissen.

Insofern zählt die Geschichte von Grenzsteinen zu einer bekannten Gründungsszenerie der politischen Theorie: dem Übergang vom Natur- zum Gesellschaftszustand. Nach John Locke eignet sich der Mensch durch Arbeit Eigentum an, demnach gilt: »*So viel Land* ein Mensch bepflügt, bepflanzt, bebaut, kultiviert und so viel er von dem Ertrag verwerten kann, so viel ist sein *Eigentum*.« (Locke 1967 [1689], II, § 32, 221) Und so wird der arbeitende Mensch diese »Aneignung« mit der »Abgrenzung« des bearbeiteten Landes, also seiner Einzäunung, abschließend vollziehen. Noch pointierter als Locke stellte Jean-Jacques Rousseau den Akt des Einzäunens als zentrales Moment im Übergang vom Natur- zum Gesellschaftszustand dar:

Der erste, der ein Stück Land eingezäunt hatte und es sich einfallen ließ zu sagen: *dies ist mein Land*, und der Leute fand, die einfältig genug waren, ihm zu glauben, war der wahre Gründer der bürgerlichen Gesellschaft [*société civile*]. Wie viele Verbrechen, Kriege, Morde, wie viel Not, Elend und wie viele Schrecken hätte derjenige dem Menschengeschlecht erspart, der die Pfähle herausgerissen oder den Graben zugeschüttet und seinen Mitmenschen zugerufen hätte: »Hütet euch, auf diese Betrüger zu hören; ihr seid verloren, wenn ihr vergeßt, daß die Früchte allen gehören und die Erde niemandem.« (Rousseau 1990 [1755], 173)

Indem Grenzen physisch und symbolisch Gebiete voneinander trennen, sind sie genuin politische Artefakte. Schließlich folgten aus dem einmal anerkannten Eigentum »die ersten Regeln der Gerechtigkeit«, und aus der Aufteilung des Grund und Bodens entstand ein neues Recht, das nach Rousseau von dem aus den natürlichen Gesetzen resultierenden Recht verschieden ist (ebd., 201 und 203). Ganz in diesem Sinne widmet sich ein Artikel im ersten allgemeinen deutschen Strafgesetzbuch, der *Peinlichen Gerichtsordnung Kaiser Karls V.* (1529), dem Verrücken von »Marcksteinen«:

CXX. Item welcher bosslicher vnd geferlicher weiss eyn Vndermarckung oder marckstein vorrucket abhawet abthut, oder vorendert, der sol darumb peinlich am leib nach geferlichkeit, gross gestalt vnd gelegenheit, der sachen vnnd person nach Rathe der obrikeit gestrafft werden. (Zoepfl 1876, 97 und 99)

Als Grenzmarkierungen dienen von jeher verschiedene Artefakte (zur Geschichte und Gestalt der Grenzsteine beziehe ich mich im folgenden auf Schmitt 2003; Philippi 2009): Wälle, die später zu Grenzbefestigungen ausgebaut wurden, wie die Chinesische Mauer oder der römische Limes, schottische Menhire und deutsche »lange Steine« oder markierte Bäume fungierten ebenfalls als Grenzzeichen. Der eigentliche Grenzstein wiederum war in der Regel ein Gesteinsblock, in den man Erkennungszeichen wie Wappen einritzte, eine Jahreszahl, eine Nummer sowie einen Weiser, das heißt eine Kerbe auf dem Kopf des Steins, die den Verlauf der Grenze anzeigt. Eine »Welle von Grenzsteinsetzungen« macht Roland Schmitt (2003, 32f.) im 17. Jahrhundert fest, was angesichts der unzähligen Fürstentümer nicht verwundert und was nun auch die systematische Auseinandersetzung mit Grenzsteinen in Gang bringt. So veröffentlichte Johann Oettinger im Jahr 1667 die Schrift *Tractatus de jure et controversis limitum, ac finibus regundis oder Gruendlicher Bericht von den Graenzen und Marcksteinen / wie durch dieselbe der Koenigreich / Landschafften / Fuerstenthum / Bistumen [...] nach Ausweisung der gemeinen Rechten / und eines jeden Lands Gewohnheit / unterschieden / eingesteint / und die daraus entstehende Nachbarliche Stritt und Mißverstaend / eroertert und beygelegt werden sollen [...]* Oettinger bietet darin nicht nur grundsätzliche Wort- und Sacherklärungen, er stellt vielmehr gerade die politische Dimension natürlicher und künstlicher Grenzen und Marken in den Vordergrund, wenn er zu Beginn seiner Vorrede ausführt, nichts habe so sehr zu Streitigkeiten zwischen Regimentern und Völkern, im politischen und Gemeinwesen, zwischen niedrigen oder hohen Standespersonen geführt wie die »Auffrichtung / Handhab: und Fortsetzung der an einander stossenden Land-Graenzen und Feldmarckungen« (Oettinger 1667, Vorrede, o. S.).

Nachdem er die Meßkunst und die Anforderungen an den Feldmesser erläutert hat – sie müssen ehrenwert sein und über Kenntnisse der Geometrie und Vermessung verfügen –, teilt Oettinger die *Marcksteine* in zwölf unterschiedliche Typen ein und erläutert deren Funktionen (17. Kapitel): Marksteine unterscheiden Länder und Fürstentümer, weshalb sie mit Wappen gekennzeichnet sind, dementsprechend zeigen sie die Reichweite einer Obrigkeit an. »Freyungssteine«, gelegentlich mit einer abgehauenen Hand oder einem Handschuh versehen, zeigen an, daß an einem Ort eine Art Burgfrieden herrscht, daß hier also kein Blutfrevel begangen werden darf. Marksteine begrenzen Forste, Jagdreviere und Güter, sie unterteilen die Feldmark, verhindern als Wegsteine Streitereien um Straßen und Wege und als Fischsteine ebensolche um Weiher, und schließlich stecken Loch- oder Schnursteine die Fundgruben in Bergwerken ab. Da Steine aber nun einmal umgesetzt und gestohlen werden können, bedarf es auch, so Oettinger, Grenzbeschreibungen, die Ort, Abstand und

Winkel der Steine festhalten (vgl. Oettinger 1667, 356 und 361). Exemplarisch führt Oettinger einige solcher Beschreibungen an, von denen eine hier wiedergegeben sei:

Zu wissen / daß auff heut Dato zwischen deß Durchleuchtigen / Hochgeborne Fuersten und Herrn / Herrn N. Hertzogen zu N. und deß Reichsstadt N. Ober-Herrlichkeit und Gebieth / durch beyderseits abgeordnete Vollmaechtige / die Edle / Ehrenveste / Hochgelehrte N.N. mit zu sich gezognen [...] Geschworenen Untergaengern N.N. zu N. ein ordentlich Landscheidung auffgericht / die alte Marckung von neuem untergangen / und der erste Stein zu eim alten gesetzt worden an die Landstrassen / die von N. auff N. zu gehet / bey dem Frauen Bildstock / an N. Acker / ist mit dem Fuerstlichen N. Wappen / und der Jahrzahl 1607 auff der rechten Seiten / und mit gemeiner Stadt N. Schilt auff der lincken Seiten bezeichnet / hat oben Num I. und ein gerade Schlaiffin / die weiset im 95. Grad von der Landstrassen / an besagtem Acker hin / 24 Ruthen / 2. Schuh. (Ebd., 357)

Die Beschreibung hält sowohl das genaue Aussehen des Steines als auch seine Position fest. Ebenfalls verzeichnet sie das Einsetzen des Steines, bei dem die Grenzansässigen sowie in der Regel sieben Geschworene oder Untergänger anwesend sein mußten. Die von der Gemeinde eingesetzten und vereidigten Untergänger waren »Schiedmaenner«, welche die Steine setzten und Streitigkeiten zwischen Nachbarn schlichteten (ebd., 306). Auch mußten sie die Grenzsteine regelmäßig begutachten – und nicht zuletzt bei den Bewohnern den Grenzverlauf wachhalten. Wie Jacob Grimm berichtet, führte man auf »grenzbegängen« in Bayern Zeugen, darunter auch häufig Knaben, mit, die man, wenn man eine Markierung erreichte, am Ohr zog. In Schlesien soll ein Forstmeister allen – mit Ausnahme des Bürgermeisters – »zugezogenen männern die bärte abgeschnitten haben«. In anderen Gegenden warf man Brot, Kuchen oder sogar Geld unter das Volk, damit die Erinnerung an den *grenzbegang* nicht erlosch (Grimm 1965 [1843], 63).

Auch wenn Grenzverläufe durch Steine markiert wurden und werden, bedarf es ihrer nicht immer, weshalb Oettinger natürlichen Grenzen wie Gebirgen, Felsen, Bäumen, Bächen oder Flüssen ein eigenes Kapitel widmet (vgl. Oettinger 1667, 18. Kap.). Auch die Herkunft des Wortes *Grenze* beruht auf solchen natür-

Abb. 1: »Marckungs-Ceremonie«: Ein Junge nimmt mit dem Mund eine in der Grube liegende Münze auf, beim Aufheben stößt man ihm »das Maul leidentlich auf die Erde«. Nach Florin 1705, 346 und 348.

lichen Grenzen. Das Wort Grenze ist ein Lehnwort aus dem Polnischen, es geht zurück auf den Begriff *granica*. Dessen wahrscheinlich frühester Beleg findet sich in einer auf das Jahr 1174 datierten Urkunde Herzog Kasimirs I. von Pommern für das Zisterzienserkloster Dargun (vgl. Karp 1972, 126). Die Urkunde bestätigt den Darguner Besitz und hält seine Grenzen fest: durch topographische Daten, aber auch durch ein künstliches Grenzzeichen, nämlich eine mit einem Kreuz gezeichnete Eiche: *quod signum dicitur Slauice Knezegranica* (ebd., 127). Das Wort *kneze* bezeichnet einen Fürsten oder Herrn, so daß *knezegranica* das von dem pommerschen Herzog selbst in den Baum geritzte Zeichen benennt (ebd.). Das mittelhochdeutsche Wort *granizze* erscheint erstmals 1262 in einer deutschsprachigen Urkunde des Deutschen Ordens, später finden sich in seinen Schriften als weitere Varianten: *graniz*, in latinisierter Form *granicia* oder *granicea*.

Die Einführung dieses Ausdrucks im Deutschordensstaat zeigt seine politische Bedeutung. Der Deutschordensstaat hat sich als einziges Land in Ostmitteleuropa planmäßig bemüht, durch zweiseitige Verträge mit seinen Nachbarn sein Territorium linear abzugrenzen, und zwar sowohl durch Absicherung des Raums als auch durch rechtliche Absicherung (ebd., 157f.; Neitmann 1986, 505-567). Die Praxis der linearen Abgrenzung selbst weist zwar eine ältere Geschichte auf, doch findet, wie Karp ausführt, das deutsche Wort für Grenze als Bezeichnung der durch künstliche Grenzmarken markierten Grenzlinie eine schnelle Ausbreitung, weil der Deutsche Orden die Erschließung des Landes massiv vorantrieb und den Verlauf der Grenzen in präzisen Grenzbeschreibungen festhielt. Dabei gewann die Ablösung von topographischen Merkmalen (Flüsse, Erhebungen, Bäume, Sümpfe u. dgl.) an Bedeutung. Man griff zunehmend markante Punkte heraus (Furt, Rand eines Waldes, Quelle, Mündung usw.) und zog zwischen ihnen imaginäre gerade Linien. Zum Beispiel lieferte der Vertrag von Marienwerder (1294), der die Grenze zwischen dem Deutschordensgebiet und dem Bistum Pomesian festlegte, eine genaue Grenzbeschreibung: Auf einer Strecke von etwa 120 Kilometer Länge sind 22 Orientierungspunkte verteilt. Davon waren 17 künstliche Grenzzeichen, deren Lage der Vertrag genau beschreibt, und die anderen Punkte waren ein Burgwall als Ausgangspunkt der Grenze, ein Graben in einem Sumpf, zwei Ortschaften und das obere Ende eines Sees. In den Dörfern und am See dürften sich, so die Vermutung Karps, Markierungen befunden haben. Zwischen den in einem Abstand von fünf bis sechs Kilometern stehenden Grenzzeichen mußten also nur noch lineare Linien gezogen und in den jeweiligen Grenzbeschreibungen festgehalten werden (Karp 1972, 6f.).

Ganz in diesem Sinn wird die zu Beginn des 20. Jahrhunderts entstehende politische Geographie sich sowohl den natürlichen als auch den künstlichen Grenzen widmen. In seinem Werk *Politische Geographie oder die Geographie der Staaten, des Verkehrs und des Kriegs* (1903) beschäftigt sich der politische Geograph Friedrich Ratzel zunächst mit realen Grenzen: mit sichtbaren wie der Küste, dem Ufer, der Stadtmauer sowie mit unsichtbaren. Wenn etwa die Grenze zwischen Deutschland und Österreich überschritten werde, sei die Grenze selbst zwar nicht sichtbar, dafür änderten sich aber Gesichter, Kleider und Inschriften.

Trage man solche Erfahrungen von Grenzen auf einer Karte ein, so würden die Grenzgebiete als mehr oder weniger breite Streifen erscheinen, jedoch nicht als Linien: »die Grenzlinie ist nur eine Abstraktion von der Tatsache, daß, wo ein Körper sich mit anderen berührt, er Veränderungen erfährt, die seine Peripherie von seinem Inneren unterscheiden« (Ratzel 1903, 538). Ratzel richtet sein Augenmerk denn auch auf die Transformation des Grenzsaums, der das Wirkliche sei, in eine Grenzlinie, die die Abstraktion davon sei. Eine Grenzzone müsse zu einer kulturellen oder politischen Grenze *gemacht* werden, was erstens durch die Zuschreibung von Bedeutung geschehe, weshalb aller Grenzziehung »etwas Symbolisches, Scheinbares« anhafte (ebd., 539). Daher könne man auch Landmarken für Grenzen setzen, der Olymp etwa habe als Landesgrenze des hellenischen Gebietes gegolten, der Thüringer Wald trenne Nord- und Süddeutschland, und ägyptische und assyrische Heerführer hätten im Gefühl, von einer Welt in eine andere zu treten, dort, wo der Libanon Süd- und Nordsyrien scheidet, »Denksteine« gesetzt (ebd.). Zweitens würden Grenzen von jemandem festgelegt. Für den Übergang vom *Grenzsaum*, welchen Ratzel als eine Zone des Spielraums ansieht, der voller Bewegungen und Übergänge ist, hin zur *Grenzlinie* macht er verschiedene Verfahren aus. Neben diplomatischen Übereinkünften zur Festlegung von Staatsgrenzen geht er auf die für Grenzziehungen notwendigen Vermessungen ein, auf deren Grundlage dann Karten mit eindeutig verlaufenden Grenzlinien gezeichnet werden.

Daß die durch die Vermessungstechnik vorgenommenen territorialen Abgrenzungen stets politische Dimensionen aufweisen, hat immer wieder die Literatur aufgezeigt. So gerät etwa Karl Mays Old Shatterhand als Landvermesser in den Wilden Westen (*Winnetou I*, 1893), in Franz Kafkas Roman *Das Schloß* (1926) stellt sich die Frage nach der Bestellung des Landvermessers K., im Zentrum von Thomas Pynchons Werk *Mason & Dixon* (1997) steht die im 18. Jahrhundert vermessene und historisch wirkmächtige Mason-Dixon-Linie, welche die Nord- von den Südstaaten trennt, und Daniel Kehlmann widmet sich in seiner fiktiven Doppelbiographie Alexander von Humboldts und Carl Friedrich Gauß' der *Vermessung der Welt* (2005) im 19. Jahrhundert. Ob im Werk des politischen Geographen Ratzel oder in den Texten diverser Autoren: Immer wieder geht es um die Gemachtheit und um die Auswirkungen von Grenzen, was sich mit einer Formulierung des Soziologen Georg Simmel auf den Punkt bringen läßt: »Die Grenze ist nicht eine räumliche Tatsache mit soziologischen Wirkungen, sondern eine soziologische Tatsache, die sich räumlich formt.« (Simmel 1983 [1903], 229) Simmels These gilt für die Grenze zwischen zwei Grundstücken wie auch für geopolitische Raumgrenzen. So sind, wie der Historiker Karl Schlögel ausführt, die beispiellos gewalttätigen Machtverschiebungen im 20. Jahrhundert sekundiert und markiert von Grenzverschiebungen (man denke etwa an die Oder-Neiße-Grenze oder die Curzon-Linie zwischen Polen und der UdSSR), »hinter de[nen] die Arbeit der Planungsstäbe von Außenministerien und der großen internationalen Konferenzen von Teheran über Jalta bis Potsdam stehen« (Schlögel 2003, 140).

Weil Grenzen künstlich festgelegt werden und weitreichende Konsequenzen haben, ist ihr Gründungsakt immer auch prekär. Mit Carl Schmitt ausgedrückt, ist die Landnahme der Ur-Akt des Rechts. Das Recht sei nämlich auf dreifache Weise mit der Erde verbunden: Erstens berge die Erde das Recht in sich, indem sie Arbeit durch Wachstum »belohnt«, zweitens zeigt sie die Ordnung als feste Grenzen an, indem »feste Linien« Äcker, Wiesen und Wälder einteilen, und drittens trägt die Erde das Recht auf sich als »öffentliches Mal der Ordnung«, das heißt, sie »trägt [...] auf ihrem sicheren Grund Umzäunungen und Einhegungen, Grenzsteine, Mauern, Häuser und andere Bauwerke. Hier werden die Ordnungen und Ortungen menschlichen Zusammenlebens offenkundig« (Schmitt 1950, 13).

Die Geschichte des Rechts erweist sich hier als eine Geschichte »erdgebundene[r] Ortungen«: »Völkerrecht ist Landnahme« (ebd., 15). Alles Weitere geht nach Schmitt aus dem Ur-Akt der Landnahme hervor, ob öffentliches oder privates Eigentum entsteht, ob katastermäßige Vermessungen oder Einträge in Grundbücher vorgenommen werden. Diese »alle folgenden Maßstäbe begründende[n] Messung[en]«, welche die politische, soziale und religiöse Ordnung mit der räumlichenr Ortung vereinigen, versteht er als *Nomos* (ebd., 36).

Auf diesen prekären Akt der Einsetzung des Rechts vor dem Recht verweist auch Hannah Arendt. Bei den Griechen bedeute das, was wir Gesetz nennen, so etwas wie eine Grenze, »die in früher Zeit ein sichtbarer Grenzraum war, eine Art Niemandsland, das jeden, der überhaupt ein Jemand war, umschloß und einhegte«. Zwar sei das Gesetz der *polis* über diese Vorstellung hinausgegangen, aber auch ihm hafte als »Gesetzesmauer« eine räumliche Bedeutung an. Weil allerdings nicht die Mauer, sondern das, was sie einschloß, *politisch* gewesen sei, seien das Aufstellen des Gesetzes und die damit einhergehende Grenzziehung eine »vorpolitische Aufgabe« gewesen, welche den Raum des Politischen konstituiert habe (alles zitiert nach Arendt 2007 [1958], 78). Die Gründung eines politischen Raumes ist somit unweigerlich Folge eines paradoxen Gründungsakts, der, weil er selbst vor dem Gesetz steht, das er begründet, eine »grund-lose Gewalt(-tat)« darstellt (Derrida 1996 [1990], 29).

Auch wenn das Einziehen von Grenzen stets willkürlich und gewalttätig erfolgt, sind Grenzen doch äußerst dynamische Gebilde. Wie kaum ein anderer Theoretiker der Grenze ist der Kultursemiotiker Jurij Lotman dieser Dynamik nachgegangen. Lotman entwickelt (u. a. auf Wladimir Wernadski rekurrierend; → ERDE) den Begriff der Semiosphäre, worunter er einen semiotischen Raum versteht, ohne den die Existenz von Semiosen und von Sprachen nicht möglich wäre. Nur innerhalb der Semiosphäre seien »die Realisierung kommunikativer Prozesse und die Herausbildung neuer Information möglich« (Lotman 1990 [1984], 289). Den Grenzen einer solchen Semiosphäre weist Lotman unterschiedliche Funktionen zu: Sie organisieren erstens die eigene Kultur via »äußere Desorganisation« (ebd., 293), so konnte sich die antike Zivilisation als kulturell Ganzes fühlen, indem sie ihre Außenwelt mit von ihr selbst konstruierten »Barbaren« bevölkerte (ebd., 293). Zweitens haben Grenzen die Funktion von Übersetzungsapparaten, welche für das Innere der Semiosphäre die außerhalb liegende Welt verständlich machen. Drittens verlaufen semiotische Prozesse an der Peripherie eines Kulturraums schneller als im Zentrum. Als Beispiel führt Lotman das antike Rom an, welches ein Kulturraum gewesen sei, der sich ständig erweitert und damit äußere Kollektive in die eigene Peripherie aufgenommen habe, was einen »stürmischen kultursemiotischen und ökonomischen Wuchs an der Peripherie« ausgelöst habe, der seine semiotischen Strukturen an das Zentrum gegeben und damit schließlich »die Sphäre des kulturellen Zentrums im direkten Sinn erobert« habe (ebd., 293).

Was Lotman semiotisch reflektiert, hat der Historiker Peter Sahlins in einer wegweisenden Lokalstudie untersucht. Sahlins stellt darin die bislang vorherrschende Position in Frage, der Prozeß der Nationenbildung beginne im politischen Zentrum und setze sich von dort nach außen fort, bis auch die Randzonen eingegliedert würden. Sahlins dagegen betrachtet die Geschichte der Nationenbildung aus der Perspektive des Grenzlandes. So untersucht er am Beispiel der Cerdanya, eines Grenzgebiets zwischen Frankreich und Spanien, das in den östlichen Pyrenäen liegt, den Prozeß der Staats- und Nationenbildung zwischen 1659 (erste Festlegung einer Grenze im Pyrenäenvertrag) und 1868 (Festlegung einer imaginären Grenze). Die Formierung der Nation vollziehe sich nämlich seit dem 17. Jahrhundert aus beiden Richtungen heraus, staatliche Zentren erlegen den lokalen Gemeinschaften nicht einfach Werte und Grenzen auf, sondern: »local society was a motive force in the formation and consolidation of nationhood and the territorial state« (Sahlins 1989, 8). Denn die Form und Bedeutung einer Grenze sei aus den lokalen Beziehungen in einem Grenzgebiet entstanden.

Die nicht abstellbare Beweglichkeit der Grenzen hat auf fundamentalste Art und Weise der Logiker und Mathematiker George Spencer-Brown in seinem Buch *Laws of Form* (1969) reflektiert. Spencer-Brown beginnt im ersten Kapitel mit dem Titel »Die Form« folgendermaßen: »Wir nehmen die Idee der Unterscheidung und die Idee der Bezeichnung als gegeben an, und daß wir keine Bezeichnung vornehmen können, ohne eine Unterscheidung zu treffen. Wir nehmen daher die Form der Unterscheidung für die Form.« (Spencer-Brown 1997 [1969], 1)

Eine Unterscheidung stellt demnach zwei Seiten her, was die Voraussetzung für eine Anzeige ist, mit welcher die beiden Seiten in ein asymmetrisches Verhältnis gebracht werden. Das heißt, durch die Anzeige wird eine Seite der Unterscheidung hervorgehoben. Allererst dadurch werden nach Spencer-Brown Erkenntnis, Beobachtung und Kommunikation möglich, denn mit der Anzeige werde eine Ordnung in die »Un-Entschiedenheit, die Symmetrie der ›noch nicht‹ indizierten Unterscheidung eingeführt« (Dau 2005, 37). Zugleich aber tritt mit der Anzeige einer Seite der Form der Unterscheidung die Form wieder in die Form ein, da die Anzeige ja wieder mit einer Unterscheidung einhergeht, was Spencer-Brown als *re-entry* bezeichnet.

Die theoretischen Folgen dieser Überlegungen führen in das Zentrum der Gesellschaftstheorie Niklas Luhmanns. Wie Luhmann in *Die Gesellschaft der Gesellschaft*, der Gesamtdarstellung seiner systemtheoretischen Soziologie, schreibt, liege die am tiefsten eingreifende Umstellung in der Theorie darin, »daß nicht mehr von Objekten die Rede ist, sondern von Unterscheidungen«, und daß Unterscheidungen nicht als Sachverhalte begriffen werden, sondern »auf eine Aufforderung zurückgehen, sie zu vollziehen, weil man anderenfalls nichts bezeichnen könnte, also nichts zu beobachten bekäme, also nichts fortsetzen« könne (Luhmann 1997, 60). Dies könne man mit Hilfe von Spencer-Browns Formbegriff verdeutlichen. Formen seien schließlich nicht als Gestalten zu betrachten, sondern als »Grenzlinien«, welche dazu zwingen würden, daß, wenn man eine Seite der Unterscheidung bezeichne, die andere Seite immer mitgegeben sei. Da man immer von der bezeichneten Seite ausgehen müsse und Zeit für weitere Operationen brauche, sei Form »*zeitlich* entfaltete Selbstreferenz« (ebd., 60f.). Aus diesem Grund ist nach Luhmann die Einheit der Form nicht ein höherer Sinn, sondern das ausgeschlossene Dritte, das nicht beobachtet werden kann, solange man mit Hilfe der Form beobachtet. Der Beobachter ist somit das ausgeschlossene Dritte seines Beobachtens. Und die von ihm verwendete Unterscheidung, mit der er die eine oder andere Seite bezeichnet, »dient als unsichtbare Bedingung des Sehens, als blinder Fleck« (ebd., 70; erst ein Beobachter zweiter Ordnung kann den blinden Fleck der Beobachtung erster Ordnung in den Blick nehmen, wobei er jedoch selbst wieder ein ausgeschlossenes Drittes generiert).

Den Verästelungen dieser differenztheoretischen Überlegungen kann hier nicht nachgegangen werden. Spencer-Brown und Luhmann zählen jedenfalls zu einer Reihe von Grenztheoretikern, denen der philosophische Anthropologe Helmuth Plessner ebenso zuzurechnen ist wie der Kultursemiotiker Lotman, der Soziologe Georg Simmel oder die Philosophen Michel Foucault und Jacques Derrida, welche ein theoretisches Instrumentarium für die Analyse räumlicher und symbolischer Grenzen entwickeln (vgl. dazu Bühler 2013b). Diese grenztheoretischen Überlegungen finden in den Ordnungssystemen der Natur einen ergiebigen Untersuchungsgegenstand. Denn auch die diversen Ordnungssysteme können ihren eigenen blinden Fleck, ihre willkürliche Gründung, nicht beobachten, weshalb sie Techniken der Einbettung diverser Wiedergänger wie Flüssigkristalle, Pflanzentiere, Bioreaktoren oder Cyborgs entwickeln müssen. Zugleich erzeugen gerade diese häufig an den Grenzen der Disziplinen positionierten Gespenster der Ordnungssysteme Dynamiken des Wissens, das, selbst gesetzt, vermessen und, man denke an Grimms Ausführungen über die an den Ohren gezogenen Knaben, mit unterschiedlich schmerzhaften Praktiken versehen, erst *memorierbar* wird.

*B. B.*

# Kalkspat

> Ich dachte, da ich das Mädchen sah, daß keine Regelmäßigkeit der Kristalle, keine Pracht einer Pflanze, so herrlich sie sei, kein edles Tier, und wenn es das schlankste, kräftigste, feinste Wüstentier ist, so schön zu sein vermöge wie ein Mensch.
>
> *Stifter 2003 [1866], 98*

> Die Lichtung ist ein Werk der Steine, die zu Steinen und zu Händen passen. Wer von Steinen nicht reden will, soll von Menschen schweigen.
>
> *Sloterdijk 2001, 36f.*

> Ein Kristall ist ein symmetrischer Polyeder.
>
> *J. M. Brochand de Villiers,*
> *zitiert nach Burckhardt 1988, 25*

Wie sperrig das Reich der Mineralien gegenüber Versuchen seiner Systematisierung ist, zeigt die Geschichte seiner vielfältigen Systembildungen. Das, was es scheinbar unproblematisch zu wissen gibt, etwa das Spiel der Farben, Kenntnisse über die Herkunft oder spezifische Eigenschaften, ist als Begründungskriterium für ein Ordnungssystem nur unzureichend. So hoch ist die Verwechslungsgefahr zwischen den einzelnen Mineralien, daß mangelnde Abgrenzbarkeit selbst zu einer eigenen Varietät führt: Der deutsche Mineraloge Abraham Gottlob Werner hat im Jahre 1780 einen Stein, »der bald für Flussspat, bald für Aquamarin, für Schörl und für Chrysolith gehalten wurde, als ein eigentümliches, selbstständiges Mineral erkannt« und mit dem Namen Apatit versehen. Der Rückgriff auf das griechische Verb (ἀπατᾶν) für Betrügen liegt aus seiner Sicht auf der Hand, »weil sich die Mineralogen so oft über sein Wesen getäuscht hatten« (Schütt 1984, 76; → TURMALIN). Um das dritte Reich der Natur in eine belastbare und verwechslungssichere Ordnung zu überführen, bedarf es also verläßlicher Kriterien (→ BEZOAR).

Eine weitere Schwierigkeit für eine geeignete Klassifikation von kristalliner Materie »lag in dem geringen Entwicklungsstand einer Nachbarwissenschaft der Mineralogie, nämlich der Chemie« (ebd., 27). Auf deren quantifizierende Bestimmungen über die Zusammensetzung konnte man gegen Ende des 18. Jahrhunderts angesichts des damaligen Standes dieser Wissenschaft eben nur bedingt bauen. Aber es gab noch sehr viel größere, weil grundsätzliche Einwände gegenüber den Klassifikationsbestrebungen. Lange Zeit galt es als strittig, ob man der Frage nach mineralogischen Entitäten, mithin der Bestimmung von Klassen und Individuen überhaupt beikommen könne. Kristalle mit gleichem Aussehen wiesen verschiedene Eigenschaften auf, und solche, deren Eigenschaften gleich waren, traten wiederum in ungleichen äußeren Erscheinungen zutage. »Angesichts dieser Verhältnisse«, so schreibt Hans-Werner Schütt in seiner Studie *Die Entdeckung des Isomorphismus*, »lehnten manche Wissenschaftler wie Georg Ernst Stahl (1660-1734) oder Buffon jeden Versuch einer Klassifikation als nutzlos ab« (ebd., 28).

Die Ordnung der Mineralien wird sich als eine Ordnung *sui generis* erweisen, deren Unterscheidungskriterien sich ihrerseits von denen etwa des Tier- und Pflanzenreiches unterscheiden. Für das Reich der Steine sollte sich daher die so maßgebliche Taxonomie Carl von Linnés mit ihrer binären Nomenklatur als unzulänglich erweisen (→ EINLEITUNG; → ROSA). Eine weitere Schwierigkeit besteht darin, daß die Systeme unterschiedlich stark mit Idealisierungen arbeiten, denen man nur schwer Entsprechungen in der Natur zuweisen kann. Das gilt vor allem für die späteren Raumgitteranordnungen der Kristallographie, die erst durch die bahnbrechenden Arbeiten des deutschen Physikers und Nobelpreisträgers Max von Laue (1879-1960) zur Röntgenbeugung einen experimentellen Nachweis erhielten. Zudem spielten bei der Systemsuche und bei der Ausdifferenzierung der zuständigen Wissenschaften auch Interessenkonflikte darüber eine Rolle, was man mit den Klassifikationen überhaupt anstellen will. Handelt es sich möglicherweise um rein akademische Glasperlenspiele oder doch um praktische Belange? Werner, dessen Bergbauakademieabsolventen im sächsischen Freiberg für das Erkennen und den Abbau von Mineralien zuständig waren, entscheidet sich jedenfalls dezidiert für die Praxis. »Ich ziehe es vor«, so schreibt er, »ein Fossil schlecht zu klassifizieren, aber gut zu beschreiben, als gut zu klassifizieren und schlecht zu beschreiben.« (Zitiert nach Schütt 1984, 31) Und auch die Terminologie war lange Zeit verwechslungsanfällig. Was unterscheidet überhaupt einen Kristall von einem Mineral, und wie verhalten sich beide zu den Steinen dieser Welt? Und was prädestiniert einen Stein gar zum Edelstein, und welche Rolle spielen bei alldem die Fossilien (→ ZUNGENSTEIN)?

Natürlich gibt es bei den Findungsversuchen die üblichen Gründergestalten und ihnen geschuldete Anekdoten, die sich mit großer Hartnäckigkeit durch die Beschreibungen der einzelnen Systembildungen und ihrer jeweiligen Genealogien ziehen. Eine von ihnen, vielleicht gar die prominenteste, handelt von einem vermeintlichen Mißgeschick, in dessen Verlauf sich eines der zentralen Unterscheidungskriterien der Kristalle offenbarte: das Gesetz der Symmetrie – also jene Form von Regelmäßigkeit, die auch in den alltagssemantischen Verwendungsweisen einer kalten, dem griechischen Wortsinn von Kristall entsprechenden Ästhetik ihren Niederschlag fand (vgl. dazu Beil 1988; Pias 2008).

Einer solchen Erzählung zufolge soll dem französischen Mineralogen René-Just Haüy (1743-1822) aufgrund einer Ungeschicklichkeit ein Kalkspat zu Boden gefallen sein. Dieser tut, was seine deutsche Etymologie indiziert, er zerbricht, und in den rhomboederförmigen Spaltungsteilen offenbart sich dem katholischen Priester das Gesetz der Symmetrie. Gemäß diesem sind die Teile des Minerals so gestaltet, daß die Splitter die Form des unzerbrochenen Kalkspats wiederholen. Der Biograph Georges de Cuvier inszeniert diese Anekdote wie folgt:

> Haüy läßt eine Gruppe von Kalkspat zu Boden fallen. Sie zersplittert und er bemerkt, daß die Splitter wiederum dieselbe Form wie das ursprüngliche Gebilde aufweisen. Er ruft aus »Tout est trouvé« [...]. Er wiederholt den Versuch und ruft wiederum »Tout est trouvé« [...]. Und nach einem dritten Versuch sagt er »J'ai tout trouvé« [...]. (Zitiert nach Burckhardt 1988,16)

Detailfreudigere Rekonstruktionen verlagern das Schockerlebnis des publizistisch speditiven Abtes, der unter anderem 1801

Abb. 1: Porträt René-Just Haüys mit Anlegegoniometer nach Burckhardt 1988.

einen vierbändigen *Traité de minéralogie* sowie 1822 den *Traité de cristallographie* veröffentlichte, in das Haus eines Freundes, des Herrn de France de Croisset.

> Der Calcit habe vor dem Mißgeschick als hexagonales Prisma vorgelegen, sei dann aber in Rhomboeder der gleichen Form wie beim Islandspat zerfallen. Nach Hause zurückgekehrt, habe Haüy weitere Calcitkristalle anderer Form zerschlagen und in den Bruchstücken immer wieder Rhomboeder gefunden. Ob er dabei das in jeder Mineralogiegeschichte zitierte Wort: »Tout est trouvé!« ausgesprochen hat, ist allerdings genau so ungewiß wie der ganze Hergang im Hause des Herrn de France de Croisset. (Schütt 1984, 39)

Auf dem Weg über die Geometrie gelangt Haüy zu dem Befund, daß alle Kristalle aus jeweils einer Grundform aufgebaut sind und entsprechend auf diese zurückgeführt werden können. Diesem Bauprinzip zufolge ist es möglich, aus den Grundformen die vielgestaltige Welt der Phänotypen zu konstruieren. Am Beispiel des Würfels und des Ausbaus zu einem Dodekaeder führt er dieses Konstruktionsprinzip vor: »Auf seine Deckfläche ›E O I‹ werden stufenartig 15 mal 15, 13 mal 13, ... 3 mal 3 und ein kleiner Würfel aufgesetzt, ebenso auf die übrigen Seitenflächen (dies entspricht dem sogleich zu formulierenden Symmetriegesetz).« (Burckhardt 1988, 18) Von den kleinsten Baueinheiten, den sogenannten integrierenden Molekülen, heißt es in einem formal reduktionistischen Rechenspiel:

> In der Folge werden wir nun sehen, daß man die Form der integrierenden Moleküle aller Krystalle auf drei der obigen zurückbringen kann, nämlich das Tetraeder oder die einfache Pyramide, das dreifache Prisma oder das einfachste aller Prismen und das Parallelepipedon oder den einfachsten geometrischen Körper, dessen Flächen je zwei und zwei untereinander parallel sind. (Ebd., 1988, 18)

Jenes Gesetz der Symmetrie, das in der deutschen Übersetzung durch Johann Friedrich Christian Hessel als Gesetz der Ebenmäßigkeit beschrieben wird, schlägt ikonographisch auf eine Weise zu Buche, die ein wenig an die Attribuierungspolitik der Apostel und Heiligen gemahnt. Fortan wird der in seinen Ergebnissen nicht unumstrittene Abt mit einem sogenannten Anlegegoniometer in der Hand abgebildet – einem kleinen, unscheinba-

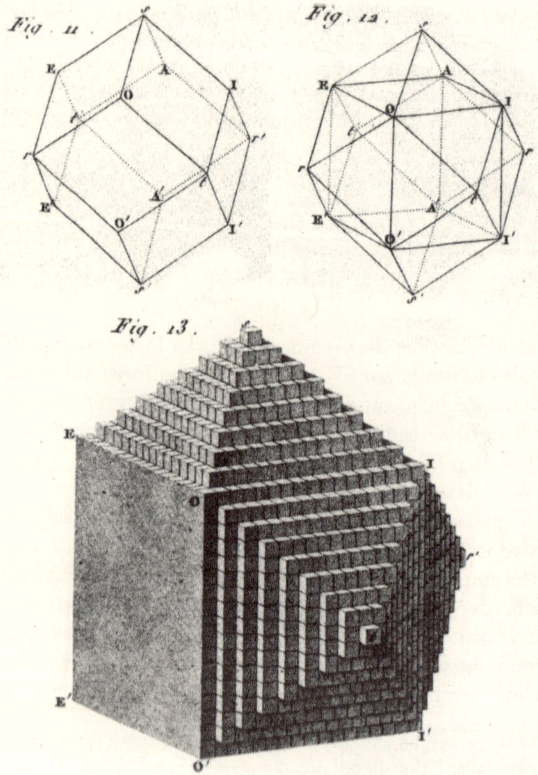


Abb. 2: Aufbau eines Dodekaeders aus dem Würfel nach Burckhardt 1988.

ren Winkelmessgerät, mit dem man einigermaßen grob die Verhältnisse der Flächen des einen Kristall konstituierenden *Moleküls* zueinander zahlenmäßig fassen konnte. Charles Darwin, der ein Reflexionsgoniometer eigens auf der Beagle mitführte und sich mit dessen Gebrauch so schwertat, daß er brieflich um sachdienliche Unterstützung bat, gelingt durch Winkelmessung schließlich die Bestimmung des Minerals Hornblende: »With a

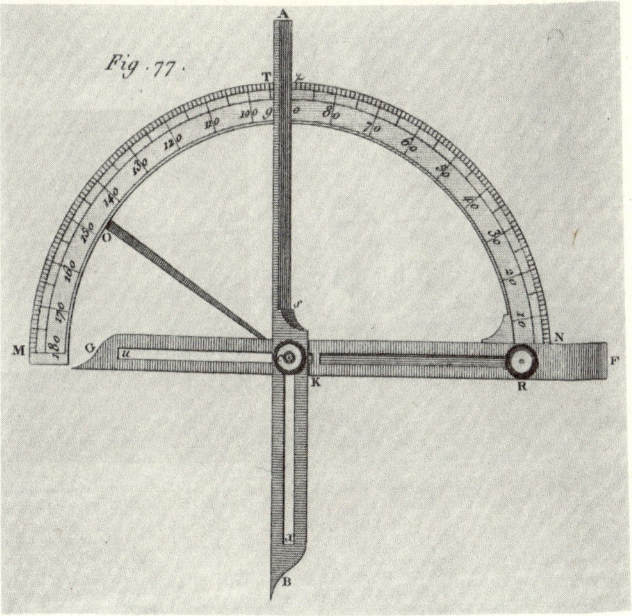


Abb. 3: Goniometer nach Fabian 1986.

tone of pride, he noted of a specimen found at Bahia, Brazil, in the first year of the voyage ›Hornblende determined by myself with goniometer‹.« (Herbert 2005, 109)

Für die Gesetzmäßigkeiten im Kristallaufbau stehen unterschiedliche Bemühungen, diese zu handhaben und auch für die Beschreibung einzusetzen. So legen etwa die rationalen oder sogenannten Millerschen Indizes eindeutig die Flächenverhaltnisse im Kristall fest. Über derart meß- und indizierbaren Regelmäßigkeiten finden das Reich der Kristalle und die Lehre von der Raumordnung Anschluß an eine Welt geometrisch beschreibbarer Ordnungen, die in ihrer Geregeltheit paradigmatisch werden sollte. Fortan ist die Klassifikation der Minerale gekoppelt an die innere Struktur der Kristalle und entfernt sich zunehmend von dem, was an den Oberflächen zu sehen ist. Jene Urszene, die

Fig. 8.

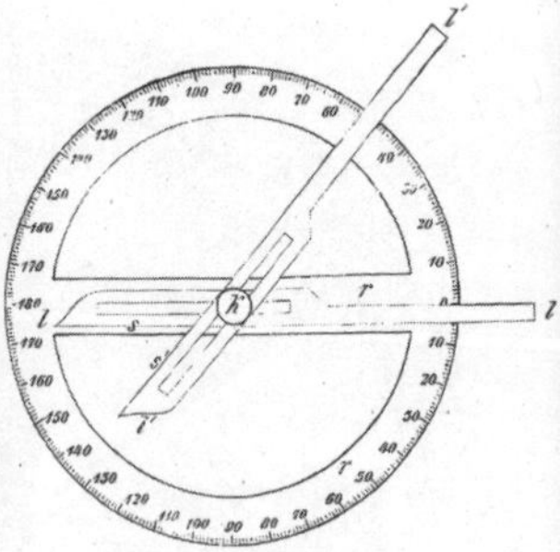


Fig. 9.

Fig. 11.

Abb. 4: Goniometer nach Finck 2007.

einen sonderbaren Konstruktivismus im Reich der Mineralien begründete, wird auf das Jahr 1801 datiert. In der Historiographie, die dem Abt nicht immer wohlgesinnt war (vgl. Groth 1970; Schütt 1998, 16ff.), wird die Zukunftsträchtigkeit seiner Befunde explizit ausgestellt. Ferdinand von Kobells einschlägige *Geschichte der Mineralogie* feiert Haüy daher ob einer visionären Prognostik, die in manchen Teilen erst nachträglich ihre Bestätigung finden sollte. »So konnte Haüy schon damals (1801) aussprechen, was zu den Triumphen einer Wissenschaft gehört: Die Erfahrung zu anticipieren und die kommenden Entdeckungen zu verkünden.« (Zitiert nach Burckhardt 1988, 26) Und sein Übersetzer Hessel versteift sich gar zu einer Formulierung, die wenig verhohlen vom Widerspruchsgeist innerhalb der *scientific community* zeugt: »Als Gründer der wissenschaftlichen Krystallographie ist ohne Widerrede Haüy (1801, 1804, 1822) zu betrachten.« (Hessel, zitiert nach Burckhardt 1988, 40)

Die Legendenbildung um den wundersamen Fall des Kristalls wird ein wenig entzaubert durch den Verweis auf dezidiert überlesene und womöglich nicht korrekt angegebene Literatur; aber auch Nickligkeiten und Empfindlichkeiten sollen den Steinforschern durchaus nicht fremd gewesen sein. Was allerdings jenseits der Regeln eines guten wissenschaftlichen Arbeitens bleibt, ist die Stilisierung jener folgenreichen Kristallbruchanekdote. Das Wissen über den Aufbau des Kalkspats verdankt sich der Brachialität und dem Augenschein: »Indes zeigt sie anschaulich die Vorgehensweise, die ihm schon von seinem Zeitgenossen Romé de L'Isle den Ruf eines ›Kristalloklasten‹, eines ›Kristallzerbrechers‹ eingetragen hat.« (Fabian, zitiert nach Burckhardt 1988, 29) Der Historiograph Kobell wendet diese Urszene und die von seinem Gegner despektierlich gemeinte Formel *cristalloclaste* ins Grundsätzliche und leitet daraus einen Forschertypus ab: Haüy sei gerade kein pedantischer Sammler und Verwahrer eines breit gefächerten und im Aufbau begriffenen Mineralienkabinetts. Statt zu sammeln (und damit einer jener Lieblingstätigkeiten zu frönen, mit denen Adalbert Stifter, der mit seiner Erzählsammlung *Bunte Steine* den Titel für diesen Band vorgegeben hat, sein Personal gerne und zum großen Amüsement seines Kritikers Arno Schmidt zugange sein läßt), spaltet er, um so im

Inneren das Strukturprinzip des Kristallbaus als Grundlage einer Klassifikation der Mineralien zu finden. »Statt den Krystall in meine Sammlung, die damals im Entstehen war, zu legen, versuchte ich, ihn nach anderen Richtungen zu teilen.« (Kobell, zitiert nach Burckhardt 1988, 25) Doch ob mittelbar angelesen oder unvermittelt erfahren: Selbstredend fußen seine Befunde auf Arbeiten anderer Forscher, die sich auf je ihre Weise mit dem Reich der Steine beschäftigt haben – so etwa auf der Entdekkung des Gesetzes der Winkelkonstanz durch den dänischen Naturforscher und »Vater der Geologie« (so Wilhelm von Humboldt) Niels Stensen in der zweiten Hälfte des 17. Jahrhunderts (→ ZUNGENSTEIN).

Das Bemühen um Systembildung erweist sich als einer der zentralen Aspekte bei der Beschäftigung mit den Kristallen. Kann man, und wenn ja, wie, ein möglichst vollständiges Regelwerk und ein abgeschlossenes Kompendium von Grundformen festhalten, auf deren Grundlage dann möglichst alle Kristallbildungen fußen? Der französische Mineraloge Jean-Baptiste Louis de Romé de L'Isle (1736-1790), auf den die Wortbildung Kristallographie angeblich zurückgeht, versucht sich immer wieder in der Erfassung eines Formenreichtums, der in den wunderbaren Abbildungsteilen der entsprechenden Veröffentlichungen zu finden ist. In den Falttafeln der kristallographischen und mineralogischen Arbeiten steckt das Phantasma einer Ordnung, die scheinbar auf einen Blick ihre Struktur und damit einen universalen Bauplan für alle Kristalle verrät.

Auf der Suche nach einer Antwort haben technische Apparate einen großen Anteil wie etwa das Anlegegoniometer bei de Romé de L'Isle und Haüy. Dieses einfache Verfahren wird ergänzt durch Reflexions- und später dann Röntgengoniometer, mit denen immer genauere Meßergebnisse erzielt werden (vgl. zum Apparatebau Medenbach/Mirwald/Kubath 1995; Burchard 1998; *Virtual Museum of the History of Mineralogy* 2011). Aber auch Aspekte der graphischen Darstellung werden für die Beschäftigung mit den Kristallen zunehmend wichtiger. Der Mathematiker und Kurvenschablonenverfertiger Ludwig Burmester etwa widmet sich Zeichentechniken, stellt sich die Frage nach der geeigneten Projektion für die Kristalle und untersucht

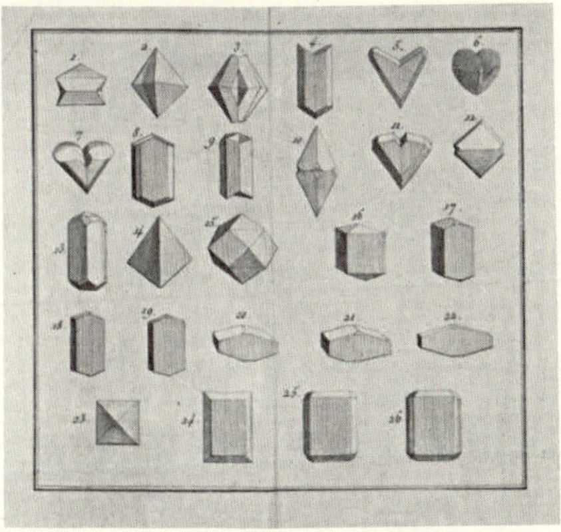

Abb. 5: Kristallformen nach de L'Isle 1772.

die Strategien der Kristalldarstellung historisch (vgl. Burmester 1922). Darüber hinaus finden zudem dreidimensionale Verfahren der Modellbildung ihre Realisierung – so etwa in Porzellan- und Holzmodellen bei Gustav Rose, einem deutschen Mineralogen, der abseits vom Modellbau durchaus auch ins Feld ging und etwa Alexander von Humboldt auf dessen Rußlandexpedition begleitete. Mit dem Rheinischen Mineralien-Kontor, dem ältesten geologischen Kaufhaus, als Vertriebsform entsprechender Unterrichtsmaterialien, und mit Unternehmern wie August Krantz, der das Kontor 1833 gegründet hat, fand die Vorstellung über die Ordnung der Kristalle breitenwirksam Eingang in die Lehrpläne und Schulbücher dieser Zeit (vgl. Krantz 1930). Die Anschauungspolitik hat so nahezu industrielle Dimensionen angenommen, und auch heute noch vertreibt die Firma, die seit 1891 nach Krantz' Neffen Friedrich Ludwig Robert Krantz unter dem Namen Dr. F. Krantz geführt wird, vom einfachen Geologenhammer bis zum GPS-Navigationssystem alles, was den modernen Mineralogen sachdienlich ist.

Die Suche nach Grundeinheiten und nach einer Grammatik der Formbildung war natürlich umstritten und zog entsprechende Revisionen nach sich. Sie wies der Kristallographie den Weg in

Abb. 6: Kristallmodelle aus Holz nach Jean-Baptiste Louis Romé de l'Isle aus einer alten amerikanischen Sammlung (Anfang des 18. Jahrhunderts).

eine ideale Formbeschreibungswelt, die wiederum auch die damit verbundene Alltagssemantik bestimmen sollte. Im Anschluß an die Geometrie wurden die sieben Kristallsysteme durch Christian Samuel Weiß und Friedrich Mohs, den Namensgeber der zehnstufigen Härteskala, sowie nur wenig später die 32 überhaupt möglichen Symmetrieklassen durch Moritz Ludwig Frankenheim beschrieben, und das auf eine Weise, in der »das Symmetriegesetz in moderner algebraischer Sprache zum Ausdruck kommt« (Burckhardt 1988, 29). Unterschiedliche Forscher mit unterschiedlichen Ansätzen und mit zum Teil als eigenwillig empfundenen Terminologien besetzen so ein Feld, auf dem es merkwürdige Formen einer zeitverzögerten Wahrnehmung geben sollte. Burckhardt zeichnet das für die Arbeiten von Hessel und Frankenheim nach, die 60 bzw. 150 Jahre lang kaum Beachtung fanden und die eine Form der Nachträglichkeit belegen sollen, die der Wissenschaftshistoriker Freeman Dyson geradezu

**Sammlung von 6 Glasmodellen nach vorstehender Aufstellung:**

Durchschnittsgrösse 15—25 cm = Nr. 239 . . . . . . . . . . . . *M* 11.75
Dieselbe in lackiertem Holzkasten = Nr. 240 . . . . . . . . . . „ 18 —

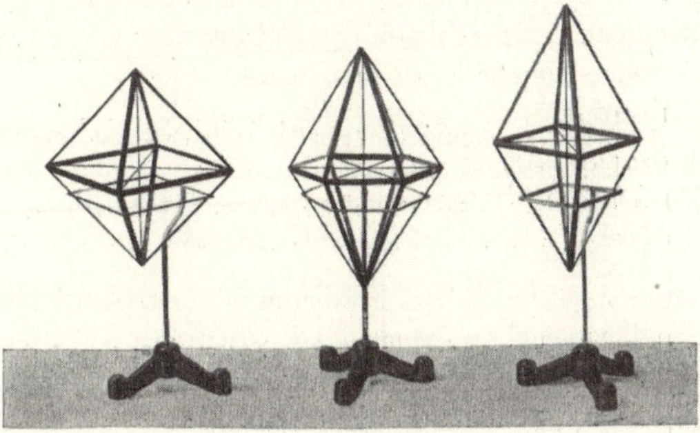

Abbildung Nr. 17.

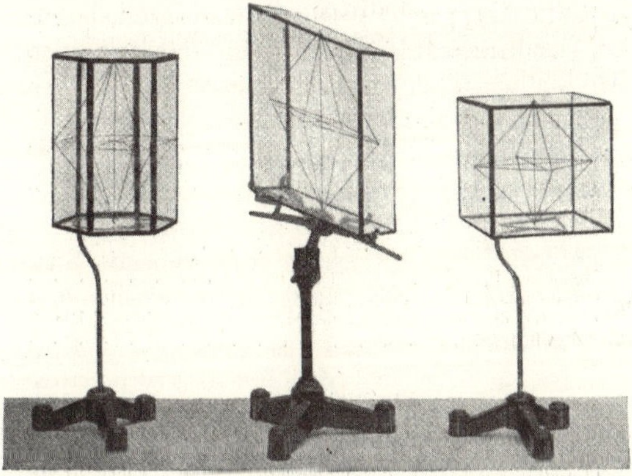

Abbildung Nr. 18.

Abb. 7: Gläserne Kristallmodelle für den Schulunterricht nach Dr. F. Krantz Rheinisches Mineralien-Kontor 1913.

als typisch für die mathematische Physik beschreibt (vgl. Dyson 1983). Eine kurze Übersicht über die sieben Kristallsysteme zeugt von der Dynamik der Systembildungsbemühungen sowie ihrer jeweiligen Versprachlichung oder Notation: Ohne Leseanleitung verliefe jegliche Lektüre im Sand.

Wir geben zuerst deren heutige Benennung, sodann deren Bezeichnung nach Schoenflies, gefolgt von der internationalen Notation, zuletzt die Nummern von Gadolin in dessen stereographischer Darstellung der 32 Kristallklassen (siehe § 6 bei Gadolin). (Burckhardt 1988, 32)

Die Komplexität aller Kristallformen war in ein System gefaßt, das auch die Anlage entsprechender Schriften und deren eindrucksvolle Bildgebung aussteuerte. Nicht zuletzt die Lehre von den Raumgittern, durch Forscher wie den Physiker Leonhard Sohncke, den Mineralogen Evgraph Stepanovic Fedorov und den Mathematiker Arthur Moritz Schoenflies auf den Weg gebracht, sollte einer geschlossenen Formalisierung immer näher kommen. Den beiden zuletzt genannten Wissenschaftlern, dem deutschen Mathematiker und dem russischen Steinsachverständigen, gelingt (zum Teil in engem Austausch), was ein Gastbeitrag in Burckhardts Studie »eine vollständige Klassifikation der 230 kristallographischen Raumgruppen« nennt (Scholz in Burckhardt 1988, 73). Die weitere Karriere und die Rezeption von Schoenflies schien das Reich real vorkommender Steine vollends verlassen zu haben (vgl. dazu auch Schoenflies 1923).

Diese Arbeit wurde zu einem Klassiker der mathematischen Kristallographie, sie machte Schoenflies zum ersten herausragenden Vertreter einer gruppentheoretischen Strukturtheorie der geometrischen Kristallographie und verschaffte ihm weite Anerkennung als angewandter Mathematiker. (Scholz in Burckhardt 1988, 81)

Bei aller Mathematisierung attestiert Schoenflies dabei dem spaltungsfreudigen Abt, ununterbrochen eine zentrale Rolle gespielt zu haben (vgl. zu dieser Rolle auch Wiederkehr 1978).

Die Strukturtheorien knüpfen bekanntlich an die fundamentale Vorstellung an, dass die molekulare Eigenart der Krystalle ihren Ausdruck in der regelmäßigen Anordnung der Krystallbausteine findet, und zwar prägt sich die Regelmäßigkeit darin aus, dass alle diese Bausteine von gleicher Art sind, und dass jeder von ihnen von den benachbarten Bausteinen auf gleiche

**Die sieben Kristallsysteme**

Wir geben zuerst deren heutige Benennung, sodann deren Bezeichnung nach Schoenflies, gefolgt von der internationalen Notation, zuletzt die Nummern von Gadolin in dessen stereographischer Darstellung der 32 Kristallklassen (siehe § 6 bei Gadolin).

| | | | |
|---|---|---|---|
| 1. Kubisches System (reguläres) | $O_h$ | $\frac{4}{m}\bar{3}\frac{2}{m}$ | A 1 = Fig. 28 |
| 2. Hexagonales System | $D_{6h}$ | $\frac{6}{m}\frac{2}{m}\frac{2}{m}$ | C 1 = Fig. 45 |
| 3. Tetragonales System | $D_{4h}$ | $\frac{4}{m}\frac{2}{m}\frac{2}{m}$ | B 1 = Fig. 33 |
| 4. Rhomboedrisches System | $D_{3d}$ | $\bar{3}1\frac{2}{m}$ | C 3 = Fig. 48 |
| 5. Orthorhombisches System | $D_{2h}$ | $mmm$ | D 1 = Fig. 39 |
| 6. Monoklines System | $C_{2h}$ | $\frac{2}{m}$ | E 1 = Fig. 42 |
| 7. Triklines System | $S_2 = C_i$ | $\bar{1}$ | F 1 = Fig. 57 |

Abb. 8: Tabelle der sieben Kristallsysteme nach Burckhardt 1988.

> Weise umgeben ist. Diese Vorstellung ist, seitdem ihr de la Hauy, wenn auch in unvollkommener Weise, zuerst Ausdruck gegeben hat, ununterbrochen in Geltung geblieben. Alle Autoren, welche versucht haben, sich über die Konstitution der Krystallsubstanz eine bestimmte Ansicht zu bilden, gehen von ihr aus. Dies gilt nicht allein von den Krystallographen und Physikern, sondern auch von den Mathematikern, soweit sie sich überhaupt mit dem Gegenstand beschäftigt haben. (Schoenflies 1892, 163)

Jedenfalls sollten die idealen Modelle so lange im Zustand ihrer Idealität (und ihrer mangelnden Aufmerksamkeit) verharren, bis mit Max von Laue und dem Verfahren der Röntgenbeugungskristallographie diese Ordnung Bestätigung fand. Was die berühmte Arbeit über Röntgenbeugung aufklärte, war neben der Struktur der Röntgenstrahlen der Aufbau des verwendeten Kristalls. »Indem die Röntgenstrahlen beim Durchgang durch einen Kristall gebeugt werden, ist sowohl deren Wellennatur als auch der gitterförmige Aufbau der Kristalle bewiesen.« (Burckhardt 1988, 99) Wie sehr dieses Experiment, das Max von Laue 1912 gemeinsam mit Walther Friedrich und Paul Knipping durchführte, für Furore sorgte, belegen immer wieder zitierte Berichte zeitgenössischer Zuhörer. Noch vor Drucklegung der Entdeckungsschrift referiert von Laue die Befunde vor der Deutschen Physikalischen Gesellschaft in Berlin. Der dort ebenfalls anwesende Max Planck wird später seine Erinnerungen an diesen Vortrag auf eine Weise schildern, die sich wie eine Erfolgsgeschichte technisch induzierter Anschaulichkeit liest. Endlich haben die idealen Körper, die man formal beschreiben und modellhaft nachbilden konnte, eine Entsprechung im Aufbau der Kristalle selbst gefunden: Planck schildert die Faszination als Geschichte einer dramatischen Steigerung, die zunächst mit theoretischen Ausführungen des Referenten beginnt. Es folgt ein Referat über die Details des Versuchsaufbaus. Beim Anblick der danach gezeigten Aufnahmen, so heißt es bei Planck weiter, »die den Durchgang eines Strahlenbündels durch ein ziemlich willkürlich orientiertes Stück von triklinem Kupfervitriol darstellten«, waren die Zuschauer noch gespannt verhalten – schließlich waren »auf der fotografischen Platte neben der zentralen Durchstoßungsstelle der Primärstrahlen ein paar kleine sonderbare Fleckchen« zu sehen (Planck, zitiert nach Burckhardt 1988, 101). Doch alle Skepsis und Verhaltenheit sollte weichen, als das erste sogenannte Laue-Diagramm vom Bildwerfer projiziert wurde:

Aber als nun jene Figur 5 sichtbar wurde, das erste typische Laue-Diagramm, welches die Strahlung durch einen genau zur Richtung der Primärstrahlung orientierten Kristall regulärer Zinkblende wiedergab, mit ihren regelmäßig und sauber in verschiedenen Abständen vom Zentrum angeordneten Interferenzpunkten, da ging ein allgemeines, nur schwach unterdrücktes Ah! durch die Versammlung. Ein jeder von uns fühlte, daß hier eine große Tat vollbracht war, daß hier durch eine bisher undurchdringliche Wand zum ersten Male ein Loch geschlagen war, welches aus dem bisherigen Dunkel verborgener und quälender Geheimnisse hinaus in die Helle einer neuen Erkenntnis führte und den Blick eröffnete in weite verheißungsvolle Fernen. (Planck, zitiert nach Burckhardt 1988, 101f.)

**Tafel II.**

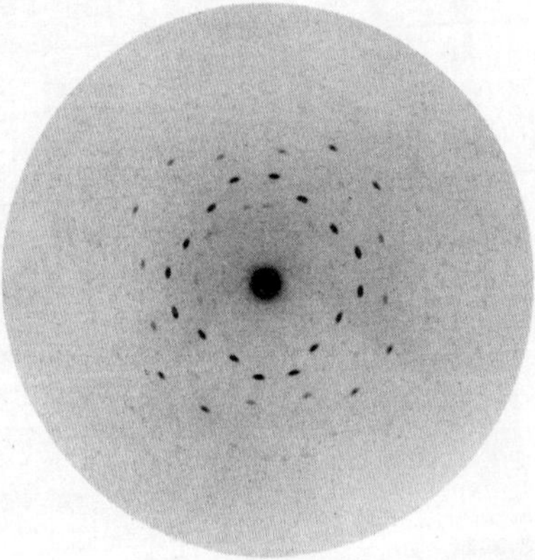

*Fig. 5*

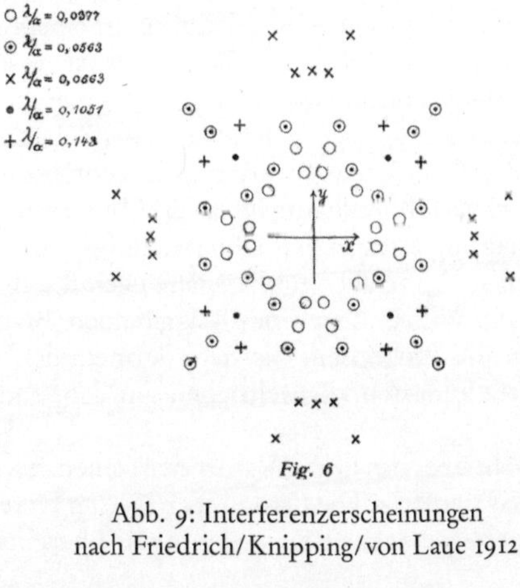


*Fig. 6*

Abb. 9: Interferenzerscheinungen
nach Friedrich/Knipping/von Laue 1912.

Abb. 10: Apparat zur Erzeugung von Interferenzerscheinungen von Laue/Friedrich/Knipping nach Ewald 1923.

Und von Albert Einstein, dem Laue eine Fotografie zuschickte, wird berichtet, er hätte seiner Begeisterung in einem Brief auf eine Weise Ausdruck verliehen, die das, was es da zu sehen gab, in einem Superlativ und in einer Offenbarung beschreibt: »Es ist das Wunderbarste, was ich je gesehen habe, Beugung an den einzelnen Molekülen, deren Anordnung so geoffenbart wird.« (Einstein, zitiert nach Burckhardt 1988,102) Mit diesen Arbeiten, die ihre Fortsetzung etwa in den Untersuchungen der Kristallstrukturen einiger Mineralien und Legierungen durch William Henry Bragg und William Lawrence Bragg fanden (Bragg/Bragg 1913), schienen die Prognosen, die dem vermeintlich so ungeschickten Kristalloklasten zugeschrieben wurden, endlich eingelöst.

Heute herrscht über das dritte Naturreich seinerseits eine ausdifferenzierte Systematik. Die Ordnungen weisen Unterschiede auf, weil die herangezogenen Kriterien nicht übereinstimmen.

So ist für den deutschen Sprachraum die Systematik von Hugo Strunz maßgeblich, die sich stärker an der chemischen Zusammensetzung orientiert, während sich in Amerika die Systematik von James Dwight Dana behauptet, die sich vor allem an der Kristallstruktur ausrichtet. Gesellschaften wie die International Mineralogy Association (IMA) wachen über die Neuzulassung bislang unerfaßter Mineralarten, über die Einhaltung bestimmter Regeln bei ihrer Benennung und sorgen dafür, daß es nicht zu Überschneidungen und Widersprüchen kommt. Als Wärter der Nomenklatur machen sie zudem ihre Kriterien für alle Betroffenen transparent (vgl. dazu Nickel/Grice 1998). Was früher in den Schubfächern der Mineraliensammlungen durch die bloße räumliche Anordnung ein System begründen sollte, erfährt heute in Tabellenform eine Ordnung der Dinge, die man zwar nicht in natura sehen, von der man aber – so man sie technisch erschließt – eine Vielfalt von Informationen ableiten kann. Die dadurch ermöglichten Wissensformen sind vielfältig und verharren nicht in den Bemühungen einer geschlossenen Systembildung, sondern weisen den Weg in die Welt möglicher Applikationen. Sind Indizes und Nomenklatur Beleg für die Wahl des jeweiligen Systems, so informieren die chemische Zusammensetzung und das zugrundeliegende Kristallisationssystem, die Härte der Mineralien und spezifische Eigenschaften wie die Piezoelektrizität oder die Doppelbrechung darüber, was man mit ihnen in der Praxis machen kann – ob sie etwa für den Einsatz neuer Materialien oder für die Optik prädestiniert sind.

Folgt man einer für das Studium auch heute noch maßgeblichen Darstellung wie Will Klebers *Einführung in die Kristallographie*, so ist von realen, in der Natur vorkommenden Mineralien kaum mehr die Rede. Statt dessen herrschen terminologische Klärungen vor, denen es gelingt, alltagssprachliche Ungenauigkeiten und Verwechslungen aus dem Weg zu räumen. Ein Kristall ist keine Entität wie ein Stein, sondern eine Form, in der sich die unterschiedlichen Mineralien (man geht derzeit von ca. 4000 aus, Tendenz steigend) manifestieren. Oder mit Kleber gesprochen: »Ein Kristall ist eine dreidimensionale periodische Anordnung von Atomen (bzw. von Ionen oder Molekülen).« (Kleber 1990, 19) Im Gegensatz zum homogenen Kristall ist

Abb. 142. Kalkspat ($CaCO_3$) als Kugelpackung nach W. L. Bragg. Ansicht ähnlich wie in Abb. 122. Große Kugeln *Ca*, kleine schwarze *C*, kleine weiße *O*.

Abb. 11: Modell eines Kalkspats nach Ewald 1923.

der Stein eine heterogene Mischung aus unterschiedlichen Kristallarten. Beim Granit etwa, so Kleber, »lassen sich drei Kristallarten, die Minerale Feldspat, Quarz und Glimmer, unterscheiden« (ebd., 11). Von den Bemühungen ganzer Forschergenerationen, von den biographischen Urszenen bleibt wenig. Was aber bleibt, ist eine strenge Formellehre. Diese kann ihren Niederschlag nicht in Fotografien realer Minerale finden, sondern bringt sich in Form von Diagrammen und Modellzeichnungen, in Schemazeichnungen oder Röntgenfotografien zur Anschrift.

So kommt es zu einer eigenartigen Gegenüberstellung: Den Gesetzmäßigkeiten der Kristallstruktur, gleichgültig, nach welchen Vorgaben man sie im einzelnen in Formeln faßt und symbolisch notiert, steht eine zunehmende Zahl von Mineralien gegenüber. Und diese bewahrt die Spur der Steine, die Biographien ihrer Erforscher oder einfach nur die von Menschen, deren ehrendes Gedächtnis fortan in der Namensgebung eines Minerals begründet liegt. Dies gilt gleichermaßen für Lauit, Haüyn (oder früher Haunit), Linneit, Danait, Strunzit, Millit, Wernit und für viele andere. Der Liste der wenigen Kristallklassen steht so eine Liste illustrer Namen von Steinsachverständigen und sogar von Systembildnern gegenüber. Und selbst die Vornamen der beteiligten Akteure sind für die Unterscheidungsbemühungen sachdienlich. Die Benennung des Minerals Albrechtschraufit sorgt dafür, daß die Mineralien Teil einer klaren Ordnung sind und daß Verwechslungen wie im oben erwähnten Fall des trügerischen Apatits, »der bald für Flußspat, bald für Aquamarin, für Schörl und für Chrysolith gehalten wurde«, der Geschichte angehören.

*S. R.*

# Kohle

> Unsere Kunstmeister sehen sich durch die Tiefe der Schächte gezwungen, so große und viele Fördermaschinen auszudenken [...]. In Geyer, meiner Vaterstadt, wie auch neuerdings in Schneeberg, haben die Schächte 200 Lachter Teufe, aus denen große Reichtümer zu unseren Lebzeiten gefördert worden sind; deshalb müssen auch unsere Maschinen bei weitem größer und kunstvoller als die antiken sein, zumal jene, die ziemlich tief in den Schächten selbst aufgestellt werden.
>
> *Agricola 1955 [1530], 87*

Schon seit dem 16. Jahrhundert verwendete man Kohle als Brennstoff, allerdings erzeugte ihre Verbrennung einen beißenden Rauch, weshalb sich Kohle nicht zum Heizen oder Kochen in Haushalten eignete. Als ebenso ungeeignet erwies sich Kohle für das Brauen von Bier, das von den Schwefelresten einen bitteren Geschmack erhielt, oder für die Herstellung von Glas, da es dieses trübte und rauh machte (vgl. Lynch 2002, 69). Erst neue, im 17. Jahrhundert entwickelte Verfahren wie der Flammenofen erlaubten den Einsatz der Kohle in der Eisen- und Kupferverhüttung und damit zunehmend die Vermeidung teuren Holzes als Brennmaterial in diesem Bereich.

Trotz dieser Verfahren setzten die verfügbaren Maschinen der Kohleförderung auch eine Grenze. Wie John Holland in *The History and Description of Fossil Fuel, the Collieries, and Coal Trade of Great Britain*, seiner Geschichte und Beschreibung des Kohlebergbaus und -handels in England aus dem Jahr 1835, ausführt, setzte man etwa Pferde ein, um Wasserpumpen anzutreiben, ein Verfahren, das erstens teuer war und mit dem man zweitens nur Wasser aus geringer Tiefe erreichte. Es war daher unmöglich, mit den vorhandenen Maschinen tiefer gelegene Kohlelager zu erschließen (vgl. Holland 1835, 196). Abhilfe schaffte erst die Dampfmaschine, mit deren Einsatz man Kohleflöze weitaus schneller als bisher abbauen konnte, was Holland überrascht:

Abb. 1: Die durch ein Wasserrad angetriebene »Ehrenfriedersdorfer Radpumpe« nach Georg Agricola, *De re metallica* (1556).

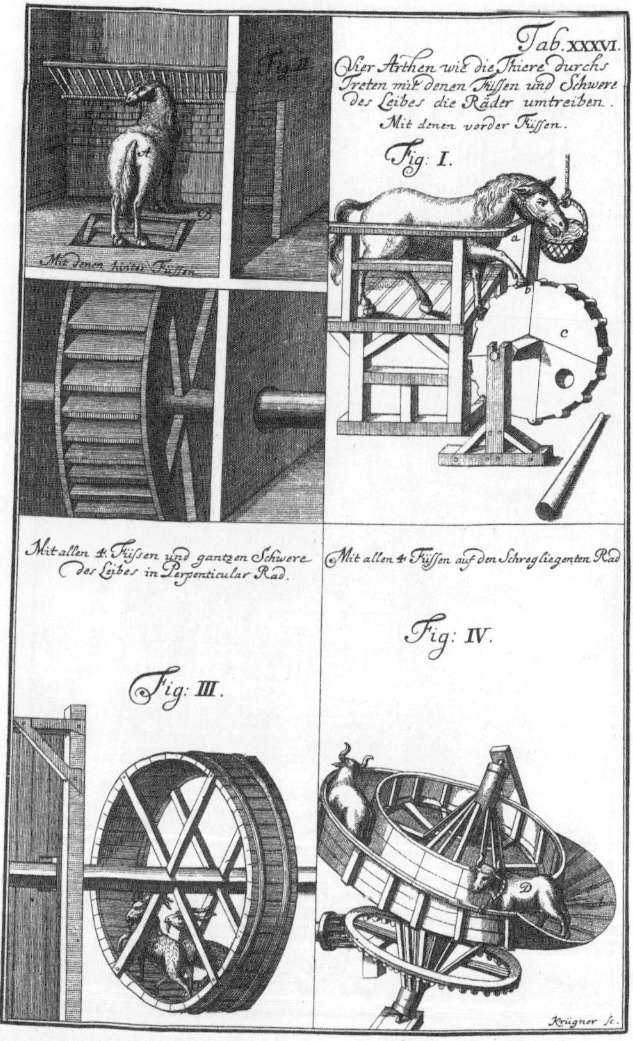


Abb. 2: Bewegung von Maschinen durch Tiere nach Jacob Leupold, *Theatrum Machinarum Generale* (1724).

»So rapid have been the steps by which the steam engine has been advanced from the primitive model to its present degree of perfection, that one finds some difficulty in conceiving of its employment, no longer than from thirty to forty years since, being merely that of pumping water upon a wheel in the absence of natural brooks!« (Ebd., 205)

Da die Dampfmaschinen außerdem selbst Unmengen an Kohle verbrauchten und Kohle auch sonst vielfältig eingesetzt wurde, zum Beispiel gewann man in London aus Kohle Gas zum Betreiben von Straßenlaternen, stieg der Kohleverbrauch in der zweiten Hälfte des 19. Jahrhunderts massiv an: Kohle wurde zum zentralen Akteur der Industrialisierung.

Als die weltweite Steinkohleproduktion zwischen 1850 und 1914 »von maximal 80 Millionen Tonnen auf über 1300 Millionen Tonnen pro Jahr« stieg, war England noch der größte Produzent (65 Prozent), schon vor dem Ersten Weltkrieg übernahmen allerdings die USA den ersten Platz (USA: 43 Prozent, England: 25 Prozent, Deutschland: 15 Prozent, vgl. Osterhammel 2009, 934). Zur Kohle kam als Brennstoff bald das Erdöl hinzu, mit dessen kommerzieller Förderung John F. Rockefeller, der im Jahr 1870 die Standard Oil Company mit begründete, zum reichsten Mann der damaligen Welt wurde.

Erscheint der Einsatz der Kohle als Antriebsmittel der Industrialisierung vor diesem Hintergrund als eine Erfolgsgeschichte, so bildet sie zugleich das Medium für die Kritik an den Kehrseiten dieser Entwicklung: den Arbeitsverhältnissen der Arbeiter unter den Bedingungen der Industrialisierung sowie der Ausbeutung knapper Ressourcen und der Umweltverschmutzung. Kohleheizungen waren schon im 19. Jahrhundert mitverantwortlich für den berühmten Londoner Nebel, und als die Emissionen der Kohlekraftwerke rund um die englische Hauptstadt 1952 mit einer spezifischen Wetterlage zusammentrafen, kam es dort zu einer Smogkatastrophe, bei der Tausende von Menschen starben (vgl. ausführlich zur Geschichte der Luftverschmutzung in London Brimblecombe 1987; zum Great Smog ebd., 166-169). Wie Frank Uekötter in seiner Geschichte der Luftverschmutzung in Deutschland und in den USA zwischen 1880 und 1970 aufzeigt, war die »Kohlenrauchplage«, womit Zeitgenossen den bei unvollständiger Verbrennung von

Steinkohle entstehenden Rauch und die Rußemissionen bezeichneten, bis in die fünfziger Jahre hinein das dringendste Luftverschmutzungsproblem (Uekötter 2003, 21).

Diese unterschiedlichen Aspekte, das heißt die Arbeitsverhältnisse und die ökologischen Folgen, verbinden sich zu einer *anderen* Geschichte der Kohle, da mit ihnen die Frage nach der Kohle gerade nicht auf die technischen und ökonomischen Dimensionen reduziert wird, sondern darüber hinaus ihre sozialen und politischen Dimensionen zutage treten (vgl. allgemein mit Blick auf den Bergbau Böhme 1988). Angesichts einer Gegenwart, in der Bodenschätze ebenso ausgebeutet werden wie Menschen, liegt der Fluchtpunkt der Auseinandersetzungen mit ökologischen Fragen und Arbeitsbedingungen notwendigerweise in einer imaginären Zukunft. So entwerfen Utopien Gesellschaften mit alternativen Energieformen und stellen Dystopien gegenwärtige Mißstände im Horizont veränderter Produktions- und damit Lebensbedingungen dar. Dagegen versperren sich Rückwendungen in pastorale Gesellschaftsmodelle jeglicher Form der Erneuerung, wie Heideggers Text »Zur Frage der Technik« verdeutlicht. Heidegger sieht in der »modernen Technik« ein »waltendes Entbergen«, das an die Natur die Herausforderung stelle, Energie zu liefern, »die *als solche* herausgefördert und gespeichert werden kann« (Heidegger 2000 [1953], 16). Während sich demnach das »Erdreich« als »Kohlenrevier« entberge, fordere das »bäuerliche Tun« den Ackerboden nicht heraus (ebd.). Der Landwirt wird solchermaßen zum *Hüter des Seins* (→ ROGGEN).

Zwar gab es in den sechziger Jahren des 19. Jahrhunderts Befürchtungen, die Kohlevorräte könnten sich erschöpfen, aber zu Beginn des 20. Jahrhunderts fand man neue Vorkommen, so daß Versuche, alternative Energiequellen zu nutzen, nur geringes Interesse erweckten. Dennoch hielten sich kritische Stimmen. In seinem Buch *In hundert Jahren. Die künftige Energieversorgung der Welt* (1931) rekurriert Hanns Günther, Verfasser einer Reihe populärwissenschaftlicher Werke, auf Vorträge zu den Kohlevorräten der Erde, die im Jahr 1913 im Rahmen eines Geologie-Kongresses gehalten worden waren. In diesen Beiträgen kehrte nämlich aus den Statistiken über Kohleförderung und -lager das »Gespenst einer künftigen Kohlennot« wieder (Günther 1931,

15). Die Steinkohlelager reichten theoretisch zwar noch für 6000 Jahre, doch da die meisten Flöze äußerst dünn seien, lohne sich häufig der Abbau nicht. Da außerdem der Kohleverbrauch stetig steige, werde England noch für gerade einmal 200, Deutschland für weitere ca. 400 Jahre über Kohle verfügen. Nicht zuletzt steht hier die hohe Geschwindigkeit des Rohstoffverbrauchs der langen Zeit der Bildung der Kohlelager gegenüber, »Jahrmillionen des Werdens stehen in diesem Prozeß gegen Jahrhunderte des Verbrauchs« (ebd., 6). Schon im ersten Drittel des 20. Jahrhunderts zeigt sich somit, daß Globalisierung, wie Benjamin Steininger und Christina Wessely ausführen, nicht nur ein räumliches, sondern ebensosehr ein zeitliches Phänomen ist. Denn das Zeitalter der fossilen Brennstoffe ist charakterisiert als »der Verbrauch von geohistorisch akkumulierten Ressourcen, die in den geschlossenen Kreisläufen der Gegenwart nicht in technisch benötigtem Ausmaß bereitliegen« (Steininger/Wessely 2010, 26).

Günther entwirft folgerichtig die Zukunftsfiktion einer »Welt ohne Kohle« (Günther 1931), welche die herausragende Rolle der Kohle für den Alltag und das Arbeitsleben verdeutlicht. Ohne Kohle gibt es, so Günther, keine Heizung mehr und keine Möglichkeit zu kochen, denn die Wälder seien schnell restlos abgeholzt (→ Papier). Zusammenbrechen werde auch der Verkehr, ob mit Eisenbahn, Schiff, Auto oder »Luftfahrzeugen«, denn »die Petroleumquellen der Erde sind bis dahin längst erschöpft, und die künstlich erzeugten Treibstoffe entstammen durchweg der Kohle« (ebd., 6). Zum Erliegen kämen auch ganze Industrien, insbesondere wäre eine Verhüttung der Eisenerze ohne Kohle nicht denkbar, und so gäbe es keine Weiterverarbeitung des Roheisens zu Stahl oder schmiedbarem Eisen. Lange vor dem berühmten Bericht an den Club of Rome und den Diskussionen um die *Grenzen des Wachstums* führt Günthers Zukunftsvision aus, daß Rohstoffe wie Kohle oder, wie sich hinzufügen ließe, Erdöl und Erdgas endliche Güter sind, weshalb es in der Situation einer Kohlenot zwangsläufig zu Verteilungskämpfen zwischen kohlereichen und kohlearmen Ländern kommen werde. Günther setzt dieser düsteren Zukunftsvision einer »Welt ohne Kohle« alternative Formen der Energiegewinnung entgegen, ausführlich und mit Schemazeichnungen entwickelt er Modelle zu Wasser-, Gezeiten-, Wind- oder Eiskraftwerken (→ TURMALIN).

Dabei kennt die Größe der Projekte keine Grenzen, unter anderem verweist Günther auf das Atlantropa-Projekt des Architekten Hermann Sörgel, das ebenfalls in der Knappheit der Rohstoffe seinen Ausgangspunkt hat, denn, so Sörgel in seiner Schrift *Atlantropa* (1932), die »wahrscheinlichsten Wandlungen der Zukunft scheinen diejenigen zu werden, die mit der Erschöpfung der Kohle und der erweiterten Anwendung der Wasserkraft zusammenfallen« (Sörgel 1932, 75). Sörgel, nach dessen Meinung England in 200 Jahren über keine Kohle mehr verfügen werde, wollte die Kraft des vom Atlantik ins Mittelmeer strömenden Wassers nutzen und außerdem neues Land an der Küste Nordafrikas gewinnen, indem die europäischen Länder in einem gemeinsamen Projekt einen Staudamm an der Straße von Gibraltar errichteten, das Mittelmeer teilweise trockenlegten und die Sahara bewässerten. Aus Europa und Afrika sollte der neue Kontinent Atlantropa entstehen, mit Afrika und Europa als einer Wirtschaftseinheit, was heißt, daß die Europäer Afrika erschließen sollten, bevor Europa verödet, bzw. der neugeschaffene »Lebensraum« sollte die »Selbstvernichtungsgefahr« Europas bannen (ebd., 100). Atlantropa als »Projekt eines organisierenden Technikers« (ebd., 82) erweist sich solchermaßen als genuin imperialistisches Projekt.

Die Frage der Energieversorgung weist stets auch ökonomische, soziale und politische Dimensionen auf, welche immer wieder über Zukunftsfiktionen bearbeitet werden. Denn diese ermöglichen das Durchspielen der unterschiedlichsten Szenarien, ob das Szenario einer »Welt ohne Kohle« oder das eines neuen Kontinents. Zukunftsfiktionen entwerfen Szenarien extremer Krisen, wie die zahlreichen Endzeitromane und -filme belegen, in denen aufgrund einer Katastrophe welcher Art auch immer der Untergang der Zivilisation droht oder schon stattgefunden hat, weshalb es zu einem Kampf ums Überleben, und das heißt einem Kampf um knappe Ressourcen, kommt. Texte wie Cormac McCarthys *The Road* (2006) oder Filme wie Roland Emmerichs *The Day after Tomorrow* (2004) folgen somit

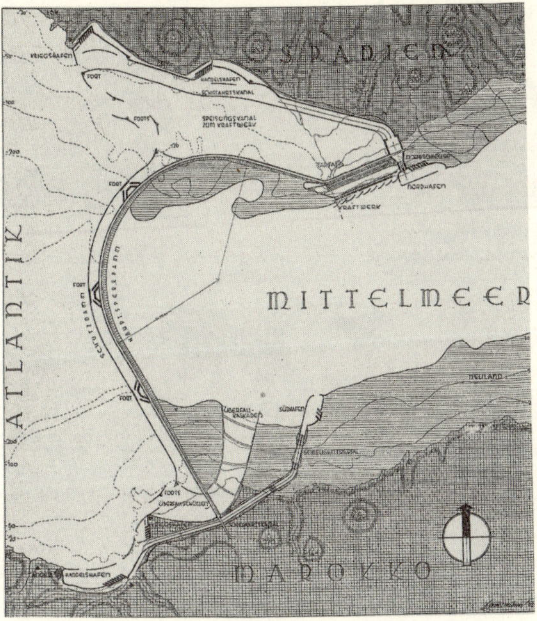


Abb. 3a: Hermann Sörgels Vision eines Staudamms zwischen Afrika und Europa.

dem, wie es Eva Horn ausgedrückt hat, Narrativ »Rettungsboot Erde«, gemäß dem es zu »biopolitischen Entscheidungen« darüber kommt, wer überlebt und wer nicht (Horn 2010, 111 und 113).

Ebenso läßt sich auch die Möglichkeit einer alternativen Sozialform in die Zukunft verlegen, wenngleich solche Utopien im 20. Jahrhundert eher die Ausnahme sind. Neben der Vision technischer Großprojekte setzen solche Entwürfe auch direkt am menschlichen Verhalten an, so etwa in dem Roman *Walden Two* (1948) des Behavioristen Burrhus F. Skinner (→ RATTE). Sein Buch, das er als Erweiterung und Aktualisierung von David Henry Thoreaus *Walden* (1854) verstand, sei zwar kein Ratgeber für Hippies, aber durchaus als ein Beitrag zum problematisch gewordenen Verhältnis von Mensch und Natur zu verstehen. An-

Abb. 3b: Schaubild aus Hermann Sörgels Schrift *Atlantropa* (1932).

gesichts der Ausbeutung der Ressourcen und der Umweltverschmutzung bräuchte es einen neuen *way of life*:

> The choice is clear: either we do nothing and allow a miserable and probably catastrophic future to overtake us, or we use our knowledge about human behavior to create a social environment in which we shall live productive and creative lives and do so without jeopardizing the chances that those who follow us will be able to do the same. (Skinner 1976, xvi)

Auf der Grundlage der behavioristischen Verhaltenstechnik soll somit eine soziale Umwelt erschaffen werden, in der Menschen sich entfalten können – und zwar tatsächlich alle Menschen und ganz ohne Raubbau an der Natur. Tatsächlich wurden nach dem Vorbild von *Walden Two* experimentelle Gemeinschaften gebildet. Zum Beispiel gründeten im Jahr 1973 sieben Personen, darunter einige behavioristische Psychologen, die »Walden Two community« Los Horcones in Mexiko mit dem Ziel, wie es auf ihrer Homepage heißt, einen alternativen Lebensstil auf der Grundlage von ökologischer Nachhaltigkeit, Kooperation, Pazifismus und Gleichheit zu entwickeln, und zwar durch die Anwendung der Verhaltensforschung im Sinne Skinners.

Während die Endlichkeit der »Kohle« einen Diskurs über neue Energiequellen, aber auch über Kriege um knappe Ressourcen und zukünftige alternative Lebensformen konstituiert, organisiert die alltägliche Realität des Kohleabbaus einen Diskurs über die Arbeitsbedingungen des Menschen, in dessen Horizont eine mögliche andere Zukunft liegt. Schon der Dichter Friedrich von Hardenberg (Novalis) bemerkte in einem an Abraham Gottlob Werner gerichteten Bericht über »Holzerdenlager« in einem Distrikt in Sachsen aus dem Jahr 1800, die Arbeit in den Kohlebergwerken sei »äusserst beschwerlich, schmuzig und ungesund. Hautschäden und Gichtübel sind unter diesen Leuten sehr häufig.« (Novalis 1983, 787) Und in E. T. A. Hoffmanns Erzählung »Die Bergwerke zu Falun« (1819) geht es keineswegs nur um den kostbaren Edelstein Almandin, sondern insbesondere um das Berufsethos der Bergarbeiter. Vor allem aber Émile Zolas im Jahr 1885 erschienener Roman *Germinal* stellte die Alltagsrealität der Bergarbeiter ins Zentrum. Gegenstand ist ein Kohlebergwerk, das Zola als ein menschenverschlingendes Monster charakterisiert: »In der Tiefe seiner Höhle aber hockte wie ein böses Tier der Voreux, duckte sich noch mehr und atmete mit stärkerem und länger anhaltendem Schnaufen, als sei er verdrossen über seine mühsame Verdauung von Menschenfleisch.« (Zola 1965 [1885], 17) Männer, Frauen und Kinder arbeiten sich in über 500 Meter Tiefe an schmalen Kohleflözen ab, zwischen Gestein eingequetscht schlagen sie Kohlebrocken heraus und fahren die Karren durch enge, dunkle Schächte, immer von einem möglichen Einsturz bedroht. Die Arbeiter sind allerdings nicht nur ständig der Gefahr ausgesetzt, von dem Kohlemonster Voreux verschlungen zu werden, die Kohle wird auch Teil ihres eigenen Körpers. Er habe sich, so der alte, Kohle hustende und spuckende Bonnemort, ein ganzes Kohlelager am Leibe zugelegt (ebd., 13).

Vor allem aber zielt Zola auf den Konflikt zwischen Kapital und Arbeit. Nachdem die Grubenbesitzer die Löhne gekürzt haben, beginnen die Arbeiter einen Streik. Als allerdings die Streikkasse zur Neige geht und die Arbeiter zunehmend unter Hunger leiden, kommt es zur Konfrontation zwischen den Verfechtern unterschiedlicher politischer Ansichten über das weitere Vorgehen. Der Wirtshausbesitzer und ehemalige Grubenarbeiter Rasseneur wendet sich gegen die Verlängerung des Streiks, sinnvoller sei es, mit der Gesellschaft über bessere Bedingungen zu verhandeln, anstatt zu glauben, man könne die Welt auf einen Schlag ändern und die Arbeiter an die Stelle der Unternehmer setzen. »Tausende und aber Tausende von Jahren«, so Rasseneur, »seien erforderlich, wenn das einmal Wirklichkeit werden soll.« (Ebd., 273)

Vertreter einer solchen Utopie ist dagegen Étienne Lantier, der Protagonist des Romans, der den Streik und die Streikkasse organisiert hatte und der die Arbeiter zum Beitritt in die Internationale Arbeiterassoziation (ebd., 163) bewegen will. Wie Zola die Heuchelei und den Dünkel der Grubenleitung aufzeigt, so auch die leere Rhetorik der Sozialisten. Der Pariser Sozialist Pluchart wendet sich an die versammelten Arbeiter mit hohlem Pathos und offenkundig falschen Vorhersagen, wenn er in seiner Ansprache die »riesige Kathedrale der Welt« errichtet oder behauptet, die Welt sei in spätestens drei Jahren von den Arbeitern erobert (ebd., 285). Mit Étienne Lantier dagegen führt Zola den Typus des Autodidakten vor, den sein »Mangel an Wissen« bedrückt und am Reden hindert (ebd., 166), weshalb er sich »mit der Unwissenden eigentümlichen maßlosen und ungeregelten Wissbegier an das Studium« macht (ebd., 190). Étienne liest volkswirtschaftliche Abhandlungen und anarchistische Broschüren, besonders faszinieren ihn ein Buch mit dem Titel *Die Hygiene des Grubenarbeiters* sowie ein Werk über Kooperativgenossenschaften, und so »verdreht« ihm die Lektüre vollends den Kopf. Im Gegensatz zu diesem Erzählerkommentar steht allerdings Étiennes Eindruck: »[E]r wurde stolz, sobald er sich als denkenden Menschen entdeckte.« (Ebd., 190) Und tatsächlich wird Étienne solchermaßen »mit einem Schlage […] zum Führer« (ebd., 198).

Den dritten zentralen politischen Typus verkörpert der Anarchist Suwarin, Abkömmling einer russischen Adelsfamilie, der sich für den Sozialismus begeistert und nach einem versuchten Attentat auf den Zaren fliehen mußte. Seiner Meinung nach verspreche ein Streik keinen Erfolg, was allein helfe, sei ein Akt der Zerstörung:

> Euer Karl Marx will noch die natürlichen Kräfte wirken lassen […]. Laßt mich doch mit eurer Revolution zufrieden! Zündet die Städte an allen vier Ecken an, mäht die Völker nieder, macht alles dem Erdboden gleich; und wenn nichts von dieser verfaulten Welt mehr übrig ist, dann vielleicht wird eine bessere entstehen. (Ebd., 164)

Als der Streik gescheitert ist und die Arbeiter wieder in die Kohlegrube einfahren, schreitet Suwarin mit aller Konsequenz zur Tat. Ausgerüstet mit einem Brustbohrer, einer kleinen, kräftigen Säge sowie Hammer und Meißel, steigt er in den Förderschacht hinunter und zerstört die Verschalung an einer nur notdürftig reparierten Stelle, die das Grundwasser zurückhält, »ein unerforschtes, unergründliches Meer, das seine schwarzen Fluten mehr als dreihundert Meter unter Tage dahinwälzte« (ebd., 522). Durch den Sabotageakt kommt es zum Einsturz und zum Tod zahlreicher Bergleute. Die Grubenleitung muß erfahren, daß sie zwar die Masse der Streikenden besiegen konnte, daß dann jedoch ein einzelner Saboteur das gesamte Werk vernichtete. Suwarins Anschlag steht in einer Reihe mit den Ende des 19. Jahrhunderts aufkommenden Sabotageakten, die gerade die Schwachstellen der industriellen Systeme zu ihrem Ziel machten, während seit etwa den siebziger Jahren des 20. Jahrhunderts ökologische Fragen im Vordergrund standen (→ Monkey Wrench).

Nicht nur die Sabotageakte, auch die von der Industrie verursachten Schäden haben in den letzten Jahrzehnten eine ökologische Dimension erhalten. Im Zeitalter des Erdöls sind die Pipelines, eines der »wichtigsten Verkehrsmittel der Moderne« (Steininger 2012, 21; → Auto), besonders problematische Schwachstellen. Denn die mangelnde Funktionsfähigkeit dieser Verkehrsmittel, um deren Verlauf Kriege geführt werden, verursacht verheerende ökologische Katastrophen. So berichtet eine Studie des United Nations Environment Programme (UNEP 2011) zur über fünfzigjährigen Ölförderung im nigerianischen Ogoniland davon, wie undichte (weil nicht regelmäßig gewartete) Pipelines die Lebensgrundlage der Bevölkerung, Fischerei und Landwirtschaft, zerstören, Trinkwasser verunreinigen und Ökosysteme wie die Mangrovenwälder vernichten. Um das Gebiet von den Ölrückständen zu reinigen, bedürfe es 25 bis 30 Jahre und mindestens einer Milliarde Dollar. Bislang müssen sich die verantwortlichen Firmen, hier die Shell-Tochterfirma Shell Nigeria, nicht an solchen Sanierungsprojekten beteiligen, denn europäische Mutterkonzerne haften prinzipiell nicht für ihre ausländischen Töchter, auch wenn immerhin ein niederländisches Bezirksgericht am 30. Januar 2013 der Schadensersatzforderung eines nigerianischen Klägers (von insgesamt fünf) zustimmte.

Leiden die nigerianischen Familien heute unter den ökologischen Folgeschäden der Erdölförderung, so die Arbeiter in den Kohlebergwerken des späten 19. Jahrhunderts unter unmenschlichen Arbeitsbedingungen. Auch wenn Zolas Roman die unterschiedlichen politischen Haltungen ironisch gebrochen vorführt, liegt im Titel doch ein Aufruf: Germinal (lat. *germen*: Keim, Sproß) ist im französischen Revolutionskalender der Monat, in dem der Frühling beginnt (21. März bis 19. April). Wenn es daher im letzten Abschnitt des Werkes, den Étiennes Abreise nach Paris einleitet, heißt: »Männer drängten empor, ein schwarzes Heer von Rächern, deren Same langsam in den Furchen aufging und heranwuchs für die Ernte des kommenden Jahrhunderts – und bald würde dieses Keimen die Erde sprengen« (ebd., 603), kündigt sich doch eine Revolution an, mit welchem Ziel auch immer: Étienne jedenfalls entdeckt kurz vor Suwarins Sabotage Darwin für sich. Aus einer gekürzten und gemeinverständlichen Ausgabe für fünf Sous liest er eine revolutionäre Idee über den Kampf ums Dasein heraus: »Die Mageren fraßen die Fetten auf, das starke Volk verschlang die bleiche Bourgeoisie.« (Ebd., 516) Welche Ideen und Ideologien auch immer unter Tage keimen, heraus kommen in dieser Bildlogik nun ihrerseits menschenverschlingende Arbeitermassen, welche der Aufstand der Bergwerksarbeiter schon ankündigte: Mit Steinwürfen holen die Streikenden den Ladenbesitzer Maigrat vom Dach, danach schänden sie seine Leiche, indem sie ihm das Geschlecht abreißen (ebd., 422).

Während Zolas Roman die Konfrontation von Kapital und Arbeit thematisiert, zielt die literarische Beschäftigung mit dem Kohlebergbau in der DDR auf das, was der sozialistische Staat verdrängt. So verweist der Titel von Volker Brauns Erzählung *Bodenloser Satz* (1990) sowohl auf die Form des Textes, der tatsächlich aus nur einem Satz besteht, als auch auf gesellschaftliche und politische Untiefen eines Tagebaus, der nur in der politischen Propaganda zum »Ort der Gerechtigkeit« werde, weil sich in ihm die neue, verheißene Zeit erfülle, »die die MASSEN ergreift!« (Braun 1990, 25).

Da ein Gebiet zum »Bergbauschutzgebiet« deklariert wurde, muß ein Dorf umgesiedelt werden, wogegen die einzelnen Personen machtlos sind: »NACH DER POSITIVEN ENTSCHEIDUNG HAT DIE STÖRUNGSFREIE DURCHFÜHRUNG DER MASSNAHME ZU BEGINNEN« (ebd., 14). Braun führt die Gewalt dieser Maßnahme auf unterschiedlichen Ebenen vor, als Gewalt gegen die Natur, gegen die Menschen, die ihre Heimat verlieren, aber auch als zwischenmenschliche Gewalt, wenn der Erzähler sich erinnert, wie er zum Beobachter einer Vergewaltigung durch seinen Vorgesetzten wurde: »und ich sage halt! ... nein, ich schwieg, berauscht von dem unglücklichen Vorgang, der mir das Bild eines Mißverständnisses schien, der äußerste Ausdruck der gewöhnlichen Verfehlung« (ebd., 20). Der Vorgang verweist auf die Position des Erzählers, der Teil der Brigade ist, die die Maßnahme durchführt, und der selbst aus dem Dorf stammt, an dessen Umsiedlung er somit dreifach Anteil hat. Diese Position des Beobachters, Akteurs und Opfers verlagert die Erzählung auch in die Vergangenheit, wenn im Freilegen der Schichten »die alte Substanz« erscheint und der Sprecher nun einen Graben für ermordete deportierte Juden schaufelt, während ihm die Dorfbewohner verlegen und stumm zuschauen, wobei er aber auch sein eigenes Gesicht auf sich selbst gerichtet sieht (ebd., 26). Hatte Zola die sozialistische Zukunftsvision einer gerechten Gesellschaft ironisch gebrochen vorgeführt, zeigt Brauns Erzählung das Verfehlen der Realisierung dieser Vision im Arbeiter- und Bauernstaat. Was als »FRIEDLICHE ARBEIT« galt, entpuppt sich als »Krieg« gegen den Heidewald, bis hinunter zu den kostbaren Flözen, sowie gegen die Betroffenen, deren Widerstand von der »Mobilmachung« – ein Ausdruck unter vielen, mit denen Braun Krieg und Bergbau kurzschließt – schlichtweg niedergewalzt wurde (ebd., 35 f.).

Was der Kohlebergbau in der DDR für Konsequenzen hatte, führt Monika Maron in ihrem Roman *Flugasche* am Beispiel des Braunkohlekraftwerks in Bitterfeld vor. Die Protagonistin durchbricht das abgekartete »Arbeiter-Journalisten-Spiel« (Maron 1981, 50) angesichts einer Luft voller trockenen und schwarzen Staubs, Ammoniak-, Salpeter- oder Schwefeldioxyddünsten und angesichts eines veralteten Kraftwerks, in dem es noch kein Journalist länger als drei Stunden ausgehalten habe (ebd., 20). Am Ende des Romans droht ihr dafür der Ausschluß aus der Partei und der Zeitschrift *Illustrierte Woche*, für die sie arbeitet und die ihren Artikel nicht veröffentlicht. Das Kraftwerk in B. aber sei »unter Berücksichtigung der Gesundheit der Bürger« stillgelegt worden (ebd., 244).

Bitterfeld sollte auch weiterhin einen zentralen Ort in der Geschichte der Energietechnik und -wirtschaft einnehmen, wie Maron zwanzig Jahre später bei ihrem zweiten Besuch in der Stadt feststellte. Ihre Reportage *Bitterfelder Bogen. Ein Bericht* (2009) erzählt vom Aufstieg der Solarenergie in Deutschland im allgemeinen und in Bitterfeld im besonderen: Ein Kollektiv engagierter Ingenieure und entschiedener Gegner der Atomkraft beginnt in den siebziger Jahren, sich mit Windenergie zu beschäftigen, in den achtziger Jahren rückt dann die Solartechnik in den Fokus des von ihnen gegründeten Berliner Ingenieurbüros für Wind- und Solarelektronik, kurz »Wuseltronik« genannt. Währenddessen wird das »Chemiedreieck zwischen Halle, Schkopau und Dessau« abgewickelt (Maron 2009, 39) – die Treuhand demontiert die Anlagen, trägt kontaminiertes Erdreich ab, entläßt Zehntausende Arbeiter, Ingenieure und Angestellte, während sich die »Treuhandmanager« rentable Bereiche wie die Farbenproduktion oder Pflanzenchemie sichern (ebd., 32).

Als nun die Ingenieure von Wuseltronik, die inzwischen die Firma Solon gegründet haben, ihre Solarzellen selbst produzieren wollen und in Berlin kein Produktionsgelände finden, werden sie im Umkreis von Bitterfeld (d.i. in Thalheim) fündig. Zwar wollen sie wohl nicht wirklich dorthin, die Stadt aber, die an den potentiellen vierzig Arbeitsplätzen in einer Solarzellenfabrik brennend interessiert ist, wirbt mit einem halbierten Steuersatz, einer hohen Chemietoleranz der Bevölkerung sowie dem Versprechen, den Bau der Anlage zu unterstützen (ebd., 47f.). Damit startet in der Region ein Unternehmen, das unter dem Namen Q-Cells Geschichte schreiben sollte. Aus den sozialistischen Anfängen wird ein in der Solarzellenproduktion zeitweise weltweit führendes Unternehmen. Macht die Firma im Jahr 2001 ca. 17 Millionen Euro Umsatz, so sind es im Jahr 2008 ca. 1,4 Milliarden. Nachdem Q-Cells allerdings im Jahr 2011 Insolvenz anmelden mußten, kauft es der südkoreanische Konzern Hanwha auf. Nach Angaben der Homepage von Hanwha Q-Cells beschäftigt das Unternehmen derzeit weltweit rund 1500 Mitarbeiter. Die Solarzellenproduktion geht somit den Weg aller im globalen Wettbewerb stehenden Unternehmen und ist ebenso den Launen der Finanzmärkte ausgeliefert, was sich durch einen möglichen Handelskrieg mit chinesischen Unternehmen noch verschärfen dürfte. Die industrielle Fertigung von Solarzellen wird daher auch nicht alleine zur Lösung der aktuellen ökologischen Gefahren ausreichen (→ PHOTOVOLTAIK).

Mit dem Ausbau der regenerativen Energiequellen hat die Kohleförderung allerdings noch keineswegs ihr Ende gefunden, wie Phylis Gellers Dokumentarfilm *Coal Country* (2009) aufzeigt. Zwar gilt für viele Arbeiter und ihre Familien: *coal keeps the light on*, allerdings führt die Kohleindustrie zu gravierenden Eingriffen in die Natur. Ausführlich geht der Film auf das *mountaintop removal mining* (MTR) in West Virginia ein, bei dem Bergspitzen weggesprengt werden, weil die Kohle so besonders effizient abgebaut werden kann. In den Appalachen, einem Mittelgebirge, das sich von der kanadischen Provinz Quebec bis Alabama erstreckt und große Kohlevorkommen aufweist, jagen Kohlefirmen Berggipfel in die Luft und zerstören dadurch ganze Ökosysteme. Für die Menschen, die dort leben, ist dieses Verfahren zweischneidig: Sie wehren sich und werden zu Umweltaktivisten, während andere, etwa ein Manager der Firma, für die Arbeitsplätze in der Region kämpfen – obgleich gerade MTR die Zahl der nötigen Minenarbeiter senkt und die Kohleindustrie die wirtschaftliche Entwicklung der Region, etwa die Förderung des Tourismus, verhindert, um die Abhängigkeit der Arbeiter aufrechtzuerhalten.

Rechtlich sind die Firmen dazu verpflichtet, das Gelände wieder zu rekultivieren – was Jonathan Franzen in seinem Roman *Freiheit* (2010) zum Anlaß für eine satirische Darstellung von

Abb. 4: Beim MTR werden Bagger eingesetzt, die über 22 Stockwerke hoch sind und über 100 Millionen Dollar kosten.

Industrie und Umweltschutz nimmt. Denn gerade ein Umweltschützer unterstützt das MTR, weil in dem betroffenen Gebiet anschließend ein Schutzgebiet für eine vom Aussterben bedrohte Waldsängerart, die Spezies *cerulean warbler*, entstehen soll. Durch die Renaturierung, so der Umweltschützer, werde ein üppiger und artenreicher Wald entstehen, so daß das Projekt nicht nur dem Waldsänger diene, sondern exemplarisch dafür stehe, das Richtige zu tun:

Der panamerikanische Waldsängerpark, sagte er, stehe für ein neues Paradigma wissenschaftlich fundierten, privat finanzierten Artenschutzes; die unbestreitbare Abscheulichkeit der Kohlegewinnung durch Gipfelabbau werde von der Aussicht auf nachhaltige »grüne Arbeitsplätze« (Ökotourismus, Aufforstung, zertifizierte Forstwirtschaft) in West Virginia und Kolumbien mehr als aufgewogen. (Franzen 2010, 609)

Bevor jedoch ein Naturparadies und ein Reservat für Waldsängerfamilien entstehen können, verwüsten haushohe Bagger die Landschaft. MTR verschmutzt die Gewässer, erzeugt regelrechte

Seen giftigen Schlamms, zerstört die Artenvielfalt, und natürlich ist der Berggipfel nicht wiederherzustellen. Im Zeichen der Kohle kommt es ganz legal zu fundamentalen und irreversiblen Eingriffen in die Landschaft. Auch hier scheint die Geschichte des Erdöls parallel zur Geschichte der Kohle zu verlaufen, denn während die ökologischen Folgen des Fracking nicht abzusehen sind, propagieren amerikanische Firmen eine von den arabischen Ländern unabhängige Versorgung mit Öl. Und geht Gellers Film den Auswirkungen der Praxis des MTR in den Appalachen nach, so widmet sich Josh Fox' Dokumentarfilm *Gasland* (2010) den Auswirkungen des Fracking.

Zu Beginn des 20. Jahrhunderts konnte man die Endlichkeit der fossilen Rohstoffe verdrängen, weil man zahlreiche neue Fundstätten erschloß. Heute finden sich zwar kaum mehr neue Lager, dafür aber sollen Techniken wie Fracking oder MTR effizienter noch die letzten Reste aus der Tiefe hervorholen. Die vehementen Versuche der Durchsetzung dieser Techniken resultieren nicht zuletzt aus dem Streben westlicher Nationen nach Autarkie: Im Zeichen der Energie schlägt die Globalisierung damit in ihr Gegenteil um. Somit gründet auch die nach neoliberalen Grundsätzen organisierte Industrie auf einem Zukunftsbezug – nur handelt es sich um eine geradezu phantastisch kurzfristige Zukunft.

*B. B.*

# Ohrstein

Ich bitte den Leser um Entschuldigung für die ermüdende Ausführlichkeit in der Beschreibung der Versuche. Aber diese sind immerhin difficil und erfordern grosse Genauigkeit in der Herstellung der geeigneten Bedingungen, wie es denn viele Mühe machte, diese aufzufinden.

*Breuer 1889,148f.*

Ich wenigstens halte es nicht für wahrscheinlich, dass ein Kaninchen, welches jedenfalls noch nie auf dem Carousel gefahren ist, denkt: jetzt werde ich im Kreise gedreht und zwar rechts herum, und damit mich die Centrifugalkraft nicht herabwirft und ich mir etwas dabei zerbreche, will ich links herumlaufen, denn dadurch nimmt die Schwungkraft ab. Welchen Scharfsinn und welche Erfahrung erfordert allein diese Überlegung; ich glaube kaum, dass ein Kind dieselbe zu Stande brächte! Fröschen und Salamandern traue ich sie nun gar nicht zu – und sie machen die Zwangsbewegungen doch.

*Schäfer, zitiert nach Breuer 1891, 302f.*

Beide Mäuse, die tanzende Waldmaus und die radschlagende Hausmaus, beabsichtige ich nach ihrem Tode einer Sektion zu unterziehen, insbesondere die Otolithen genau zu untersuchen. Vorläufig aber denken beide noch nicht ans Sterben, sondern erfreuen sich bei offenbar vollkommener Gesundheit ihrer anormalen Bewegungen.

*Kammerer 1900, 390*

Den Ohrstein verzeichnet kein Lehrbuch für Mineralogie, entsteht er doch weder auf die sonst übliche Weise, etwa durch tektonischen Druck oder große Hitze, noch ist er an den entsprechenden Orten, auf Abräumhalden oder in Grubenschächten, auffindbar. Vielmehr wird er im und vom lebenden Organismus selbst aufgebaut, um nicht weniger als dessen Wissen vom Sein im Raum zu gewährleisten. Fündig wird man auf seiner Suche im Innenohr von Wirbeltieren und somit auch von Menschen. Als

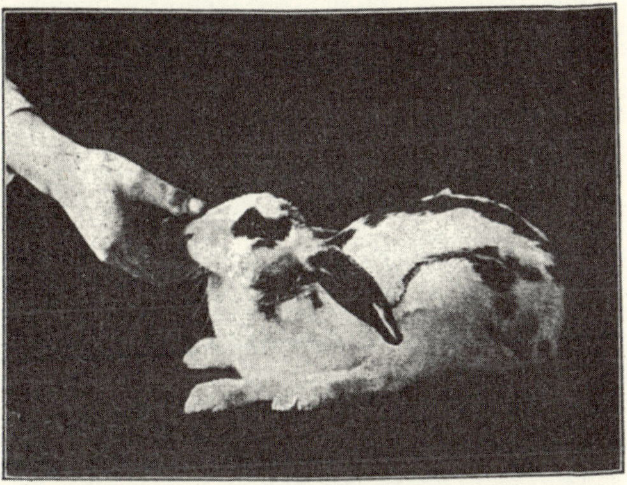

Abb. 1: Untersuchungen über die Kopfstellung beim Kaninchen nach Rothfeld 1914.

Teil des Vestibularapparates, bestehend aus den drei mit Flüssigkeit (der sogenannten Endolymphe) gefüllten Bogengängen zur Organisation des Drehsinns sowie den beiden Maculaorganen Sacculus und Utriculus, Teilen des häutigen Labyrinths und den Endpunkten der Sinneszellen, bilden sie ein System zur Orientierung und zur Feststellung von Bewegung im Raum. Während der sackförmige Sacculus die lineare Beschleunigung in ihrer vertikalen Ausrichtung erfaßt, ist der schlauchförmige Utriculus für die horizontale zuständig. Beim Menschen sind die Otolithen kleine Kalziumkarbonatkristalle, die sich in einer gallertigen Membran befinden. Deren Dichte verändert sich bei Bewegung, und diese Veränderung wird von den Sinneshärchen registriert. Sind sie frei beweglich, lagern sie sich wegen ihres Gewichts am tiefsten Raumpunkt an und reizen dort befindliche Sinneszellen. Unbeschadet ihrer Größe, die bei manchen Fischen bis zu mehreren Zentimetern umfaßt, dienen die Otolithen oder Statolithen bei entsprechender Lagerung oder Aufhängung also als jene träge Masse, die sowohl die statische Wirkung der Schwer-

Fig. 1.

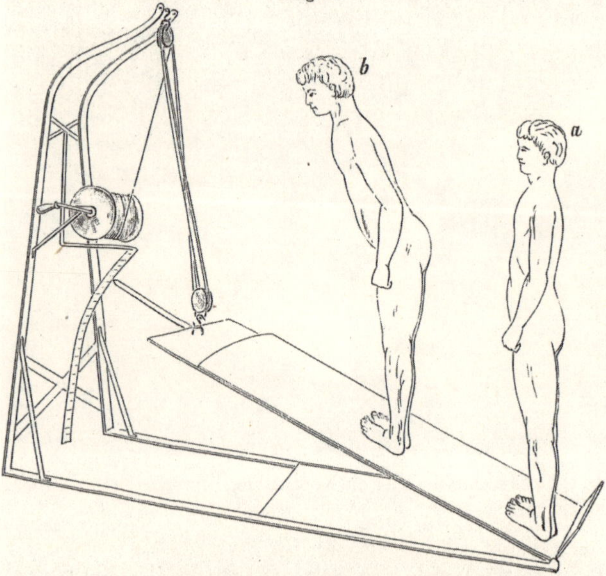


a = Untersuchter in richtiger Stellung.
b = „ „ „ unrichtiger „

Abb. 2: Untersuchungen über den Gleichgewichtssinn beim Menschen nach Mackenzie 1909.

kraft als auch die Dynamik der Beschleunigung wahrzunehmen erlaubt.

Bis zu diesem Wissensstand war es allerdings ein weiter Weg. Und es waren nicht zuletzt amerikanische Taubstumme und japanische Tanzmäuse, Tauben und Frösche, Rhesus- und Totenkopfäffchen, Katzen und Kaninchen, Turner und Zirkusartisten, Karussellfahrer und Derwische, Piloten und Schlittschuhläufer, Taucher und Shaker, die als freiwillige oder unfreiwillige Kenntnisträger und Berichterstatter dienten – um an dieser Stelle von den technischen Apparaturen der psychophysiologischen Labors, ihren Rotatorien und Cyclostaten gar nicht erst zu reden. Für die Verwissenschaftlichung der Otolithen kommt dem Wiener Arzt und Psychoanalysemitbegründer Josef Breuer (1842-

1925) die Rolle eines der Hauptprotagonisten zu. In zahlreichen Publikationen, die sich über einen längeren Zeitraum dem Gleichgewichtsorgan widmen, trägt er auch den Otolithen hinreichend Rechnung. Sein Biograph Albrecht Hirschmüller attestiert ihm auf diesem Gebiet gar den Pionierstatus, weist auf die Beschäftigung mit den Ohrsteinen als Konstante seines Arbeitens und auf das Tierexperiment als sein bevorzugtes Erkenntnismittel hin:

Durch umfangreiche und äußerst subtile Tierversuche hat Breuer in der Arbeit von 1875 seine Theorie gestützt, in ausführlicher Diskussion gegen Einwände verteidigt, in einigen Details modifiziert, im ganzen aber aufrecht halten können. [...] Über die Funktion der Otolithenapparate, die er bisher nur angedeutet hatte, sollte Breuer sich sechzehn Jahre später, noch immer als einer der ersten, genauer zu Wort melden. (Hirschmüller 1978, 90)

Dabei lag Breuers Prominenz doch auf scheinbar gänzlich anderem Gebiet. Bekannter als die Erforschung des Vestibularapparates sind sein Beitrag zur Psychoanalyse Sigmund Freuds und namentlich seine Beschäftigung mit jener Bertha Pappenheim, die als Anna O. zu einer der theoriestiftenden Figuren besagter Psychoanalyse werden sollte, was wiederum in gemeinsam mit Freud verfaßten Publikationen über Hysterie seinen Niederschlag fand. Eine publizistische Debatte ist es auch, die sich um die Otolithen entspannt (vgl. zur Rolle solcher Debatten → FLÜSSIGKRISTALL). Breuer, der die Diskussion mit aller ihm möglichen Sorgfalt verfolgt, wird immer wieder Bericht über den Sachstand der Gleichgewichtsforschung erstatten, neue Befunde kommentieren und abweichende Lehrmeinungen referieren, und das auf eine Weise, die, wie er selbst schreibt, die eigenen Texte langatmig macht oder sie jedenfalls so erscheinen läßt. Immer wieder bittet Breuer sein Publikum explizit, diesen ermüdenden Aspekt seiner Performanz zu entschuldigen. Aber zu umstritten sei die Lage, als daß er ihr anders als durch diese Form der Darstellung gerecht werden zu können glaubt. Die Klärung dessen, was zu einem bestimmten Zeitpunkt als gesichert gelten kann, aber auch die Bilanzen bloßer Behauptungen, Fehldeutungen und geflissentlich betriebener Irrtümer sowie der Status immer weiterer

Abb. 3: Taubenlabyrinth nach Breuer 1875.

Experimente, all das erfordert eine publizistische Betriebsamkeit, die mit zahlreichen und zum Teil umfänglichen Veröffentlichungen zu Buche schlägt. Einen ersten Einblick in diese Lage um den Lagesinn gibt eine terminologische Reflexion, die Breuer an den Anfang seiner zweiten Mitteilung in den »Beiträgen zur Lehre vom statischen Sinne (Gleichgewichtsorgan, Vestibularapparat des Ohrlabyrinths)« stellt:

Ich möchte zuerst versuchen, die Bezeichnung »statischen Sinn« zu rechtfertigen und in die medicinische Terminologie einzuführen. Es ist eine Lebensbedingung für jedes Ding, das in dem Denken der Menschen leben soll, dass es einen praktikablen Namen habe. Ich halte es für erwiesen durch die Arbeiten von Goltz, Mach und mir, dass der Vestibularapparat des Ohrlabyrinths ein Organ zur Wahrnehmung von Bewegung, wahrscheinlich auch der Lage des Kopfes ist. [...] Der richtige Name dieses Organes aber: »Sinnesorgan für Bewegungs- und Lageempfindungen« ist ein so schwerfälliger, dass sein Ersatz durch einen praktikableren dringend geboten ist, soll der Mangel an einem erträglichen Rufnamen nicht ein Hinderniss für die Legitimation des Dinges selbst werden. Das Bedürfniss hat nun begonnen den Ausdruck Gleichgewichtsorgan einzubürgern. (Breuer 1875, 87)

Breuer fügt sich dieser sprachlichen Annexion, nicht ohne eigens darauf hinzuweisen, wo er den Hasen der Sache nach, aber eben auch rhetorisch im Pfeffer liegen sieht. Er moniert eine Verkürzung, die unterstellt, daß es eben nur *ein* Organ sei, das für das Gleichgewicht zuständig wäre. Eine solche Absolutsetzung des Vestibularapparats unterschlägt die Leistung von Tast- und Muskelempfindungen, aber auch die des motorischen Apparats, »vom combinierenden Centrum im Hirn bis zu den Muskeln«, für die Gleichgewichtserhaltung. »Es ist also sehr totum pro parte, wenn wir dem Vestibularapparat den Namen ›Gleichgewichtsorgan‹ geben.« (Ebd., 87) Unbeschadet terminologischer Feinjustierungen, findet die Auseinandersetzung um den statischen Sinn ihren Hauptaustragungsort in einer beeindruckenden Fülle von Experimentalanordnungen (vgl. stellvertretend und mit Blick auf die Forschungstradition Verworn 1891). Zu deren Fluchtpunkt wird dabei die Nachstellung von Bewegung – von der einfachen Beschleunigung in der Geraden, der Translation, bis hin zu vielfältigen Varianten, Drehungen aller Art. Dabei wird das Versuchsobjekt entweder tatsächlich gedreht, oder die Rotation wird simuliert, indem das Versuchsobjekt unbewegt bleibt, aber dem Eindruck der Bewegung ausgesetzt wird wie in der Hexenschaukel oder dem *mad house*, einer Jahrmarktsattraktion, bei der durch Drehung des Umgebungsraums die Illusion der Eigenbewegung erzeugt wird und die zum Vorbild zahlreicher Apparaturen zur Erforschung der Sinneswahrnehmung werden sollte.

Mit folgenden Interventionen: operativen Eingriffen am Organismus wie der Durchtrennung des *nervus acusticus*, Exstirpationen und der gezielten Schädigung der Bogengänge auf der einen Seite und Zugriffsweisen, bei denen entsprechend präparierte Areale elektrisch, thermisch, mechanisch oder anderswie gereizt werden auf der anderen, ist das Arsenal der Gleichgewichtsforschung in groben Zügen skizziert. Auch die Wahl der Versuchsstiere scheint inzwischen hinreichend geklärt. Im Rennen um den statischen Sinn liegt die Taube auf den vordersten Plätzen und wird so, was der Frosch für die Elektrophysiologie hat werden können (→ Frosch). Tauben hätten für die Belange der Gleichgewichtssinnerforschung so viele vortreffliche Eigenschaften, heißt es in der Publikation »Neue Versuche an Ohrbogengängen«, »dass sie wohl die Versuchsthiere par excellence für die Bogengänge bleiben werden, wie die Frösche für die allgemeine Nervenphysiologie« (Breuer 1889, 136).

In seiner Arbeit »Ueber die Function der Otolithenapparate« aus dem Jahr 1891 stellt Breuer den Ohrstein ins Zentrum seiner Aufmerksamkeit und figuriert um ihn herum das Wissen vom statischen Sinn. Was in zahlreichen Einzelstudien etwa über den Gehörgang der Vögel oder den Galvanotropismus bei Fischen in hohem Maße ausdifferenziert vorliegt (vgl. Breuer 1905 und 1907), erscheint in dieser Abhandlung als eine Art Gesamtschau – fokussiert und narrativ entwickelt entlang seiner Funktion. Als solche liefert sie im Rahmen eines historischen Überblicks nicht zuletzt die publizistischen Auseinandersetzungen mit, die mit dem Phänomen aufs engste verknüpft waren und die, nicht zuletzt wegen der grundlegenden Ausrichtung auf Belange der Orientierung in Raum und Zeit, in den Zuständigkeitsbereich der Philosophie hineinspielen und mit einer entsprechenden Grundsätzlichkeit verhandelt werden. Stellvertretend dafür kann etwa der Schlagabtausch mit dem russisch-französischen Physiologen und Pawlow-Lehrer Elias von Cyon (1843-1912) gelten, der an polemischer Schärfe nichts zu wünschen übrig läßt. Selbst die Frage der Versuchstierwahl wird dabei zu einem Politikum, das Breuer zu einer Stellungnahme in eigener Sache veranlaßt:

> Was mich angeht, so liegen dieser Unterlassung persönliche Umstände zu Grunde, die mich hoffentlich entschuldigen. Ich bin praktischer Arzt; meine Arbeitszeit ist der Spätabend und die Nacht und darum mein Arbeitsraum meine Wohnung. Da konnte ich an Tauben arbeiten, nicht aber eingreifende Operationen an Säugethieren üben. – Aber ich hoffe, alsbald dieses Bedenken v. Cyon's zu beschwichtigen. (Breuer 1897, 626)

Anläßlich der Diskussion um das Verhältnis, in dem Gleichgewichts- und Gehörsinn zueinander stehen, wird Cyon große Aufmerksamkeit zuteil. Ausgehend von Untersuchungen an schneckenlosen Neunaugen, einem in seinem fischähnlichen Erscheinungsbild seit 500 Millionen Jahren weitgehend unveränderten Wirbeltier, einem sogenannten lebenden Fossil also (→ Zungenstein), gelangt dieser zur Vermutung, »dass bei wirbellosen

Thieren die sog. Gehörorgane lediglich Organe des Raumsinnes oder allermindestens Orientierungsorgane sind« (Cyon, zitiert nach Breuer 1891, 199). Wie grundlegend diese Auseinandersetzung werden sollte, zeigen weitere Veröffentlichungen Cyons, die, ihrerseits hochgradig harsch und angriffsfreudig, seine Vermutung zu einer Theorie verdichten, diese auf den Menschen übertragen und im Zuge einer solchen Ausdehnung das *Ohrlabyrinth als Organ der mathematischen Sinne für Raum und Zeit* veranschlagen, mittels eines solchen Organs den »physiologischen Grundlagen der Geometrie von Euklid« nachstellen und unter diesem Titel gar »Eine Lösung des Raumproblems« überhaupt in Aussicht stellen (vgl. dazu Cyon 1908 und 1901; Breuer 1897). Die Auseinandersetzung um den ebenso umtriebigen wie umstrittenen Cyon zielt auf ein Herzstück der Philosophie Kants, dessen Annahme nämlich, Raum und Zeit seien apriorisch vorgegebene Anschauungsformen, und ersetzt die Systemstelle von Kants Transzendentalismus kurzerhand durch die neue Systemstelle Physiologie – kein Wunder, daß ein solcher Systemwechsel die Gemüter vielerorts erregte (vgl. dazu übergreifend Dünne/Günzel 2006).

Um die Fragen der Orientierung frei von philosophischen Erwägungen der Art, was es denn heißt: sich im Denken zu orientieren (Kant 1988 [1786]), in die Register der Physiologie zu überführen, sind zahllose Anordnungen erwogen worden, die, um ein Wissen von der Orientierung zu gewinnen, die Sinne erst einmal nun ihrerseits im besten Sinne und grundlegend zu verwirren suchen. Das ist der Moment, in dem sich der Schwindel sowohl in der bunten Fülle seiner apparativen Umsetzungen als auch in den diversen Varianten seiner medizinischen sowie seiner kulturellen Semantik Bahn bricht. Ob als moralisches Phänomen uneigentlicher und als unangemessen geltender Verhaltensweisen im Vorhof der Lüge veranlagt, ob als sinnesverwirrende Vorrichtung auf Jahrmärkten und Rummelplätzen verbaut oder als Symptom innerhalb einer medizinischen Diagnostik verortet, der Schwindel wird zu einer Erfahrung mit einem sonderbaren Zwischenstatus: Angesiedelt zwischen Rausch und Krankheit, zwischen Kitzel und Thrill, verheißt er Faszination, indem er die bestehende Orientierung außer Kraft setzt und deren Möglichkeit bedroht (vgl. Ladewig 2009). Aber weder von einer Medizingeschichte über den Schwindel, wie sie mit der gleichnamigen Monographie von Marcus Herz eine frühe Verdichtung erfährt (vgl. Herz 1791), noch von einer Kulturgeschichte organisierten Bewegungsrummels, seiner Ausdifferenzierung in Karusselltypen und Fahrgeschäftsvarianten soll hier die Rede sein (vgl. dazu Szabo 2006); auch nicht von der Klassifizierung entsprechender Bewegungen im Rahmen ausgearbeiteter Spieltheorien, wie sie etwa der französische Soziologe und Philosoph Roger Caillois vornimmt, der eigens für einen bestimmten Bewegungstyp die Kategorie des Ilinx vorschlägt (Caillois 1960 [1957]), oder von filmischen Ausbuchstabierungen, wie sie mit Hitchcocks *Vertigo* bis in die Theorieentwicklung der Psychoanalyse selbst verfolgbar werden (vgl. Mott 1997). Vielmehr soll es um die Nachstellungen solcher Attraktionen in den Laboratorien und zum höheren Ruhm der Erkenntnisgewinnung gehen – zentriert um die Frage nach den Otolithen.

So ist der Psychologe William James am Ende des 19. Jahrhunderts in Reihenuntersuchungen der Frage nachgegangen, ob etwa Taubstumme auf das Phänomen der Rotation mit Schwindelerscheinungen reagieren, so wie es unter den Vollsinnigen der Regelfall ist. »Während unter den Verhältnissen der Versuche von 200 Gesunden nur einer schwindelfrei sich zeigte, konnten von den 519 untersuchten Taubstummen 186 absolut nicht schwindlig gemacht werden.« (James, zitiert nach Breuer 1891) Der Befund bestätigt im *natürlichen Experiment*, was zahlreiche Forscher mittels japanischer Tanzmäuse eruiert haben (vgl. zu dieser Qualifizierung eines Experimentaltyps Alexander/Kreidl 1901, 78). Um deren Verhalten beim Drehen direkt beobachten zu können (und sie nicht, wie im Fall von James, nachträglich befragen zu müssen), empfiehlt sich der Einsatz des sogenannten Cyclostaten. Diese Vorrichtung, in Ernst Machs *Analyse der Empfindungen* aus dem Jahr 1886 vorgestellt, schaltet die optische Rotation mittels einer zur Kinematographie gegenläufigen Anordnung aus und erlaubt so, zu sehen, was das gedrehte Tier im Inneren des Glaszylinders tut:

> Man erreicht die optische Aufhebung der Rotation einfach dadurch, daß man über der Scheibe der Zentrifugalmaschine genau um dieselbe Achse mit Hilfe einer Zahnradübertragung ein Reflexionsprisma mit der halben Winkelgeschwindigkeit der Scheibe und in demselben Sinne rotiren läßt. (Mach 1922, 122f.)

Wie es in einem »Officiellen Protocoll« der Sitzung vom 26. November 1900 der österreichischen otologischen Gesellschaft heißt, werden somit die Bewegungen bewegter Tiere zugänglich und Vorträge zur Physiologie des Labyrinthes der Tanzmaus möglich (vgl. Alexander/Kreidl 1901).

Damit schließt sich im bewegungsarretierenden Moment des Cyclostaten selbst ein Kreis kultureller wie natürlicher Zugriffsweisen, gerät die *waltzing mouse* doch wegen einer natürlichen Besonderheit in den Fokus der Gleichgewichtsforscher. Was die zwergwüchsige Zuchtform der chinesischen Hausmaus auszeichnet, sind ihre Taubheit und eine Störung des Gleichgewichtssinns, die sie gegen Drehschwindel unempfindlich sein läßt. Das Tier, wegen seines tanzähnlichen Drehverhaltens als Belustigung für Kinder gehalten und mit einer eigenen Kulturgeschichte versehen (vgl. dazu Yerkes 1907), mußte ob dieser inzwischen genetisch aufgeklärten Besonderheit auf den Prüfstand respektive in die Cyclostaten der Gleichgewichtsforscher, um, geblendet oder nicht, Auskunft über die Ordnung der Sinne zu geben (zu entsprechenden Forschungen an Pflanzen → VICIA FABA).

In zum Teil ausgefuchsten Anordnungen spüren Forscher dieser Ordnung nach, um zu klären, was es mit jenem »totum pro parte« (s. o.) auf sich hat, das Breuer anläßlich der Begriffswahl und der Praktikabilität des Namens so ausgiebig erwogen hat. Stellvertretend sei auf die »Psychophysiologischen Untersuchungen über die Bedeutung des Statolithenapparates für die Orientierung im Raume an Normalen und Taubstummen nebst Beiträgen zur Orientierung mittels taktiler und optischer Empfindungen« von Alexander und Bárány verwiesen (1904), die sich von Leuchtlinienversuchen Aufschluß über das Ganze und seine Teile erhofften. Dabei werden Striche über die Stirn der Probanden gezogen und auf ihre Verlaufsrichtung, ihre Intensität und ihre Ebenmerklichkeit hin untersucht. Auch andere

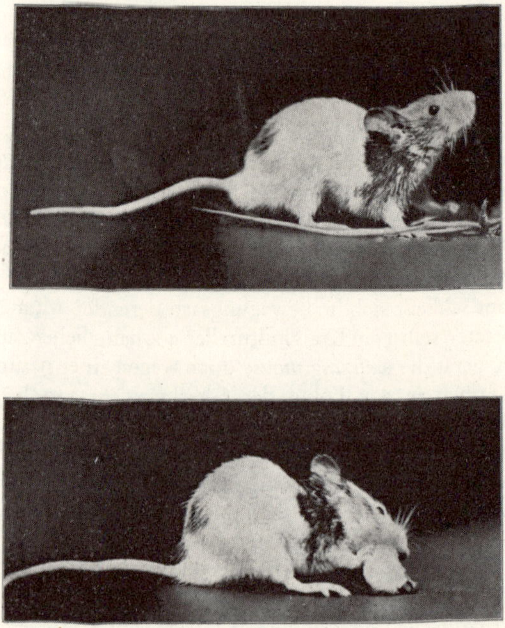

DANCING MICE — SNIFFING AND EATING.

Abb. 4: Tanzmäuse nach Yerkes 1907.

Protagonisten setzen auf die Unmerklichkeit der Bewegung und dazu ein eigenwilliges Fahrgeschäft in Gang. Der französische Zoologe Yves Delage (1854-1920), eine der zentralen Forschergestalten auf dem Gebiet der Orientierung (vgl. Aubert 1888), ersinnt speziell dazu eine Anordnung, in der die Bewegung vom Bewegten selbst weitgehend unregistriert bleibt – mit dem merklichen Effekt der Überraschung, sich auf einmal ruckfrei und daher unbemerkt an einen anderen Ort verbracht zu sehen.

Ich liess ein kleines, äusserst leichtes und gleichmässiges Boot bauen, gross genug, um darin liegen zu können. Dieses Boot war vorne an einer elastischen Schnur von Kautschukröhren befestigt. Es glitt auf dem vollkommen ruhigen Wasser des Teiches der Station zu Roscoff und durchlief mit schneller Vorwärtsbewegung eine Strecke von beinahe 30 Metern. Das Boot

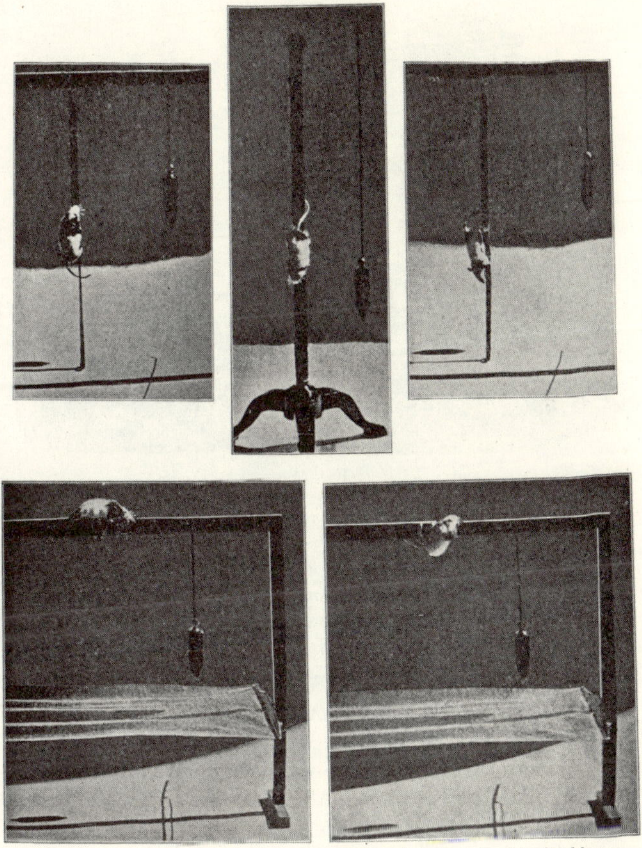

FIGURE 4.—Zoth's photographs of dancers crossing bridges and climbing rods. Reproduced from *Pflüger's Archiv*, Bd. 86.

Abb. 5: Tanzmäuse nach Yerkes 1907.

wurde durch ein kurzes Tau festgehalten, die elastische Schnur stark gespannt, dann das Tau durchgeschnitten. – Ich [Delage] habe festgestellt, dass man nach dem Stosse bei der Abfahrt keine Fortbewegung empfindet bis zur Ankunft und man glaubt auf ein und derselben Stelle durch die kleinen unvermeidlichen Schwankungen des Schlingerns geschaukelt zu wer-

Fig. 20.

Abb. 6: Cyclostat nach Mach 1991 [1922].

den. Das Erstaunen ist gross, wenn man sich erhebt, zu finden, dass man eine Strecke von beinahe 30 Metern zurückgelegt hat, ohne etwas davon zu bemerken. (Delage, zitiert nach Breuer 1891, 283 f.)

Ebenfalls auf Unmerklichkeit setzt eine Vorrichtung mit einem Frosch. Der wird auf ein Brett gesetzt, das zunehmend aus der Horizontalen gebracht wird. So kann untersucht werden, ob und wann das Tier, derart vom Abrutschen bedroht, Gegenmaßnahmen zur Kompensation des sich abzeichnenden Standortverlustes einleitet – wieder eine Anordnung, die jenem Zusammenspiel der Sinne gilt, das der sprachlichen Konvention zum Leidwesen Breuers zum Opfer gefallen ist (vgl. dazu Breuer 1891). Aber es wird nicht nur rotiert, gerutscht und geglitten. Wollte man die Forschungsgeschichte in ihrer Gänze rekonstruieren, wie es Breuer sich mutig zum Vorsatz gemacht hat, so folgte die Rekonstruktion zwangsläufig einem Prinzip der Häufung und der Redundanz. In einer wundersamen, weil fast schon erschöpfenden Kombinatorik wird verhandelt, welche Organismen auf welche Bewegung wie reagieren, mit welchen Reaktionen sie ihre Dezentrierung ausgleichen, wie sie mit Gegenrollen, mit Kopfneigen oder mit einer bestimmten Gangart, dem sogenannten Manege-Gang, die veränderte Reizlage ausgleichen. Alltagsbeobachtung und Experimentalanordnung können dabei solidarisch sein, wie der Verweis auf kurveninduzierte Kopfhaltungen beim Eisenbahnfahren oder einfache Beobachtungen vor Kaninchenställen und in Taubenschlägen verdeutlicht. In Arbeiten über die »Drehung des Gesichtsfeldes während Centrifugalkraft« oder über »Optischen Nystagmus und Eisenbahnnystagmus« finden sie ihren Weg aus dem Alltag der Kleintierzüchter und dem Verkehrswesen der Moderne in die Labors (vgl. Breuer/Kreidl 1898; sowie Bárány 1906 und 1921).

Entsprechend viel und entsprechend ausführlich hat Breuer in seiner Abhandlung denn auch zu berichten – historisch, anatomisch, theoretisch, kritisch und natürlich in der ganzen Fülle der Detailschilderungen, in den Protokollen der unternommenen Experimente ebenso wie in den Praxiszitaten über Alltagserfahrungen. Und genau dies tut Breuer auch. Er referiert detailfreudig aus der Historie der Gleichgewichtsforschung, leitet zur Umstrittenheit der Otolithen über, deren Erscheinung und Sichtbarkeit zu unterschiedlichen Theorien und Spekulationen Anlaß geboten haben, und er geht ferner auf die Diskussion mit und um Cyon ein. Schließlich erwähnt er Einzelveröffentlichungen über ausdifferenzierte Experimente, die, an Rippenquallen vorgenommen, den Befund und die Redeweise rechtfertigen, »den allgemein als Otolithen bezeichneten, am aboralen Pol des Ctenophorenkörpers gelegenen Kalkkörper für einen die Erhaltung des Körper-Gleichgewichts vermittelnden Apparat« zu halten – wie er zur Bestätigung seiner eigenen Auffassung eine Arbeit »Ueber die Function des Otolithen« eines Wissenschaftlers namens Th. W. Engelmann resümierend selbst zu Wort kommen läßt (Engelmann, zitiert nach Breuer 1891, 200).

In Form eines Literaturreports, der die entscheidenden Stellen zitiert, durchläuft Breuer ein Universum von Einzelstudien und Spezialforschungen, von Vermutungen und Befunden, von Eigensinnigkeiten und Hypertrophien, von begrifflichen Prägungen und herangezogenen Vergleichen. Dieses Passieren der Forschung stellt Namen und Daten, Bekanntes und weniger Bekanntes, Anordnungen Ernst Machs neben Berichte anonymer Tierzüchter über das Kopfdrehverhalten ihrer eigenhändig herumgetragenen Lieblinge; Jacques Loebs Untersuchungen über den Geotropismus bei Tieren neben kulturell vermittelte Bewegungsempfindungen bei Zirkusartisten oder religiös inspirierte Shaker – erneut mit dem Gestus der Entschuldigung gegenüber einem auf Neuigkeiten brennenden Publikum, dem er so die Redundanz bekannten und verstreuten Wissens nicht ersparen zu können glaubt.

In den anatomischen Überlegungen wendet sich Breuer mit aller Akribie der Erscheinung und dem Seinsstatus der Steine zu. Auf die Frage nach ihrem Aussehen greift er zu Vergleichen mit Gegenständen der Lebenswelt, rühmt, wie bereits andere Forscher vor ihm, das Oberleder von Pantoffeln oder die Löchrigkeit von Nahrungsmitteln als taugliche Evidenzstrategien: In ihr liegt (am gehärteten Präparate sie nicht ganz ausfüllend) eine homogene, im Leben wohl gelatinöse, mit Vacuolen versehene Masse, welche am besten mit dem Aussehen von Schweizerkäse verglichen werden mag (vgl. Breuer 1891, 215). Weil das, was zu sehen ist, in der Regel ein Effekt der Präparationstechnik ist, weil Ohrsteine nicht wie Kiesel am Strand liegen oder sich nicht, wie bei bestimmten Fischen, mühelos dem Augenschein präsentieren, räsoniert er über den ontologischen Stellenwert und denkt über die Künstlichkeit des Artefaktes eigens nach (vgl. zum Fixierungsartefakt Klein 1943/44). Die histologischen Details des häutigen Labyrinths beschreibt er dazu auf eine Weise, die der Verhärtung der Nervenhärchen und damit ihrer Ununterscheidbarkeit Rechnung trägt:

> Dieses Bild ist vielleicht nur ein Kunstprodukt. Im Leben besteht dieses flächenhafte Gebilde vielleicht nur aus den Haaren und einer gelatinösen Substanz; durch die härtenden Reagentien müsste dann diese letztere in ein Netz von Fasern verwandelt werden, in welchem die Haare der Beobachtung entschwinden. (Breuer 1891, 214)

Und dennoch oder vielleicht sogar gerade deshalb zeichnet sich in der akribischen Redundanz seiner Darstellung etwas anderes ab, was in seiner Grundsätzlichkeit überhaupt nicht zu den

Heerscharen gedrehter Kaninchen und Tauben, zu den Verrükkungen geblendeter Mäuse und schwindelig gedrehter Menschen zu passen scheint: Es ist ausgerechnet eine Theorie der Medien, die – unter der Hand unseres eigenen Kenntnisstandes – hier angelegt ist und sich und einem ihrer Leitkonzepte Bahn bricht. Dabei geht es um nichts weniger als den Begriff und die Sache der Immersion, ein Konzept, das heute nicht nur die Rede über die Medien bestimmt, sondern das in Versuchen zur Simulation von Schwerelosigkeit in den Schwimm- und Tauchbecken auf der Erde nicht nur die Erkundung des Weltraumes vorbereiten soll, sondern das im Namen einer *total immersion* die Erschließung virtueller Handlungsräume und avancierteste Methoden zum Schwimmerwerb garantiert (vgl. dazu Thornton 2011; Trout/Bruchey 1969; vgl. zu *immersive scenario-based requirements engineering with virtual prototypes* (ISRE ) → PROBEKÖRPER).

> Die Ausfallerscheinungen nach experimenteller Zerstörung des Vestibulums bei Fröschen und bei Mangel oder krankhafter Vernichtung desselben bei Taubstummen beweisen, dass der Vestibularapparat nothwendig ist, um die Lage des Körpers im Raum dann noch zu empfinden, wenn durch Immersion im Wasser die Schwereempfindungen der Glieder wesentlich abgeändert und nahezu aufgehoben sind. (Breuer 1891, 260)

Mit der Immersion, die Breuer zur Bestätigung seiner Theorie des Gleichgewichts heranzieht, ist eine Größe aufgerufen, die zum maritimen Leit- und Schreckensbild nicht nur gegenwärtiger Diskussionen um die Welt der Medien werden sollte. Was immer aufmerksam und kritisch beäugte Medienbenutzer tun, sie tun es in Form eines Versinkens, in Form eines Ab- und Eintauchens in fremde Welten. Dadurch werde, so der Vorwurf, der Kontakt zur wirklichen Welt scheinbar unterbrochen oder gar völlig annulliert. Computernerds, versunken in ihre Spielwelten, verdichten emblematisch diesen Zug, der die Feuilletondiskussion mit ebenso großer Redundanz wie beharrlicher Aufgeregtheit begleitet und dessen Möglichkeiten nicht minder beharrlich von der virtuellen Kunst ausbuchstabiert werden (vgl. Grau 2003). Ob Spielen süchtig macht, wie man pädagogisch gegen diese Form der Weltflucht und Wirklichkeitsverweigerung vorzugehen vermag, welche Schäden die Immersion anrichtet – wie derlei

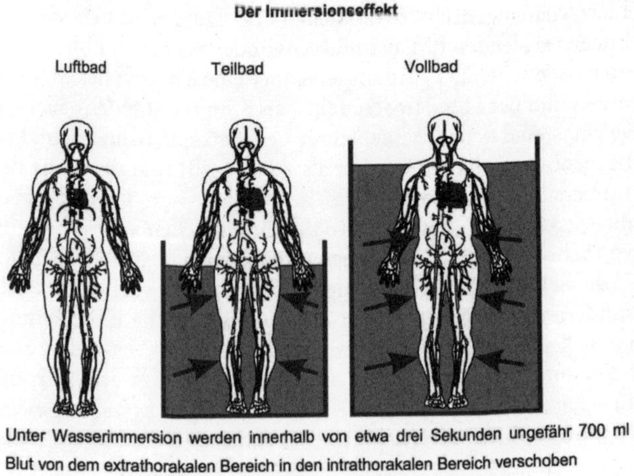


Abb. 7: Immersionseffekte im Wasser und an der Luft nach Karnahl 2010.

Stellungnahmen auch immer ausfallen mögen, sie alle fußen sowohl in der Grunderfahrung als auch in der kulturellen Semantik eines Orientierungsverlustes, dessen Auslöser ein Wechsel jenes physikalischen Mediums ist, in dem ein Organismus sich üblicherweise aufhält (vgl. Menrath/Schwinghammer 2011). Breuer verlagert seine Überlegungen über die Orientierung in die Nähe des Wassers, das auf natürliche Weise dazu beitragen soll, das als pars pro toto geschnürte Sinnesgesamtpaket aufzudröseln. »Es gibt«, so schreibt er,

> aber Umstände, wo diese Orientirungsmittel grossentheils wegfallen. Im Wasser entfällt die Gravitationsempfindung der Glieder, sowie Druckempfindungen der Sohlen u. dgl. fast ganz. Schliesst man nun die Augen, so fragt sich, ob man über die Lage orientirt bleibt. Bei dem Versuch stellt sich heraus, dass dies doch der Fall ist. (Breuer 1891, 208)

Wie sehr man also auch im Wasser *umherkugelt*, so ist man doch nie im Zweifel darüber, »wo oben und wo unten ist« (ebd.). Und ebendas macht die Frage so intrikat, wie Lebewesen mit natürlichen oder künstlich zugefügten Beeinträchtigungen ihres

Abb. 8: Werbelogo von Total Immersion Swimming.

Gleichgewichtssinnes auf Immersion reagieren. Und das wiederum ist der Punkt, an dem die Untersuchungen etwa an Taubstummen und Tanzmäusen eine solche zentrale Bedeutung erlangen. In großer Ausführlichkeit referiert Breuer die Selbstzeugnisse der Betroffenen, also jene Momente, in denen sie ins Wasser eintauchen, und wie es von da ab um ihre Orientierung in einem Fremdmedium bestellt ist. Mit Blick auf die Untersuchungen von James erlaubt es sich Breuer, »einige der sehr interessanten, von gebildeten Männern herrührenden Aufzeichnungen in extenso zu übersetzen« (ebd., 209). Das Kalkül seiner Schilderung ist darauf abgestellt, den berichteten Verlust einer scheinbar natürlichen Orientierung, also das Überschreiten der Grenze, durch eine kulturelle Kategorie, den Erwerb der Bildung, zu kompensieren. So soll eine Glaubwürdigkeit gewährleistet werden, mit der es die Taubstummen als Informanten lange Zeit schwer genug hatten. Nicht zuletzt wegen der eigens herausgestrichenen Intelligenz der von James untersuchten »deaf-mutes« hätten deren Angaben »völlig den Werth guter Versuche«. Bei einem der sich selbst sorgfältig observierenden Betroffenen bleibt es nicht nur beim Verlust der räumlichen Orientierung:

Ich machte einmal einen Kopfsprung in nur zwei Schuh tiefes Wasser. Ich kam mit Händen und Füssen auf den Grund, mit dem Kopf unter Wasser. Augenblicklich schien es mir, ich sei in klaftertiefem Wasser, mit meinem Gesicht gegen ein Kliff, das ich mit Händen und Füssen zu erklimmen

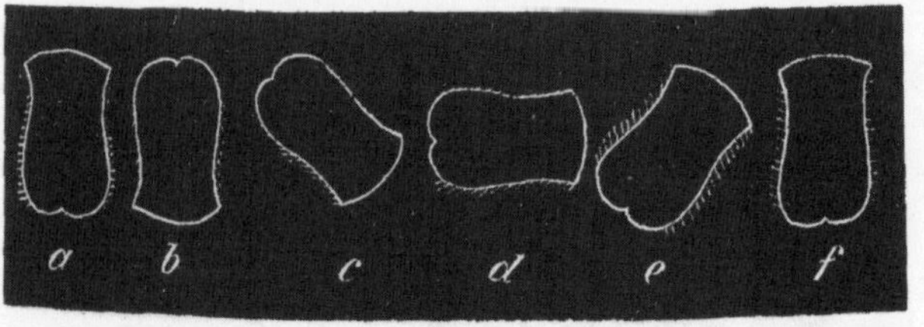


Fig. 5.

Rückkehr des Thieres in verschiedenen Stadien nach Umdrehung um 180°.

a) An der Oberfläche senkrecht hängend: Plättchen schlagen auf allen Seiten mässig.
b) Um 180° gedreht und untergetaucht: Plättchen stehen überall momentan still.
c) Beginn der Rückkehr: Plättchen schlagen auf einer Seite, auf der andern stehen sie still.
d) Erreichung der horizontalen Lage: Plättchen wie bei c.
e) Nach Drehung um 135°: Plättchen beginnen auch auf der vorher ruhenden Seite wieder schwach zu schlagen.
f) Vollendete Rückkehr: Zustand wie bei a.

Abb. 9: Untersuchungen über den Gleichgewichtssinn bei Rippenquallen (Ctenophoren) nach Verworn 1891.

suchte. [...] Ich hatte keine Empfindung, die mir gezeigt hätte, dass ich in horizontaler Lage war; meine Empfindung war die, ich stünde aufrecht im Wasser, das hoch über meinen Kopf reichte. Es schien Stunden zu dauern, bevor ich das Kliff erklettert hatte, obwohl mich mein Kriechen in einigen Sekunden in so seichtes Wasser brachte, dass mein Kopf über die Oberfläche kam. Sogleich schwand die Vorstellung, in verticaler Stellung zu sein, und ich fühlte mich in der Situation, in der ich wirklich war, auf Händen und Füssen im Wasser. (Ebd., 210)

Doch die Immersion setzt ihrerseits Techniken voraus und in Szene. Ob Lage- oder Beschleunigungssensoren, wie sie heute in handelsübliche Smartphones oder iPads verbaut sind, in ihrem Zeige- und Vorführverhalten scheinen sie die alten Versuchsanordnungen zur Aufklärung der Otolithen kaum hinter sich gelassen zu haben. So wie die User vor allem unmittelbar nach dem Erwerb stolz den neidischen (Noch-)Nichtbesitzern vorführen, wie willfährig ihnen die Apparatur zu Diensten ist und wie sich das Bild aufgrund besagter Sensoren dem aufrechten Augenschein des Betrachters jeweils zuwendet und dessen Standort zum Maß aller Dinge erhebt, auch wenn das Gerät beharrlich in andere Lagen verbracht wird, also in unermüdlicher Dienstbarkeit dem Drehen trotzt, so rufen diese Szenen der technischen Orientierung über oben und unten andere hervor, bei denen die Rede von der Immersion auf dem Boden der Sprache und das heißt ganz unmetaphorisch im Wasser verbleibt: Wie zahlreiche Forschungen an Rippenquallen (Ctenophoren) deutlich machen, konnten die Forscher kaum genug davon bekommen, das radialsymmetrisch aufgebaute Tier um seine Aufrichtigkeit zu bringen. Mit Einsatz eines gläsernen Stabes wird es aus seiner lotrechten Haltung geschubst, um dann zu beobachten, wie es sich, allen Dezentrierungsbemühungen zum Trotz und unbeirrt angesichts solchen Forscherdranges, wieder in die Ausgangslage zurückbewegt (vgl. dazu Verworn 1891). Die Ordnung des Raumes und die Herrschaft in ihm scheinen gesichert. Dank der Otolithen und Sensoren bleiben die Residuen eines unverhohlenen Anthropozentrismus in diesem Szenario beharrlich in ihrem Recht.

*S. R.*

# Phosphor

Kurz nach der Eröffung einer Ausstellung des Künstlers Philippe Parreno, die ich 2009 im Centre Pompidou betreut hatte, produzierte die Fondation Beyeler auf der Messe in Basel mit Parreno ein Werk, ein Plakat auf dem nichts Besonderes zu sehen war außer einer geheimnisvollen Unterschrift: Erst nachdem es installiert worden und die Nacht hereingebrochen war, offenbarte es seinen ganzen Zauber: ein leuchtendes, fluoreszierendes Feuerwerk, das auf der Oberfläche explodiert und mit der Zeit und mit dem Tag wieder verschwindet. Durch meine Recherche für die Ausstellung »Danser sa vie« habe ich erfahren, dass die Tänzerin Loïe Fuller ebenfalls fluoreszierende Salze für ihr Kleid verwendete, das sie für Tänze in der Dunkelheit trug.

*Anonym 2012, 17*

Wegen ihrer Seltenheit waren phosphoreszierende Stoffe ein geeignetes Tausch- oder Zahlungsmittel, auch in sozialer Hinsicht. 1676 stellte Baldwin der Royal Society eine verhältnismäßig großzügige Probe zur Verfügung und wurde daraufhin getreu dem Prinzip quid pro quo zum fellow gewählt.

*Draaisma 1999, 61*

Die Ursprungslegende des Leuchtsteins führt in die Alchimie des ausgehenden 17. Jahrhunderts und zu einem Hamburger Apotheker namens Hennig Brand, der den weißen Phosphor als Nebenprodukt bei seiner Suche nach dem Stein der Weisen gewann (vgl. dazu Krafft 1969; Schütt 2000). Als Ausgangsstoff seiner aufwendigen und geheimnisumwobenen Experimente diente Urin, jener goldene Strom, der bis zu seiner Trocknung eingedampft wurde und nach weiterer Verarbeitung zu leuchten begann. Ein gleichermaßen kurioser wie seltener Lichtträger war so ans Tageslicht gefördert, der den darob begeisterten Philosophen Gottfried Wilhelm Leibniz zu dem Gedicht »Phosphorus mirabilis« inspirierte, in dem er dessen wundersame Eigenschaften eigens besingt. Das Rezept der Chemolumineszenz blieb jedoch nicht bei seinem Entdecker, sondern wurde an Johann Daniel Kraft veräußert, einen überaus geschäftstüchtigen Alchimisten, der im Rahmen einer großangelegten Promotion-Tour im Jahr 1677 wissenschaftliche Autoritäten wie Robert Boyle und Robert Hooke zu adressieren und für seine Sache zu interessieren wußte.

In der Historiographie des Phospors fehlt es denn auch nicht an Hinweisen auf die Zeit, in deren kulturtechnischem Dunkel er um so strahlender seine Leuchtkarriere begann. Berichtet wird von eindrucksvollen Inszenierungen etwa in London, bei denen sämtliche Register der Theatralik gezogen wurden: Kraft, so berichtet Robert Boyle in einem Brief an die Royal Society, hätte sich am 15. September 1677, einem Sonnabend, zu einer Privatvorführung in Boyles Haus bereit gefunden. Bei gelöschten Kerzen und geschlossenen Fensterläden startete eine Demonstration, bei der Lichtblitze erschienen, pulverisierter Phosphor einen türkischen Teppich illuminierte und Kraft Boyle schlußendlich ausgesprochen unmetaphorisch an Leib und Wäsche ging: Der umtriebige Alchimist verteilte Phosphor auf Hand und Hemd Boyles, womit der leicht leuchtende Boyle zum lebenden Beweis der luminösen Wirkmacht des Phosphors wurde – und damit einer Verwendung den Weg wies, die bis zur Tanzkunst von Loïe Fuller führen sollte, deren Bewegungen durch fluoreszierende Salze auf ihrem Kleid ebenfalls zum Leuchten kamen. Am Ende seiner Demonstration und sehr zum Erstaunen des dort versammelten Publikums schreibt der Lichtmagier Kraft mit phosphoreszierenden Flüssigkeiten das Wort DOMINI auf ein zuvor erbetenes Papier – die Leuchtbuchstaben hinterlassen ihr Publikum, so jedenfalls nach dem Bericht Boyles, in einer Mischung aus Befremdung, ästhetischer Ergriffenheit und Furcht (»having it in a mixture of strangeness, beauty and frightfullness«). Ein letzter Knalleffekt, eine kleine Schießpulverexplosion, ausgelöst durch die Selbstentzündlichkeit des verwendeten Phosphors, scheiterte und wurde eine Woche später mit Erfolg nachgeholt – verantwortlich für den Fehlschlag waren wohl neben der Feuchtigkeit des verwendeten Pulvers Verunreinigungen im Material, die immer wieder ein Grundproblem solcher Vorführungen berührten, die Frage nach ihrer Wiederholbarkeit.

Wie Wissenschaftshistoriker im Hinblick auf die Geschichte der Royal Society im letzten Drittel des 17. Jahrhunderts rekonstruierten, kam dem Phosphor eine Schlüsselstellung bei jener Entwicklung zu, die in heutigen Formen als Infotainment allgegenwärtig ist: der Öffnung der Wissenschaft für ein Breitenpublikum. Jan von Golinski etwa zeichnet unter dem Titel *A Noble Spectacle: Phosphorus and the Public Cultures of Science in the Early Royal Society* diesen Prozeß nach und weist dem Phosphor dabei zumindest heuristisch und vorläufig eine Schlüsselstellung zu. Phosphor wird zum Anlaß, um den Stand und die Akzeptanz einer experimentellen Philosophie und damit die Abkehr von der Alchimie als Ermöglichungsgrund einer neuen Chemie zu markieren (vgl. dazu auch Partington 1936; Farber 1966). Damit war aber zugleich der Weg vom Wissenschaftsspektakel und seinen institutionellen Rahmungen, etwa seinem Aufschreibe- und Publikationsbetrieb, hin zum Budenzauber vorgezeichnet (vgl. Schaffer/Shapin 1985). Mit dem Spektakel verbunden war eine Öffnung der Wissenschaft hin zur Gesellschaft, wobei umgekehrt die Leuchtkraft des Phosphors wieder auf die Wissenschaftler zurückstrahlen sollte. Immer stärker gerieten diese in den Dunstkreis von Zauberei, Virtuosität oder diversen Schaustellungskünsten. »But its use in these contexts also put at risk the public image of the natural philosopher, who became liable to be confused with a conjurer, showman, or wondermonger.« (Golinski 1989, 24)

Die Faszinationskraft des Phosphors ist dabei kaum hoch genug zu veranschlagen: Eine Substanz, die leuchtet, ohne selbst zu brennen, und die das sogar in einem eigens luftleer gemachten Raum, das heißt ohne Sauerstoff, vermochte, wie Boyle und Hooke in Experimenten mit der legendären Luftpumpe nachwiesen, ist nachgerade prädestiniert für alle möglichen Spekulationen und Schaustellungen. In der Formulierung »Icy Noctiluca« sind die wundersamen Eigenschaften dieser neuen Substanz, nämlich mit einer starken Flamme und bei relativ niedriger Temperatur mit Sauerstoff zu reagieren, verdichtet (Boyle 1681). Boyle experimentiert systematisch, schreibt seine Beobachtungen mi-

Abb. 1: Leuchtziffern aus pulverisiertem Calciumstein.

nutiös auf und speist diese in ein Kommunikationssystem ein. Dabei wird das Schreiben selbst thematisch, etwa in einer besonderen Aufmerksamkeit für die Vermeidung bildhafter und uneigentlicher Sprache. Für den Phosphor hält er dabei gleich eine ganze Reihe von alltagstauglichen Verwendungen parat: Verbaut in Sicherheitslampen, soll er auf Kriegsschiffen und in Pulverdepots gefährliche Explosionen durch das Hantieren mit offenem Feuer verhindern, zudem soll von Glaskugeln ummantelter Phosphor im Wasser die Fische anziehen, wofür schottische und irische Fischer bisher – so John Emsley in seiner Geschichte des Phosphors – in entsprechende Gefäße verbrachte Kerzen nutzten, und selbst Leuchtziffern für Uhren zeichneten sich an Boyles Vorstellungshorizont ab – um von den ganz großen Dingen gar nicht erst zu reden.

»[A]ber auf diese Kleinigkeiten möchte ich absichtlich nicht näher eingehen, ebenso auf eine Verwendung, die zwar von großem Nutzen sein könnte, mit der sich aber ebensoviel Unheil stiften ließe.« Was der Verfasser da mit im Sinn hatte, können wir nur raten. Er fährt fort zu spekulieren: »Der Nutzen einer so subtilen, edlen Substanz in der Medizin sollte denjenigen aller anderen Verwendungen noch übertreffen.« (Emsley 2001, 36)

Wie Emsley schreibt, kam es zu regelrechten Auswüchsen der Phosphorbegeisterung im Umfeld der Royal Society – und selbst zur Markierung sozialer Vorrangstellungen sollte der Phosphor taugen. Robert Hooke, der sich durch den ihm überlegenen

Boyle gekränkt sah, zieht zu seiner Rehabilitation den Phosphor gar als Trumpfkarte aus dem Ärmel, indem er konstatiert: »Boyle slighted [me,] though I told him of phosphorus.« (Zitiert nach Golinski 1989, 28) In einer Atmosphäre des Geheimnisses, seines Verrates, des aufwendig betriebenen Rezepterwerbs nimmt es nicht wunder, daß Boyle sein Know-how der Herstellung einem schriftlichen Bericht anvertraut und diesen beim Sekretär der Royal Society hinterlegt. Derart geschützt, sollte Boyles Geheimnis erst nach seinem Tod das Licht der Öffentlichkeit erblikken. Die Popularität des Phosphors manifestiert sich auch in der Satire, namentlich in der Komödie *The Virtuoso* von Thomas Shadwell aus dem Jahr 1676, »worin Sir Nicholas Gimcrack vorgibt, seine Bibel im Lichte einer Schweinekeule lesen zu können« (Emsley 2001, 44).

Aber dem Phosphor sollten noch ganz andere Verwendungen zuteil werden, nicht zuletzt auf dem Feld der Heilkunde. Als Auslöser für den medizinischen Einsatz von Phosphor benennt Emsley den vergleichsweise hohen Phosphoranteil im menschlichen Gehirn, wie ihn der Frankfurter Arzt und Chemiker Johann Thomas Hensing im Jahr 1719 nachgewiesen hat. Damit war einer Karriere als Stärkungsmittel für Körper und Geist der Weg gebahnt, aber auch einer Semantik, die den Phosphor als intellektuelles Distinktionsmerkmal ins Spiel bringen sollte.

> Mit Hilfe von Hensings Resultaten schien man klären zu können, warum sich Menschen in ihren geistigen Eigenschaften so sehr voneinander unterscheiden: Phosphormangel bedeutet geringe Intelligenz, Abgestumpftheit, Dummheit; Phosphorüberschuß dagegen erhöhte. (Ebd., 51)

Als Allheilmittel gegen oder für alles beschrieben und betrieben, gelangte der Phosphor in zum Teil lebensbedrohlichen Dosen zum Einsatz. Als Kunckel-Pillen etwa, wie sie der deutsche Apotheker Johann Lincke in den Handel brachte, wurde er verkauft und dazu mittels Kapseln aus Gold oder Silber vor jener Selbstentzündlichkeit geschützt. Diese Eigenschaft bot immer wieder Anlaß für allerlei Anekdoten, die in ihrer harmlosen Variante häufig auf Brandlöcher in der Kleidung argloser Käufer hinausliefen. Die Verwendung von Phosphor zu gesundheitlichen Zwecken hielt sich über zwei Jahrhunderte in unterschiedlichen

Formen durch, und als Aphrodisiakum sollte er selbst dem Liebesleben paarungsmüder Enten neuen Schwung verleihen. Emsleys Rekonstruktion allerdings hält neben solchen Kuriositäten auch ein veritables Stück Sozialgeschichte bereit. Und auch hier sollte sich der Verweis auf Unfälle durch die Selbstentzündlichkeit des weißen Phosphors wie ein roter Faden durch die Geschichte ziehen. Noch die aktuellste Sonntagabendunterhaltung steht in seinem Zeichen, bietet der weiße Phosphor doch in der *Tatort*-Folge »Schwarzer Afghane« Anlaß zur Erklärung seiner chemischen Wirkweise.

Einen der Höhepunkte seiner Erzählung bildet der sogenannte »Matchbox-Streit«, in dessen Verlauf nicht zuletzt die umtriebige Sozialreformerin und spätere Theosophin Annie Besant sowie die Gründung der Heilsarmee gewichtige Rollen spielen. Obwohl es bei dieser Geschichte um die Arbeitsbedingungen der sogenannten weißen Sklaven von London ging, also jener Kinder und Frauen, die unter erbärmlichsten Umständen Zündhölzer herstellten, kommt mit dem Phosphor eine Person des Adels zu Ruhm und Bedeutung. Es ist die Erzherzogin Mathilda, die, auf ein Stück weißen Phosphors in Form eines Lucifer-Zündholzes tretend, einen Brand verursacht, der sie das Leben kosten sollte. In der Auseinandersetzung um die richtigen und das heißt auch sozial verträglichen Zündhölzer wird das Ende der Erzherzogin zum Argument gegen die Gefahren der bis dato verwendeten Zündhölzer. Diese konnten nachglühen, sich selbst entzünden und waren zudem auch noch toxisch. Emsley zitiert einen Artikel der Londoner *Times* vom 8. Juni 1867:

> Erzherzogin Mathilda wurde von ihrem Leiden erlöst. Die neunzehnjährige Prinzessin, bestimmt zur Mutter der künftigen Könige Italiens, zur Trägerin einer Krone, die seit Jahrhunderten keine weibliche Stirn schmückte, ausgestattet mit reichen Gaben der Persönlichkeit, des Geistes und des Herzens, starb am vergangenen Donnerstag um 8 Uhr morgens – an einem Lucifer-Streichholz. Versehentlich war sie auf ein solches getreten, als sie sich aus dem Fenster lehnte, um mit einer Verwandten zu sprechen. Bevor sie dessen gewahr wurde, stand ihr Sommerkleid in Flammen; sie sank zu Boden, ehe Hilfe herbeieilen konnte. Von ihren Qualen konnte sie nur der Tod erlösen. (Ebd., 73)

Damit war die Auseinandersetzung über Hölzer, die sich selbst entzünden können, und sogenannte Sicherheitshölzer, die roten oder gar keinen Phosphor enthalten, entflammt. Entflammt war aber auch der Kampf um die Produktionsverhältnisse der Zündhölzer. Der fand 1888 seinen Höhepunkt in einem Streik der Arbeiterinnen der Londoner Firma Bryant & May, der zu Veränderungen der sichtbaren Arbeitsverhältnisse führte. Die Firma produzierte neben den Lucifer-Hölzern der Marken Pearl, Tiger und Ruby auch Patent-Sicherheitshölzer. Wie Emsley nachzeichnet, war die anhaltende wirtschaftliche Depression des ausgehenden 19. Jahrhunderts für die schlechte Lage bei der Zündholzherstellung verantwortlich. Der Preis ging so gnadenlos in den Keller, daß die Firma zu immer abenteuerlicheren und vor allem billigeren Produktionsmethoden griff. »Die Kommission für Kinderarbeit stellte 1863 fest, daß über die Hälfte der Arbeitskräfte jünger als 12 Jahre war und sogar einige Sechsjährige mithalfen.« (Ebd., 80) Die Einschränkung der Kinderarbeit durch gesetzliche Maßnahmen wurde vor allem durch den Einsatz junger Frauen kompensiert, die mit Hilfe Annie Besants besagten Streik organisierten. Ein Artikel der umtriebigen Sozialreformerin mit dem Titel »White slavery in London« barg sozialen Sprengstoff – in Form von Details, die den Arbeitsalltag der derart ausgebeuteten Arbeiterinnen und Kinder betraf. Die Angelegenheit kochte hoch und führte zu einem bescheidenen Einlenken der Firma. Die Arbeitsbedingungen wurden daraufhin geringfügig verbessert und schließlich auch eine Gewerkschaft der Streichholzmacherinnen gegründet – mit Annie Besant, der späteren Theosophin, als sozial engagierter Sekretärin. Emsley sieht in dieser Auseinandersetzung nicht weniger als die Wurzeln sowohl der modernen Gewerkschafts- als auch der Frauenbewegung (ebd., 84 f.).

Eine gleichermaßen kryptische wie makabere Verszeile aus dem Musical *The Matchgirls* bringt noch einen weiteren Aspekt ins Spiel, den Emsley unter dem Titel »Der Preis einer Schachtel Streichhölzer« verhandelt:

Top grade selectable,
Hardly detectable
Phosphorus, phosphorus,

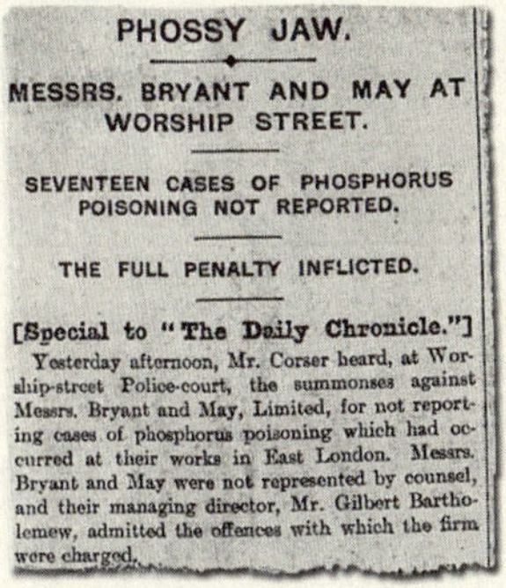

PHOSSY JAW.

MESSRS. BRYANT AND MAY AT WORSHIP STREET.

SEVENTEEN CASES OF PHOSPHORUS POISONING NOT REPORTED.

THE FULL PENALTY INFLICTED.

[Special to "The Daily Chronicle."]

Yesterday afternoon, Mr. Corser heard, at Worship-street Police-court, the summonses against Messrs. Bryant and May, Limited, for not reporting cases of phosphorus poisoning which had occurred at their works in East London. Messrs. Bryant and May were not represented by counsel, and their managing director, Mr. Gilbert Bartholemew, admitted the offences with which the firm were charged.

Abb. 2: Artikel über die
Vertuschung der Arbeitsgefährdungen
bei der Streichholzproduktion.

Taste is more subtler and
Spreads just like butter – grand
Phosphorus, phosphorus.
Our special beauty cream
We look a proper dream –
For we are minus a jaw. (Ebd., 99)

Der fehlende Kiefer, im Volksmund auch »phossy jaw« genannt, macht die toxische Wirkung des Phosphors sichtbar. Das Problem der Phosphornekrose, einer Krankheitsform, bei der Zahnfleisch, Zähne und selbst der ganze Kieferknochen zerfressen werden, sollte durch neue Produktionsweisen und durch neue Produkte gelöst werden. Die Verwendung von Phosphor wird 1898 Gegenstand eines Regierungsberichtes, der zu dem Ergebnis kommt, daß die Phosphornekrose bewußt unterschätzt und die Gefahr heruntergespielt wurde. Anhand des beachtlichen Zahlenmaterials wurden die Ausmaße der Gefährdung sichtbar. Die Heilsarmee wirft sich daher für die Sicherheitszündhölzer ins Zeug und führt zur sozialen Attribuierung den Begriff der Lepra in ihren Werbefeldzug ein:

*Lights in Darkest England* – die sozialen Streichhölzer der Heilsarmee! – sind jetzt lieferbar und können ab sofort bestellt werden. Jedermann sollte die *Darkest England Safeties* verwenden, denn sie werden unter gesundheitsschonenden Bedingungen hergestellt und sind vollkommen frei von Phosphor, welcher die »Streichholzmacher-Lepra« hervorruft. (Ebd., 112)

Die Heilsarmee schaltet sich direkt in die Produktion ein und eröffnet am 11. Mai 1891 offiziell ihre erste Fabrik – mit besseren Arbeitsbedingungen und begleitet von einem großen Medienecho. Was in Boyles »Noble Experiment« die Aufmerksamkeit der zumeist aristokratischen Teilnehmer fesselte, taugt der Führungsriege der streng militärisch gegliederten Organisation jetzt als Argument im Kampf für besseren Arbeitsschutz:

Um den Verkauf weiter anzukurbeln, entschied Oberst James Barler, der Öffentlichkeit besonders deutlich zu machen, daß das Produkt ohne weißen Phosphor auskam. Dazu lud er eine Gruppe von Journalisten und Parlamentsmitgliedern erst zur Besichtigung seiner Fabrik und dann in die Wohnungen von Heimarbeitern ein, die Lucifer-Hölzer machten. Eindrucksvoll untermauerte er seine Argumentation, indem er in einer der letzten das Licht löschte. Mit Entsetzen erblickten die Besucher das Glühen des Phosphors auf den Händen, Gesichtern und Kleidungsstücken der Arbeiter. (Ebd., 116)

John Emsley, der viele Jahre am Kings College in London Chemie lehrte und als Wissenschaftsjournalist immer wieder in Erscheinung trat, verfolgt mit seinem Buch ein ehrgeiziges Ziel. Natürlich ist es ihm um die Öffnung einer als besonders spröde geltenden Wissenschaft zu tun, natürlich will seine Form der Popularisierung die interne Wissenschaftskommunikation durchbrechen und ein Breitenpublikum jenseits der wissenschaftlich betriebenen Chemie adressieren, aber der Anspruch reicht noch viel weiter: »Phosphor«, so schreibt er, »ist die erste Biographie eines chemischen Elements.« (Ebd., 1) Als Konsequenz dieses Vorsatzes entwickelt der Biograph ein Narrativ des 13. Elements *auf Leben und Tod*, wie es in der deutschen Übersetzung des Titels *The Shocking History of Phosphorus – A Biography of the Devil's Element* heißt, und begleitet es über eine Reihe von Stationen bis in die Gegenwart. Seine Erzählung umfaßt neben den hier berichteten Dingen, also neben Wissenschaftsspektakel und Schauveranstaltung, neben Arbeitsschutz und Sozialfürsorge, den Einsatz von Phosphor in Brandbomben im Ersten, vor allem aber im Zweiten Weltkrieg, seine Rolle bei Giftmorden und in der landwirtschaftlichen Produktion (→ LEGUMINOSEN). Immer ist sein Narrativ dabei an den Belangen des Menschen ausgerichtet. Emsley erzählt am Beispiel des Phosphors eine Geschichte der Menschheit – und das auf eine Weise, die ihrerseits eine sehr grundlegende Frage aufwirft, nämlich die Frage nach der Gattung. Was ist überhaupt Teil einer Biographie – unabhängig davon, ob es sich dabei um die eines Menschen oder eben eines Elementes handelt? Was gehört dazu, was ist Beiwerk, welchen Kriterien in puncto Kohärenz unterliegt sie, und welchen Status kann die Biographie eines chemischen Elementes überhaupt für sich beanspruchen, wenn dieser Anspruch mehr als nur eine werbetaugliche Bemerkung darstellen soll? Wo sind Kriterien, die ein solches Narrativ vor dem Vorwurf der Beliebigkeit und die Auswahl der Teilgeschichten vor dem, willkürlich, spektakulär oder gar effekthascherisch zu sein, schützen? Was also begründet eine Lebensgeschichte?

Es gibt viele Teilaspekte, von denen man in einer Biographie des Phosphors noch hätte erzählen können: So hätte man von den Verwendungen des Stoffes in der Kunst, etwa in den Leuchttänzen Fullers, berichten können, die scheinbar nur die Details jener legendären Samstagsvorstellung in Boyles Haus transportieren. Oder man hätte die Geschichte bis zu Alba verfolgen können, dem transgenen Leuchtkaninchen des brasilianischen Bio-Art-Vertreters Eduardo Kac. Alba, das eigentlich ein Hund sein sollte und von seinem Erfinder zum Gegenstand einer dialogischen Kunstform erklärt wurde, hat eine heftige Diskussion um das Verhältnis von Mensch und Tier, von Ethik und Kunst und nicht zuletzt um den Status einer Spezies ausgelöst (vgl. dazu die Einleitung in *Kultur. Ein Machinarium des Wissens*; → BIOREAKTOR). Angestoßen wurde so eine Diskussion nicht nur über den Stellenwert der Kunst, sondern auch über den ontologischen und ethischen Status solcher Produkte, Erzeugnisse und Arte- oder Biofakte jenseits des künstlerischen Interesses (vgl. Hauser 2008). Zu erzählen wären möglicherweise auch Familiengeschichten über Väter und Söhne, die sich auf sonderbare Weise um das Element Phosphor gruppieren lassen. So veröffentlicht Friedrich-Freksa, eigentlich Kurt Franz Georg Friedrich-Freksa, im Jahr 1912 den Roman *Phosphor* und tritt nur wenige Jahre spä-

Abb. 3: Alba, das transgene Kaninchen von Eduardo Kac.

ter als Mitherausgeber der satirischen Zeitschrift *Phosphor* in Erscheinung. Der im Zeichen des Phosphors umtriebige Friedrich-Freksa ist der Vater des nachmaligen Naturwissenschaftlers Hans Friedrich-Freksa, der die belletristischen Fußstapfen seines Vaters verläßt, um dem Phosphor seine wissenschaftliche Aufmerksamkeit zu widmen. Der Sohn, der über so Grundsätzliches wie *Irrtum und Erkenntnis in der Biologie* nachdenkt, unternimmt Versuche mit radioaktivem Phosphor an Amoeba proteus und erschließt damit dem Phosphor eine eigene Relevanz als Untersuchungsmittel (Hans Friedrich-Freksa 1951, 1966).

Neben den vielen Geschichten, die man hätte erzählen können, gibt es allerdings eine, die auf eine besondere Weise nicht erzählt wird. Es ist eine Geschichte, die noch einmal zurückführt zu jenen ersten Vorführungen im 17. Jahrhundert und ihren berühmten Protagonisten aus dem Umfeld der Royal Society in London. Der Begeisterung für den von Kraft vorgeführten Stoff lag eine eigene Faszinationsgeschichte zugrunde, gab es doch für die Lumineszenz bereits Beispiele, die gerade in Kreisen der Alchimisten hoch im Kurs standen: den Bologneser Licht- oder Leuchtstein etwa,

»der aus natürlich vorkommendem Bariumsulfat gewonnen wurde. Über das letztgenannte Mineral berichtete erstmals 1640 Vincenzio Casciorolo, ein Alchimist aus Bologna. Ließ man solche Kristalle tagsüber an der Sonne liegen, so leuchteten sie nachts mehrere Stunden lang. Davon konnte sich

John Evelyn, ein englischer Chronist, während einer Italienreise im Mai 1645 überzeugen, und er schwärmte von der bläulichen Strahlung.« (Emsley 2001, 8f.)

Berichte über diesen *lapis mirabilis* gelangten so nach England und erregten auch dort die Gemüter. Die Faszinations- und Verwendungsgeschichte des Lichtsteins führt weiter zu Autoren wie Robert Hooke, der ja selbst bei Krafts Demonstration anwesend war und der als Assistent Boyles diesen zur Verfertigung eines Berichtes über Krafts Besuch drängte (vgl. Draaisma 1999, 58). Wie Douwe Draaisma in seinem Buch *Metaphernmaschine* ausführlich beschreibt, sollte die Faszination für leuchtende Steine, für den Phosphor, aber auch für den Bologneser Leuchtstein, noch eine andere Karriere ermöglichen – eine Karriere, die in der Biographie Emsleys, also in der Biographie eines Elements, keine, in der Biographie des Menschen aber sehr wohl eine Rolle spielen sollte. Sie stellt nämlich den schlichten, weil materialen Ermöglichungsgrund dessen dar, was eine Biographie als solche überhaupt erst auszeichnet – die Befähigung zum Gedächtnis. Hooke verbaut den Phosphor kurzerhand in eine Geschichte, die zu beantworten sucht, was denn überhaupt ein Leben ist, was zu ihm gehört, wo und auf welche Weise das, was es ausmacht, für einen späteren Zugriff gespeichert wird. Für Hooke ist es genau diese Frage, die sein Nachdenken über das Gedächtnis bestimmt und die zu einer Verwendung des Phosphors führen wird, die sich kaum um die Knute sprachlicher Selbstregulierungen im Umfeld der Royal Society schert. Den Beginn dieser metaphorischen Karriere des Phosphors rekonstruiert Draaisma als in der Lebensgeschichte Hookes begründet:

Die Lichtblitze in Dr. Krafts Kolben, die Sterne auf dem türkischen Teppich, die leuchtende Hand Dr. Boyles, das schimmernde DOMINI – dies alles muss lange in der Phantasie Robert Hookes nachgeglüht haben. Fünf Jahre später, 1682, tauchte die Phosphoreszenz erneut in einem Werk auf, und zwar an unerwarteter Stelle: in einer Abhandlung über das menschliche Gedächtnis. Am 21. Juni 1682 hielt Hooke einen Vortrag vor der Royal Society, dessen Text nachträglich unter dem Titel »An Hypothetical Explanation of Memory: how the Organs made use of by the Mind in its Operation may be mechanically understood« veröffentlicht wurde. Darin führte Hooke aus, für alle Gedächtnisprozesse seien einzig und allein materielle Erklärungen zu geben. In einer Passage über das visuelle Gedächtnis brachte er die Ergebnisse aus der Phosphorforschung zur Sprache und führte die sanfte Glut des Phosphors als Metapher für die Fähigkeit des Gehirns an, Lichteindrücke aufzunehmen und zu bewahren. (Ebd., 58f.)

Es ist die Eigenschaft des Phosphors, Lichtreize aufzunehmen und wiederzugeben, die Draaisma einen argumentativen Anschluß des chemischen Elements an das visuelle Gedächtnis erlaubt. Die damit verbundene Konzeptualisierung wurde wegen ihrer ausgesprochen mechanistischen Modellierung heftig gescholten. Das Gedächtnis funktioniert in dieser Analogie wie der Leuchtstein, indem es beständig Reize aufnimmt, diese behält und zu einem späteren Zeitpunkt abgibt. Dabei wird aber zugleich ein grundlegendes Phänomen der Memoria virulent: das Verhältnis aufzunehmender Daten zur Beschränktheit irgendwelcher Datenträger. Hooke steht anläßlich seiner hypothetischen Gedächtniserklärung vor grundlegenden Fragen: Welche Mengen an Daten kämen denn im Fall einer Biographie schlußendlich zusammen? Was kann überhaupt als eine normale Biographie veranlagt werden? Was macht ein zu merkendes Leben aus – in Zahlen? Bei alldem ist es Hooke darum zu tun, Spekulationen und Hochrechnungen über die Menge der Bilder und Eindrücke zu erstellen, die sich im Laufe eines Standardnormallebens ergeben, um diese dann auf Aspekte ihrer Merk- und Speicherbarkeit herunterzubrechen. Für seine Lebensbilanzierungsbemühungen nimmt Hooke eine Standardfrequenz für die Vorstellungen eines Durchschnittsmenschen an und rechnet die innerhalb seiner Biographie anfallenden Kapazitäten zu einer Gesamtzahl hoch.

Was im Leben zählt, muß allerdings durch den Filter von Verallgemeinerungen:

Die Geschwindigkeit, mit der die Seele Bilder formt, kann nach Hooke variieren. Einige Menschen sind in der Lage, etwa vier Vorstellungen pro Sekunde zu entwickeln, andere werden höchstens ein Bild alle zwei Sekunden zustande bringen. Geht man von einer Durchschnittsgeschwindigkeit von einer Vorstellung pro Sekunde aus, hätte jemand, der hundert Jahre lebt, etwa einhundert Millionen Bilder in seinem Magazin. (Ebd., 64)

Eingerechnet sind dabei Bildausfälle, etwa während des Schlafes oder aber verursacht durch das Leben selbst, also durch Faktoren wie »Infancy, Old Age, Sickness« (vgl. zur Tradition einer anthropologischen Datenverarbeitung und ihrer Nähe zu technischen Medien Rieger 2012). Ein weiterer Filter ist dem geschuldet, was Draaisma Hookes etwas introspektiv orientierte Rechenweise nennt. Eine Selbstüberprüfung seiner eigenen Vorstellungsmagazinierung drückt die Zahlen noch weiter nach unten. Aber wie auch immer gezählt wird, die Gesamtbilanz ist beeindruckend: »Ein fünfzigjähriger Mann, der jeden Tag seines Lebens 100 Bilder produziert hat, wird dann 1826200 Vorstellungen in seinem Gedächtnis haben.« (Draaisma 1999, 65)

Die sich anschließende Verteilung auf einem Datenträger löst der große Mikroskopenbauer Hooke durch eine Annäherung an jene Welt des Kleinen, die er durch seine optischen Gerätschaften sichtbar gemacht hat (→ STEINLAUS). Im Mikrokosmos miniaturisierter Gegenstände, die er in seiner *Micrographia*, in erster Auflage 1665 erschienen, beschrieben und auch vor Augen gestellt hat, sind Kapazitätsobergrenzen kein Thema. Im Verfahren einer auf Mikroskopie basierten Verkleinerung wird so eine Gedächtniswelt organisiert, die es mit ihrer Basiseinheit, sogenannten Zellen, erlaubt, an den Diskurs um die Gedächtniskunst anzuknüpfen. Mit der Verteilung großer Mengen distinkter Zellen auf räumlich organisierte Speichersysteme ist die Ordnung der Memoria gewahrt (ebd., 64ff.; vgl. auch Rieger 1997).

Damit steht Hooke in der Tradition der *Ars memoria*: In den Adreßräumen gegliederter Architekturen, ob in Gedächtnistheatern oder bescheidener in Gedächtnisstuben realisiert, ist das Prinzip zellulär abgegrenzter, eindeutig an einen Ort gebundener und daher ebenso eindeutig auffindbarer Speicherung gewährleistet. Hinreichend verkleinert, ist so für alles Platz, und im Gehirn, das wie ein Leuchtstein das Licht aufnimmt, ein ganzes Leben gespeichert. Am Ende einer Reflexion über ein Element, die im Untertitel eine Untersuchung *auf Leben und Tod* verspricht, wird also tatsächlich das Leben erreicht – in Form eines Nachdenkens darüber, was zu ihm gehört und wie im Gehirn die Bedingung der Möglichkeit von Gedächtnis angelegt ist.

*S. R.*

# Quarz

> Auf uns angewendet würde es heißen, daß z. B. Kant innerhalb des induktiven Bezugssystems als Fertiger und Verfestiger der kausalanalytischen Sicherungsverwahrung Verbindliches verrichtete, daß er aber außerhalb dieses Kulturkreises eine etwas seltsame yogihafte Figur in einer klimatisch ungünstigen Stadt ist, abwegig für jene anderen wie für uns der Trance-Tänzer in Bali oder der Regen-Zauberer bei den Makonis.
>
> *Benn 1989a [1949], 392*

> Disclaimer:
> Neue Verfahren haben es seit jeher schwer, sich gegen die Schulmedizin durchzusetzen. Zwar bahnt sich seit Jahren ein kontinuierlicher Paradigmenwechsel an, jedoch müssen wir auch noch im Jahre 2009 auf Folgendes aus juristischen Gründen hinweisen:
> Bei der hier vorgestellten Methode handelt es sich um ein Therapieverfahren, das noch nicht zu den allgemein anerkannten Methoden im Sinne einer Anerkennung durch die so genannte Schulmedizin gehört. Insbesondere existieren nach dortiger Auffassung auch keine Störfelder und Reaktionszonen oder Quantum Response-Effekte. Alle getroffenen Aussagen über Eigenschaften und Wirkungen sowie Indikationen beruhen auf den Erkenntnissen und Erfahrungen der Therapiemethode selbst, die von der herrschenden Schulmedizin nicht geteilt werden.
>
> *Appelt 2011-2013, o. Pag.*

Die Lehre von den Heilsteinen boomt. Ob auf Mineralienmessen oder Mittelaltermärkten, ob in Steinseminaren oder im Internet – die Hinwendung zum Stein findet vielfältige Foren. Anläßlich dieser Konjunktur geraten tradierte Umgangsweisen mit Mineralien ebenso in den Blick wie der Versuch, entsprechende Phänomene naturwissenschaftlich zu untermauern. Die Folge ist ein selbstbewußt vertretenes und explizit ausgewiesenes Konglomerat, bestehend aus moderner Kommunikationstechnologie, Biophysik und Informationsmedizin sowie traditionellen Verfahrensweisen, die von der Homöopathie über sanfte Medizin und Ayurveda bis hin zu den Techniken irgendwelcher Naturvölker reichen. In Plattformen wie dem eingetragenen Verein für Steinheilkunde, der mit der Zeitschrift *Opalitho* über ein hauseigenes Veröffentlichungsorgan verfügt, schließen sich die Befürworter zusammen, sie rezensieren sich wohlwollend wechselseitig, informieren im Rahmen ihrer Öffentlichkeitsarbeit über vermeintliche Forschungserfolge und etablieren zum Schutz des Verbrauchers gar ein eigens ausgewiesenes GKS-Gütesiegel für gemmologisch kontrollierte Steinqualität. Dem Verein, im Jahr 1995 von dem ebenso umtriebigen wie allgegenwärtigen Michael Gienger ins Leben gerufen, sollten andere Formen folgen, die Gründung von Cairn-Elen-Lebensschulen bis hin zum organisierten Mineralienhandel, natürlich versehen mit dem Label Fair Trade (weitere Informationen und Kontaktdaten sind unter http://www.michael-gienger.de verfügbar). Umgekehrt werden die zahlreichen Kritiker nicht müde, das pseudowissenschaftliche Anliegen der Steinheilkunde nach allen Regeln der Kunst zu zerpflücken (vgl. zur Pseudowissenschaft Rupnow et al. 2008). Nicht ohne Süffisanz werden die therapeutischen Ansätze in einem Reich zwischen Aberglauben und Wunschdenken, zwischen skrupelloser Geschäftemacherei und gnadenloser Naivität verortet. Die Arbeit des eingetragenen Vereins Die Skeptiker, der sich der wissenschaftlichen Untersuchung der Parawissenschaften verschrieben hat, ist für die diskursive Regsamkeit Beleg genug (vgl. dazu etwa das Heft 2 der Zeitschrift *Die Skeptiker* aus dem Jahr 2001).

Die Kasuistik ausgewiesener Heilsteine hat eine lange Vorgeschichte. So findet etwa der Zirkon (Hyazinth) seit der Antike Verwendung bei der Kurierung des Wahnsinns und zieht so eine Aufmerksamkeit auf sich, die über Hildegard von Bingen bis zur Renaissance ihrer Lehre in der Gegenwart reicht (vgl. zum Zirkon Kokšarov 1859). Aufgelistet sind die entsprechenden Eigenschaftskataloge in lexikographisch angelegten Steinporträts, ein Genre, das dem Prozeß hochgradiger Personalisierung seitens der Individuen durch eine entsprechende Charakterologie seitens der Steine Rechnung trägt (vgl. Vorreiter 1994). Das Ende der Rhetorik, von dem im Hinblick auf die Literatur die Rede ist, scheint somit auch das Reich der Steine erreicht zu haben (vgl. dazu Campe 1990; → Sand). Neben solchen Einzelbezügen sind es vor allem Universalisierungsbemühungen, die Einzelsteine und ihre jeweilige Heilkraft in ungeahnte Theoriezusammenhänge stellen. Dabei spielen nicht nur, wie im Rahmen esoterischer Bemühungen üblich, physikalische Versatzstücke eine zentrale Begründungsrolle, sondern auch diverse Momente verschiedener Kulturtheorien. Ein Blick auf das virulente Konzept der Powerkristalle macht diese Unterfütterung und ihren Hang zur Universalisierung deutlich. Christian Appelt, einer ihrer vehementesten Verfechter, hat mit *Powerkristalle. Heilen mit energetisierten Quarzkristallen* im Jahr 2005 eine einschlägige Monographie vorgelegt, die für die Gemengelage zwischen Theorie und Praxis, zwischen esoterischer Weltanschauung und Kulturtheorie ausgesprochen typisch und in ihrer Typik aufschlußreich ist.

Folgt man der Einleitung, so stechen zunächst zwei Momente ins Auge: zum einen der Befund, daß es im Dunstkreis des Steines nicht nur um die Belange des jeweils einzelnen Menschen geht (vgl. Killian 1948; Holstein/Koch 1934; vgl. Giese 1936). Längst haben sich die Heilslehren geöffnet für Systemtheorie, für Ökologie und für interpersonale Psychologie, Theorieansätze, deren kleinster gemeinsamer Nenner die Öffnung für das größtmögliche gemeinsame Ganze ist. »Durch Nutzung universal gültiger Prinzipien«, so ist dort zu lesen, »können wir nicht nur Mensch und Tier therapieren, sondern auch mit sozialen Gruppen, Biotopen und Orten arbeiten.« (Appelt 2005, 9) Zum anderen warnt Appelt vor Schnellschüssen, die einem vermeintlichen Vorwissen im Umgang mit Steinen oder einem konventionellen lapidarischen Alltagssachverstand geschuldet sein könnten. Vielmehr verweist er auf Expertisen und eine eindrucksvolle Reihe von Geburtshelfern, die es ihm erlaubt haben, über einen Zeitraum von zwanzig Jahren sein eigenes Konzept zu entwickeln. Namentlich aufgelistet wird ein illustrer Kreis, der von Sachbearbeitern für Urtöne und Biophotonen über die Belange großräumiger Kulturtheorien bis hin zum Einsatz und Vertrieb zweckmäßiger Einhandruten reicht. »Zu ihnen gehören Hans Cousto, Fritz Albert Popp, Hardy Burbaum, Marco Pogacnik, Wolfgang Hahl, James DeMeo, Rolf Binder.« (Ebd., 9)

Das Grundanliegen dieses neuen Systems, das »auf der Alchimie und rituellen Systemen vorindustrieller Gesellschaften ebenso wie auf der modernen Biophysik und -chemie« fußt, zielt – ganz im Zuge neoliberaler Subjektkonstitution – auf die Selbstbestimmung der Menschen gerade auch in Belangen der Gesundheit (vgl. zum unternehmerischen Selbst Bröckling 2007). Dazu setzt Appelt auf ein zentrales Moment von Krankheit, das er im Phänomen und in der Semantik der Verstimmung faßt. Derlei Störungsprozesse haben für ihn allerdings Dimensionen, die über individuelle Einzelbefindlichkeiten hinaus bis zu kollektiven Befundlagen reichen, wie sie etwa in großangelegten Katastrophentheorien ausgearbeitet wurden. So verweist er auf die Tradition mutiger Historiker und namentlich auf einen ausgesprochen umstrittenen Gewährsmann, den Russen Immanuel Velikovsky (1895-1979), der Störungsprozesse global als Katastrophen kosmischen Ausmaßes ausweist. Auf solche Planetenkollisionen, für deren Untermauerung Autoritäten wie die Bibel oder die Edda, Homers *Ilias* oder Hesiods *Theogonie* herangezogen werden, läßt er die Menschheit mit kollektiven Anstrengungen der Katastrophenbewältigung reagieren (vgl. Velikovsky 1954). Seitdem, so das psychoanalysierende Resümee seines drehbuchverdächtigen Klassikers *Welten im Zusammenstoß. Als die Sonne stillstand* aus der Mitte des letzten Jahrhunderts, wäre eine Verdrängungsleistung von ungeahnter Dimension die Folge, mit der die Menschheit die Erfahrungen des Katastrophismus abzuspalten und in ein kollektives Unbewußtes auszulagern hätte (vgl. dazu Velikovsky 2008; zu seiner Psychoenergetik 1931).

Aber unter den mutigen Historikern, denen Appelt die Stange hält, sind auch solche wie James DeMeo. Der amerikanische Geograph weiß ebenfalls um die Verstimmungen nicht einzelner Menschen, sondern um die der gesamten Menschheit. Appelt zielt auf dessen Buch *Saharasia* von 1998 ab, dessen Titel mit seiner Zielsetzung nicht hinterm Berg hält und brutalstmögliche Aufklärung über allerlei Brutalitäten verspricht: *Saharasia. The 4000 BCE Origins of Child Abuse, Sex-Repression, Warfare and Social Violence in the Deserts of the Old World*. Ein längeres Zitat in einer Fußnote faßt das krude Theorem zusammen, mit dem DeMeo in der Tradition Wilhelm Reichs patristische Verpanzerungen und matristische Auflösungen auf klimatische Bedingungen zwischen Sahara und Asien zurückzuführen sucht.

Der Schlüssel zur operativen Umsetzung seiner Heilslehre liegt für Appelt allerdings weniger im Wissen um derartige Universalverstimmungen als vielmehr in der Tradition der abendländischen Mathematik. Nach Stationen wie dem italienischen Mathematiker Niccolò Tartaglia und dem Astronomen Nikolaus Kopernikus im 16. Jahrhundert gelangt er schnell in die Gegenwart und dort zu einem Schweizer namens Hans Cousto, der im großen Stil die Berechnung von Urtönen und jenen Harmonien unternahm, die dem kosmischen Geschehen geschuldet sind (vgl. Cousto 1984). Die so gewonnenen natürlichen Harmoniefelder schaltet Appelt kurzerhand mit den sogenannten Feldern der Gesundheit kurz, wie sie, zum Teil vermittelt durch Rupert Sheldrakes Theorem vom schöpferischen Universum und dem morphogenetischen Feld (vgl. Sheldrake 1983) ihrerseits den Ansätzen zur »Health Matrix« oder »Living Matrix« zugrunde liegen und von verschiedenen Autoren wie etwa Harold Saxton Burr ausgearbeitet wurden (vgl. Burr 1972).

Unterstellt wird ein Informationsgewebe oder Kommunikationsfeld, das den Körper umgibt und das, einem kosmischen Radiosender vergleichbar, bis in die letzte Zelle eines jeglichen Organismus zu senden vermag (vgl. dazu auch McFadden 2002; Rieger 2013). Dieser Sendeverbund zwischen Kosmos und Organismus findet seine Schnittstelle an den Grundbausteinen des Lebens selbst, an der Erbinformation. Mit Rekurs auf die »leider« – wie es mit einem besorgten Gestus erschwerter Nachprüfbarkeit heißt – nur auf russisch vorliegenden Forschungen des russischen Molekularbiologen und Biophysikers Pjotr Garjajev gelangt Appelt so zur DNA und zu deren Beeinflussung durch die harmonikalen Urphänomene. In bester Tradition einer alten Entwicklungsmechanik, wie sie etwa Hans Przibram, der legendäre Experimentalzoologe und Mentor des Krötenküssers Paul Kammerer, zu Beginn des 20. Jahrhunderts in seinem ebenso legendären Wiener Vivarium betrieben hat, darf im Gewand der Biophotonentheorie von der Manipulation der Arten geträumt, geforscht und sogar zu einem Ratespiel eingeladen werden (vgl. dazu Koestler 1974).

Abb. 1: Titelbild nach Sheldrake 1983.

Schauen wir nun Garjajev und seinem Team etwas genauer über die Schulter: Mittels der von Popp entwickelten Biophotonen-Aufzeichnungstechnologie zeichneten die Forscher die Biophotonenmuster von Zellen eines Salamanderembryos auf. Diese Informationsmuster applizierten die Forscher auf die Zellverbünde eines Froschembryos. Nun dürfen Sie einmal raten, welches Tier in der Folge Gestalt annahm. Richtig: Es entstand ein Salamander ... (Appelt 2005, 26)

Um den harmonischen Urtönen beizukommen, muß Appelt für einen kurzen Moment einige Zahlenspiele anstellen. Dazu werden Planetenbewegungen auf ihre Frequenzen hochgerechnet – mit dem Ergebnis, daß sich etwa die Tagesschwingung der Erde »mit dem Wert 0,000011574074 Hertz« beschreiben läßt. Mit dem sogenannten Oktavieren erreicht Appelt Bereiche, die weniger tief- oder niederfrequent, dem menschlichen Hörvermögen durchaus aufgeschlossen sind. Nach 24- oder 25maligem Oktavieren stößt er immerhin zu Werten von 194,18 Hertz bzw. 388,36 Hertz vor, die dem g im gegenwärtigen Notationssystem entsprechen. Aber auch die Erweiterung in den Bereich des Sichtbaren ist vorgesehen: »Wenn wir noch wesentlich weiter hinaufoktavieren, so gelangen wir in der 65. Oktave in den für das Auge sichtbaren Bereich von etwa 702 Nanometern Wellenlänge. Diese Schwingung nehmen wir über die Augen als strahlendes Feuerrot war.« (Ebd., 21) Die so abgeleiteten Ton- und Farbverhältnisse, die in entsprechenden Zuordnungsdiagrammen aufgelistet werden, entpuppen sich als Einfallstor einflußnehmender Verfahren. Unter der Annahme, daß das Leben ein Resonanzphänomen und daß mittels Resonanzen Einfluß auf den Organismus zu nehmen sei, erfolgt der Übergang zum Feld der Gesundheit – selbstredend unter weiterer theoretischer Armierung.

Bei den hier vorgestellten Ansätzen vertrauen wir ebenso wie Stanislav Grof (2002), Ken Wilber und andere Vertreter transpersonaler und systemischer Ansätze auf die Selbstheilungskraft dieser Felder. Wieder regulationsfähig, wird sich das Individuum anhand des Ausrichtens auf das Feld der Gesundheit neu sortieren und auf die gruppen- und artspezifischen Felder neu ausrichten. (Ebd., 37)

Die Sorge um die neuerliche Regulationsfähigkeit des Organismus erweist sich als jener Punkt, an dem unterschiedliche Hilfsmittel und mit ihnen die Quarzkristalle sowohl ins Spiel als auch ins Geschäft kommen. Diese Heilungshelfer für das dritte Jahrtausend, wie es in einer Zwischenüberschrift heißt, haben dabei einen durchaus ambivalenten Status. Einerseits sind sie vorrangig für bestimmte Kommunikationstechnologien der Moderne, etwa in Form von Schwingquarzen unter Ausnutzung des piezoelektrischen Effekts (→ TURMALIN), so unhintergehbar, daß Appelt vorschlägt, alte Terminologien für die moderne Selbstbeschreibung zu ändern.

> Ist es nicht so: Genau besehen leben wir nicht im Informationszeitalter, sondern im Zeitalter der Quarzkristalle: Kein Handy, keine Quarzuhr, kein Computer, kein Internet, kein Geldautomat wäre denkbar ohne diese besonderen Eigenschaften der Quarzkristalle. Sie takten, synchronisieren, speichern und spucken Informationen aus. (Appelt 2005, 43)

Auf der anderen Seite einer derart technisch ausgerichteten Verwendung steht die Möglichkeit der Quarzkristalle, als Speicher für individuelle Gedanken- und Bildinformationen zu dienen. Was das heißen soll, macht eine sonderbar anmutende Anleitung zum Selbsttest deutlich:

> Der Bergkristall wird auf einen Tisch gestellt, und eine Gruppe von Menschen sitzt um den Tisch und stellt sich gemeinsam konzentriert ein Bild vor, sagen wir ein strahlend blaues Dreieck. Dieses strahlend blaue Dreieck visualisiert die Gruppe in den Kristall hinein. Tipp: Stellen Sie sich dazu vor, dass Sie mit Ihren Gedanken dieses Bild tief in den Kristall hineinstrahlen.
>
> Reicht man diesen Kristall an andere Menschen weiter mit dem Auftrag, herauszufinden, welches »Bild« im Stein abgespeichert ist, so ist die Trefferquote in der Regel und bei intersubjektiver Stabilität erstaunlich hoch. Der Kniff dabei: Versuchen Sie das »Bild«, das der Sender einprogrammiert hat, aus der Tiefe des Kristalls geistig abzurufen. (Ebd., 12)

Diese geistige Informierung weist den Kristall als *edles Speichergebäude* aus, allerdings um den Preis einer hinreichend plausiblen naturwissenschaftlichen Fundierung. Von diesem Punkt an läuft lediglich noch die Beschreibungssprache moderner Technik weiter – bar ihrer Deckung auf der Ebene irgendwelcher Sachhaltigkeiten. Die Speichereigenschaften der Quarze werden genutzt, um »zur Therapie notwendige Frequenzwerte des Feldes der Gesundheit einzuspeichern« (ebd., 43). Um diese Werte zu eruieren und so die praktische Umsetzung der Heilarbeit zu gewährleisten, muß vorab allerdings eine Ebene eingezogen werden, die Kommunikation erlaubt. Der Organismus selbst soll Auskunft darüber geben, welche Frequenzen ihm zu- oder eben abträglich sind. Dazu empfiehlt Appelt Meditationsübungen ebenso wie technische Verfahren etwa der Kinesiologie. Apparate wie Klanggabeln und Einhandruten erlauben, ähnlich wie in Spiritismus und Parapsychologie, eine Signalgebung, die nur noch in das Verfahren eingespeist zu werden braucht – schließlich ist es ja schwer möglich, Klienten, Wohnräumen, Gärten und Biotopen klare sprachliche Antworten zu entringen.

Infolge dieser Rückkopplung fördert der jeweilige Körper jene Informationen ans Licht, die als Vorabwissen für die jeweilige Umsetzung wichtig sind: auf Fragen etwa danach, wo die Störung oder Verstimmung vorliegt, ob der Organismus überhaupt zum Wiedereintritt in das Feld der Gesundheit geeignet ist oder ob man schlicht ärztlichen Sachverstand braucht und vieles andere mehr. Solche Testmethoden können von den Betroffenen eigeninitiativ durchgeführt werden, um zu ermitteln, »welche Feldbereiche gestört sind, welche Frequenzen benötigt werden, ob die Anordnung von Maßnahmen in Ordnung ist und so fort« (ebd., 49). Biotensoren, die früher Wünschelrute oder Pendel hießen, setzen die Kommunikation in Szene. Diese radiästhetischen Werkzeuge »liefern durch ihre Bewegung symbolische Ja/Nein-Antworten auf klar gestellte Fragen zu einer energetischen Beziehung« (ebd., 50). Dabei sind nicht nur Ehrlichkeit, Aufrichtigkeit und Unverkrampftheit vonnöten, auch die gezielte Fragetechnik ist nicht unerheblich: Ob eine Zitrone dem Organismus guttut, hängt von der Differenzierung ab: Ist der Saft, die Schale, das Fruchtfleisch gemeint? Geht es um die Zufuhr von Vitaminen oder lediglich um den Schutz vor Schadstoffen in der Schale?

Gefragt wird aber auch noch sehr viel grundsätzlicher. So gilt es herauszufinden, auf welcher Ebene des Gesundheitsfeldes sich die Verstimmung überhaupt manifestiert. Und weil es eben nicht nur um den Individualbereich zu tun ist, erschließt sich so die Möglichkeit systemischer Öffnungen – von der Zellebene auf die der Organe, des Individuums, der Familie, der Verwandtschaft, der Gruppe und schließlich der Art. Und selbst dieser entwicklungsgeschichtliche Stammbaum gilt als steigerbar, und so erstreckt sich die Verstimmungssuche selbst noch auf die Ebene von Planeten, Galaxien und des Universums. Doch weil auch die Welt des Universums nicht genug ist, darf selbst »auf einer oder mehreren noch höheren Ebenen« weitergesucht werden (ebd., 68). Um die Steigerung von Komplexität bemüht, werden die Fragen so detailliert gestellt, daß der Organismus Auskunft über die Betroffenheit einzelner Organe zu geben vermag und diese Organe wiederum über mögliche Über- und Unterfunktionen. In wundersamer Rückläufigkeit darf selbst die Frage danach nicht fehlen, ob der Befragte überhaupt in der Verfassung für derlei Befragungen ist. Auch die Wahl des individuell geeigneten Steins wird kommunikativ erschlossen und verdankt sich keiner topischen Setzung, sondern individueller Zuwendung. Ist erst einmal geklärt, daß das körpereigene Entgiftungssystem leistungsfähig genug ist, »eine Therapiearbeit mit den Frequenzwerten des Feldes der Gesundheit umzusetzen«, erfolgt die Steinwahl:

Ist eine Kristallspitze ideal, oder sollten Sie den Stein umhängen beziehungsweise als Kette tragen, ist ein Trommelstein für die Tasche optimal? Ist ein Amethyst optimal? Ist ein Ametrin optimal? Ist ein Bergkristall optimal? Ist ein Citrin optimal? Ist ein Rosenquarz optimal? Ist ein Rauchquarz optimal? Ist ein Rutilquarz optimal? (Ebd., 72)

Die Transformation eines Steines in einen persönlichen Powerkristall erfolgt in einer technisch informierten Beschreibungssprache und auf der Grundlage von Handarbeit und religiös inspirierter Rhetorik. Um alte und negative Informationen löschen zu können, wird der Stein mit den Händen umschlossen und etwa mittels einer Stimmgabel der gewünschten Frequenz informiert. An- und abschließend wird er nachgerade feierlich, in der Art einer Gebetes, besprochen: »Hiermit bitte ich dich, mit Leichtigkeit und Liebe deine Arbeit zu verrichten und kein lebensfeindliches Programm aufzunehmen. So sei es. So ist es.« (Ebd., 74) Mit dieser zeremoniell markierten Transformation ist aus dem Quarz ein individuell anschlußfähiger Powerkristall geworden. Auch hier bleibt Appelt im Bild der Gegenwart und spricht davon, sich mittels entsprechender Verfahren und Gerätschaften mit den eigenen höheren und rational unzugänglichen Bewußtseinsfeldern online zu schalten. Ein höheres Ich verfügt

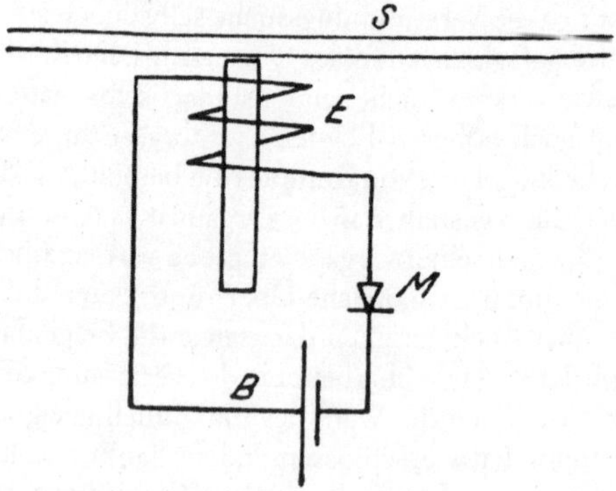


Abb. 2: Telegraphon von Gustav Eichhorn nach Eichhorn 1912.

über ein Wissen, das dem Standardnormalbetrieb entzogen ist. Einmal mehr wartet Appelt mit einer Theorie des Nichtwissens auf, die selbstredend wieder an die Semantik irgendwelcher Felder angeschlossen wird und in ihrer Weitläufigkeit in die Nähe kulturtheoretischer Großentwürfe gerät. Wie es komme, daß jemand etwas weiß, ohne es zu wissen, ist durch den Anschluß »an das kollektive Wissensfeld der Menschheit« erklärbar. Damit ist jedoch nicht auf eine Art Publikumsjoker gezielt, wie er in heutigen Fernsehratesendungen als praktische Umsetzung von Gemeinschaftswissen vorkommt. Vielmehr erfolgt diese Erklärung im Namen und Zeichen des radiophonischen Dispositivs sowie der Rede von Radiosendern und Empfangsantennen – ein Ansatz, der nicht weit entfernt von der Auffassung des Kulturtheoretikers Aby Warburg (1866-1929) ist. Dessen Theorie eines kulturellen Gedächtnisses und der Eigenlogik des dort stattfindenden Überlieferungsgeschehens setzt ebenfalls auf technische Dispositive wie das Radio und das Telegraphon, eine Frühform der elektromagnetischen Tonaufzeichnung. Zusammen mit anderen Versatzstücken wie der sogenannten Mnemetheorie des deutschen Zoologen und Monisten Richard Semon (1859-1918) werden diese in Form einer epistemischen Katachrese aus unterschiedlichen technischen Bereichen von der Schrift bis zur drahtlosen Radiophonie miteinander verbunden, um so das Unerklär-

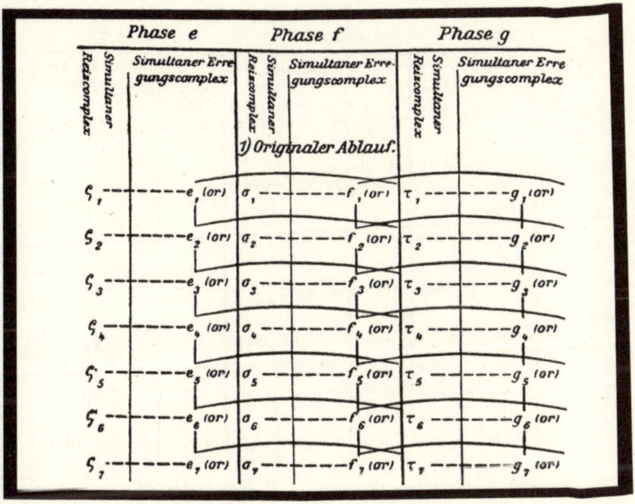


Abb. 3: Schema zur Beschreibung der Mneme nach Semon 1920.

liche zu erklären. Es ist dieser Moment des epistemischen Bildbruches, ab dem wie in einem Selbstlauf die eklektizistisch gewonnenen argumentativen Partikel verbaut werden. Logiken des Ausschlusses oder des Widerspruches des derart Verfügten spielen dabei keine Rolle mehr (vgl. Rieger 1998).

Darüber hinaus spart Appelt aber auch nicht mit praktischen Tipps, etwa zur alltäglichen Steinpflege. Mit zunehmender Ausrichtung auf die Belange der Praxis kommt es zu gesteigerter Kommerzialisierung. Resonanzgabeln, »die auf zwei Nachkommastellen genau auf die Frequenzwerte der Gesundheitsfelder ausgerichtet sind« (Appelt 2005, 55), machen die Urtöne verfügbar und sind für die Heilarbeit geeignet – aber auch wer weniger kostenintensiv in die Steinselbstheilung einzusteigen gewillt ist, kommt auf seine Kosten und mit den Wah-Wah-Klangstäben zu entsprechenden Gerätschaften. Die wohl aufwendigste Apparatur für die Informierung ist das ONDAMED – ein Verfahren, dessen Schilderung Appelt an dieser Stelle außen vor läßt. Geht man auf die Homepage der ONDAMED GmbH, so verweist die

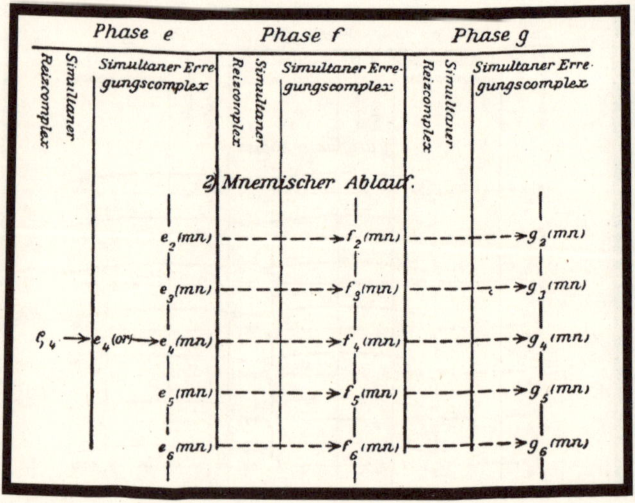


Abb. 4: Schema zur Beschreibung der Mneme nach Semon 1920.

firmeninterne Selbstbeschreibung auf einen Verbund aus Regelung, System und Technik:

> Die ONDAMED GmbH ist ein spezialisiertes Unternehmen im Bereich der elektromagnetischen Systemregulation. Als Hersteller des ONDAMED-Systems verstehen wir uns als kompetenter Partner für Heilpraktiker, Ärzte, Physiotherapeuten und alle Fachkreise, welche Magnetfeldverfahren für therapeutische Zwecke einsetzen. (ONDAMED 2013, o. Pag.)

In einem diffusen Raum praktischer Anwendungen, zwischen Raucherentwöhnung und Anti-Aging, zwischen alternativer Krebstherapie und Wellness, werden im semantischen Anschluß an die Kybernetik Heil und Heilung durch magnetfeldinduzierte Biofeedbackschleifen in Aussicht gestellt. Eindrucksvoll ist die Liste prominenter Gewährsleute, allen voran die Schauspielerin Suzanne Somers. Die mit Legasthenie und einer frühen Schwangerschaft geplagte Wellness-Apologetin, die das Männermagazin *Playboy* zierte und Fernsehgrößen wie Starsky und Hutch als Komparsin diente, so jedenfalls informiert ein unfreiwillig

Abb. 5: Wah-Wah-Klangstäbe nach Appelt 2005.

komischer Eintrag bei Wikipedia (»Suzanne Somers« 2013), schwört vor allem nach einer Brustkrebserkrankung auf das Verfahren, das sie als »wundersame Erfindung« und als »hochtechnisches Gerät« jeder Arztpraxis zur Anwendung empfiehlt (Somers 2009). Aber auch ohne ONDAMED wird informiert, was das Zeug hält, und dabei wird auch die Frage nach der Auswahl der Steine virulent. Weil man sich eben nicht mehr auf topische Eigenschaftskataloge verläßt, erscheint die Wahl des Steines ähnlich individualisiert wie die eines Lebenspartners. Ist der geeignete Stein über die Feststellung geeigneter Frequenzen und in kommunikativer Rückkopplung mit dem eigenen Körper erst einmal gefunden, erschließt sich ein buntes Reich von Anwendungen. Dazu zählen das Tragen des Steines am Körper, das Wohnen mit Steinen bis hin zur Aufnahme in Form von pulverisierten Steinen und Steinwasser – wobei vorab der Organismus auf die entsprechende Zuträglichkeit hin zu befragen ist. Appelts Zugang zielt – im Gegensatz etwa zu den aufwendigen Schleiftechniken des vormaligen IBM-Informatikers Marcel Vogel – auf die Naturbelassenheit der Steine, die durch ein entsprechendes Siegel bestätigt wird. Die Manipulationen an den Steinen selbst beschränken sich bei Appelt dementsprechend auf bloße Reinigungsrituale, Aufladeszenarien, Informierungen – die Steine bleiben in ihrer Materialität unangetastet.

ONDAMED a better way to make you better

Abb. 6: ONDAMED-Logo.

Bücher wie das von Appelt haben reale Anliegen und damit auch reale Adressen. Diese sind am Ende zwischen Kommerz und Beratungsangebot neben den üblichen bibliographischen Angaben verzeichnet. Eine Studentin ist im Rahmen eines im Wintersemester an der Ruhr-Universität Bochum veranstalteten Seminars über Pseudowissenschaften diesem Geheiß gefolgt und hat Christian Appelt direkt kontaktiert. Nicht gering war unser Erstaunen darüber, daß im steinernen Reich der Heilsteine mit ihren eigenen Paradigmen durchaus weltliche Paradigmenwechsel und Halbwertszeiten herrschen: Von einem Gespräch über Steine wollte Appelt nur noch wenig wissen, viel dagegen von seinem derzeitig neuen Universalheilmittel, dem sogenannten Supertuning. Dieses Verfahren, von Appelt erfunden und von der Radionik-Firma Buce Copen Laboratorien im bayerischen Neuried vermarktet, enthält als Spurenelement noch die Lehre von den informierten Quarzen. Ansonsten ist die schnöde Abkehr von der Spur der Steine eine andere Geschichte, deren Erzählung aber doch eines nachhaltig bestätigt: Dem Bildbruch ist in seiner universalen Anschlußfähigkeit weder ein Rahmen noch eine Grenze gesetzt. Die esoterikkritischen Betreiber von *Psiram*, einem »Wiki der irrationalen Überzeugungssysteme«, fühlen sich gar bemüht, die einzelnen Elemente der katachrestischen Verfügung eigens nachzuzeichnen.

Appelt wirbt mit pseudowissenschaftlichen Formulierungen und inhaltsleeren Imponierphrasen. So seien im Krankheitsfall beim Patienten »Resonanzbrücken« verändert oder ausgefallen. Beim Supertuning handele es sich um »moderne Matrix-Medizin«, die auf »Technologie aus der Weltraumfahrt« sowie auf »Urerkenntnissen von Nikola Tesla« beruhe. Das System beinhalte »alle wesentlichen die Gesundheit steuernden oder auch triggernden Informationsqualitäten, die die Natur zur Verfügung stellt«, und berücksichtige auch die »feinstofflichen Ebenen«. Das Gerät gebe nicht nur farbiges Licht ab, sondern übertrage auch »Quantum-Response-Muster«; ein Verfahren, das auf »Skalarwellenphänomenen« basiere. Die Spagyrik-Präparate sollen »Quarzkristalle« enthalten, die Appelt in seinem Institut »mit moderner Technologie mit spezifischen Frequenzwerten programmiert« habe. Außer auf die Phonophorese beruft er sich auf Kinesiologie, Osteopathie und auf Erkenntnisse von Dietrich Klinghardt, was allerdings nicht näher ausgeführt wird. Geworben wird außerdem mit einer befürwortenden Aussage von Rüdiger Dahlke zu Supertuning. (»Supertuning« 2013, o. Pag.)

*S. R.*

# Radionuklid

## *1. Uran 238*

> Through constant decay
> Uranium creates the radioactive ray
>
> *Kraftwerk 1975*

Am 28. Februar 1954 testeten die USA auf dem im Südpazifik liegenden Bikini-Atoll, das zu den Marshall-Inseln gehört, eine Wasserstoffbombe, die etwa die tausendfache Sprengkraft der über Hiroshima abgeworfenen Atombombe hatte. Sie entsprach der Wirkung von 15 Millionen Tonnen Trinitrotoluol (TNT). Es handelte sich um eine thermonukleare Bombe mit dem Codenamen Bravo, bei der die Spaltung von Plutonium (Stufe 1) eine Temperatur- und Druckerhöhung auslöst, durch welche es zur Fusion von Lithium-Deuterid kommt (Stufe 2), das dann wiederum, da die Bombe einen Mantel aus Uran 238 besitzt, weitere Kernspaltungen hervorruft (Stufe 3). Über die Einwohner auf der benachbarten Insel Rongelap, die in ca. 160 Kilometer Entfernung vom Bikini-Atoll liegt, sowie über das Fischerboot Fukuryu Maru 5 (Glücklicher Drache Nr. 5), das ebenfalls etwa 160 Kilometer entfernt war und sich somit wie die Insel Rongelap außerhalb der offiziellen Sperrzone befand, ging danach weißer Staub nieder.

Kernwaffen sind nicht ohne enormen wissenschaftlichen und technischen Einsatz sowie eine wirtschaftliche Infrastruktur denkbar, wobei auch hier für die Darstellung des Arbeitsalltags vor allem die Literatur zuständig ist (→ KOHLE). So schildert etwa der in den sechziger Jahren entstandene Roman *Der Rummelplatz* von Werner Bräunig, der in der DDR nicht erscheinen durfte, eindringlich den Arbeitsalltag im von der Wismut AG betriebenen Uranbergbau. Das im Bergbau gewonnene Uran muß anschließend angereichert werden, da das für Kernwaffen und -reaktoren relevante Uran 235 nur in geringen Mengen im Natururan enthalten ist. Ein weiteres mögliches Ausgangsmaterial von

Abb. 1: Detonation der thermonuklearen Bombe Bravo am 28. Februar 1954 auf dem Bikini-Atoll (Photo courtesy of National Nuclear Security Administration / Nevada Field Office).

Nuklearwaffen bildet das in Kernkraftwerken entstehende Plutonium, das allerdings zuerst in Wiederaufbereitungsanlagen aus den verbrauchten Brennelementen gelöst werden muß. Nach der Explosion einer Kernwaffe entstehen eine Reihe von Spaltprodukten von Uran bzw. Plutonium, die sich als radioaktiver Staub, hier spricht man auch von Fallout, in der Atmosphäre verteilen und schließlich als Niederschlag auf die Erde abregnen: Aus Uranerz entsteht solchermaßen Boden, Pflanzen, Tiere und Menschen radioaktiv verseuchendes Material.

Wie der Radiologe Ottfried Messerschmidt in einer Studie mit dem Titel *Auswirkungen atomarer Detonationen auf den Menschen* (1960) ausführte, enthielt der Fallout der Bikini-Bombe über zwanzig Spaltprodukte, darunter Uran 237, woran die japanischen Forscher erkannten, daß es sich um einen neuen Bombentyp handelte. Denn Uran 237 kommt in der Natur nicht vor, insofern mußte die Bombe Uran 238 enthalten haben, das bislang als für eine solche Bombe nicht geeignet gegolten hatte (Atombomben enthielten Uran 235 bzw. Plutonium 239). Die Spaltung von Uran 238 erfordert nämlich enorme Energiemengen: die Energie einer Kernfusion. Es war denn auch die durch die Ummantelung mit Uran 238 eingeführte dritte Stufe der Reaktionen, die die zerstörerische Kraft der Bombe massiv erhöhte und das Gebiet, über das radioaktive Substanzen verteilt wurden, enorm vergrößerte, weshalb man von der »Dirty 3-F Hydrogen Bomb« sprach (Messerschmidt 1960, 225; Ōishi 2011, 38f.; die Abkürzung 3-F steht für *fission – fusion – fission*). Die Strahlenschäden an der Besatzung des Fischerboots waren, wie Messerschmidt ausführt, deshalb von besonderem Interesse, weil sie einer »kontinuierlichen Dauerbestrahlung abnehmender Intensität« ausgesetzt war, während die Menschen von Hiroshima und Nagasaki Opfer einer »kurzzeitigen Neutronen- und Gammastrahlung« wurden (Messerschmidt 1960, 222). Die verstrahlten Fischer wiesen zuerst Symptome auf wie Brennen in den Augen, Übelkeit und Appetitlosigkeit, später kamen schmerzhafte Hautschwellungen, Pigmentierung und Haarausfall hinzu. In diesem Zustand gelangten sie am 14. März nach Yaizu, wo man sie ärztlich untersuchte und behandelte. Man stellte eine massive Abnahme der Leukozyten- und Thrombozytenzahl fest, wobei sich die Zellen nicht so schnell wie bei den Opfern aus Hiroshima und Nagasaki wieder neu bildeten, was die Ärzte auf die Einlagerung radioaktiver Substanzen in die Knochen zurückführten (ebd., 237f.). Weiterhin stellte man Leberveränderungen fest sowie Störungen der Spermiogenese und Veränderungen der Hoden. Am 23. September 1954 starb der Funker Kuboyama Aikichi, die übrigen Besatzungsmitglieder des Schiffes überlebten. Messerschmidts Bericht, der sich auf die Untersuchungsergebnisse der japanischen Ärzte stützte, erschien sechs Jahre nach dem Test, so daß er meinte feststellen zu können, die Forscher und die Bewohner der Marshall-Inseln hätten sich gut erholt.

Die Geschichte der amerikanischen Atomtests (die folgenden Ausführungen rekurrieren auf: Minder 1981; May 1989; vgl. zum amerikanischen Testprogramm die Studien von Ball 1986 und Titus 1986) beginnt im Jahr 1945 in New Mexico. Die Atombombe mit dem Codenamen Trinity explodierte am 16. Juli 1945, aufgrund der Windverhältnisse verteilte sich der Fallout über ein riesiges Gebiet, Spuren von Gammastrahlung fand man in Santa Fe, Las Vegas und Trinidad. Vor allem Farmen in der Umgebung wurden verstrahlt. Als »Atomkälber« gingen die Hereford-Kühe in die Geschichte ein. Sie hatten auf einem stark verseuchten Hochplateau gegrast, und nach dem Fallout fiel ihnen das Haar aus, das anschließend nicht braunrot, sondern weiß nachwuchs. Trinity war der Auftakt für den ersten tatsächlichen Einsatz von Atomwaffen: Am 6. August 1945 explodierte eine Uranbombe mit der Sprengkraft von 13000 TNT über Hiroshima (über 150 000 Todesopfer), am 9. August eine Plutoniumbombe über Nagasaki; letztere hatte eine Sprengkraft von 20 000 TNT (über 70 000 Todesopfer). Nach dem Ende des Zweiten Weltkrieges übernahmen die USA die Treuhandverwaltung Mikronesiens, was sie für eine Reihe von Atomtests auf diesen Inseln nutzten. Bereits im Sommer 1946 erfolgten die ersten Atombombenversuche auf dem Bikini-Atoll, wobei Tausende von Militärangehörigen einer erhöhten Strahlung ausgesetzt waren – was allerdings ein Bericht der Defense Nuclear Agency noch im Jahr 1984 bestritt. In den fünfziger Jahren fanden auf einem Testgelände in Nevada zahlreiche weitere Versuche statt, denen möglicherweise der Schauspieler John Wayne sowie über vierzig Mitglieder der Crew zum Opfer fielen, die den Film *The Conqueror* (1956) teilweise in der Nähe des Testgeländes gedreht hatte, von wo man überdies Sand in die Studios transportiert hatte. Die erste Wasserstoffbombe mit einer Sprengkraft von zwei bis vier Millionen Tonnen TNT zündeten die Amerikaner am 1. November 1952, womit sie die Insel Elugelab auslöschten. Am 31. Oktober 1952 explodierte eine zweite Wasserstoffbombe mit der Sprengkraft von über zehn Millionen Tonnen TNT über dem Eniwetok-Atoll. Bis zum Abschluß des Vertrags über das Verbot von Kernwaffenversuchen in der Atmosphäre, im Weltraum und unter Wasser im Jahr 1963 (die Erstunterzeichner waren die USA, die UdSSR und Großbritannien, die fortan nur noch unterirdische Tests durchführten, während China und Frankreich dem Vertrag nicht beitraten und weiterhin an oberirdischen Versuchen festhielten) hatten weltweit mindestens 526 oberirdische Atomexplosionen stattgefunden.

Das Verbot oberirdischer Atomtests verdankt sich vor allem einer breiten Protestbewegung, welche in den USA die Umweltbewegung initiieren sollte. Der Erfolg der Testkritiker gründete zum einen in der Kenntnis von Daten über die radioaktive Verseuchung der Menschen und der Umgebung sowie in dem Wissen über die Funktionsweise der Kernwaffen. Zum anderen machten Erzählungen das Risiko dieser Tests anschaulich und leuchteten über die medizinischen Auswirkungen hinaus auch die Konsequenzen für soziale Beziehungen aus.

In dem Roman *Schwarzer Regen* (1965) des japanischen Autors Masuji Ibuse zum Beispiel steht im Mittelpunkt der Versuch, ein junges Mädchen zu verheiraten. Im Dorf geht aber das Gerücht um, sie sei nach dem Abwurf der Atombombe dem schwarzen Regen in Hiroshima ausgesetzt gewesen, weshalb sich die möglichen Kandidaten zurückziehen. Wie sich dann anhand der Tagebucheinträge der Protagonisten über die Explosion und die folgenden Wochen zeigt, war sie tatsächlich radioaktiv verseucht worden. Andere Dorfbewohner leiden an der Strahlenkrankheit, so daß sie nicht schwer arbeiten dürfen und ruhigen Tätigkeiten wie Spazierengehen oder Angeln nachgehen sollen. In den Konventionen des Dorflebens ist ein solches Verhalten jedoch nicht vorgesehen, weshalb die Kranken zusätzlich unter der Diskriminierung ihrer Nachbarn zu leiden haben.

Die Notwendigkeit des Erzählens betrifft jedoch nicht nur die Literatur oder den Film. Die narrative Rahmung und Organisation der Daten über Sprengkraft, versenkte Schiffe oder in bestimmten Territorien gemessene radioaktive Strahlungen eröffnen die Möglichkeit einer politischen Wirksamkeit. Fundamental für eine Steuerung der öffentlichen Diskussion durch literarische und nichtliterarische Texte, durch Filme und Dokumentarfilme ist hierbei, daß die Narration von realen Ereignissen und konkreten Akteuren ausgeht, denn nur diese können ihr die notwendige Glaubwürdigkeit verleihen.

Eingegrenzte Räume mit überschaubaren Akteuren, die im besten Fall eine spezifische Gruppe bilden, eignen sich besonders gut für die Ausarbeitung solcher narrativer Anordnungen. Daß also unter den Hunderten von Atomtests immer wieder die im Jahr 1954 über dem Bikini-Atoll abgeworfene Wasserstoffbombe den Anlaß eines bis in die Gegenwart reichenden wirkmächtigen Narrativs über die Auswirkungen von Radioaktivität auf den Menschen bildet, verdankt sich nicht zuletzt der Tatsache, daß die Inseln und das Fischerboot einen in diesem Sinn geeigneten Erzählkern und -rahmen bereitstellen. Denn Erzählen ist eine, wie Albrecht Koschorke in seiner *Allgemeinen Erzähltheorie* ausführt, »hochgradig selektive Tätigkeit«, das heißt, es hebt »wenige Einzelzüge als signifikant aus einer Masse von Daten heraus« (Koschorke 2012, 29). Die räumlich und personell überschaubare Insel sowie das Fischerboot stellen solchermaßen nicht nur geeignete Objekte medizinischer Forschung, sondern ebenso einen Anschauungsraum der radioaktiven Verseuchung von Menschen zur Verfügung. Die Erzählung von den verstrahlten Inseln und dem Glücklichen Drachen Nr. 5 kann deshalb zu einem Exempel für die Verstrahlung von Menschen im Zuge von Atomtests werden – was sich dann ausweiten wird auf ein Exempel für Verstrahlungen durch Unfälle in Atomkraftwerken, die möglichen Folgen eines thermonuklearen Krieges oder die Auswirkungen von Schadstoffen jeglicher Art in der Umwelt auf den Menschen.

Bereits im Jahr 1954 wurde der Film *Godzilla* aufgeführt, der zwar nicht auf den Glücklichen Drachen Nr. 5 rekurriert, doch schon zu Beginn eine musizierende Schiffsmannschaft in Szene setzt, die einen Knall hört und von einem Lichtblitz geblendet wird, woraufhin das Schiff versinkt. Das aus dem Meer stammende Monster Godzilla wird mehrmals mit einer Wasserstoffbombe verglichen. Im Jahr 1956 veröffentlichten die beiden russischen Autoren Lew Petrow und Arkadi Strugazki den Roman *Die Asche von Bikini*, im Jahr 1959 bearbeitete der japanische Regisseur Shindō Kaneto den Vorfall in seinem Film *Daigo Fukuryū Maru*. Kaneto hatte bereits im Jahr 1952 die Folgen des Abwurfs der Atombombe in seinem Film *Children of Hiroshima* dargestellt. Ein Stück mit dem Titel *Epitaph für Aikichi Kuboyama für Sprecher und Sprachklänge* des Komponisten Herbert Eimert hatte im Jahr 1962 seine Uraufführung. Der Dokumentarfilm *Radio Bikini* (1988) wiederum widmet sich der Operation Crossroads, den ersten auf Bikini durchgeführten Tests mit Atombomben (1. und 25. Juli 1946) und ihren Auswirkungen auf die Inselbewohner sowie die betroffenen Angehörigen des amerikanischen Militärs.

Erst im Jahr 2003 erschien zuerst in Japan (und dann 2011 in den USA) das Buch des betroffenen Fischers Ōishi Matashichi, der auf dem Glücklichen Drachen Nr. 5 für die Kühlung der Thunfische zuständig gewesen war. Nicht zuletzt ist es auch Resultat seiner Vortragstätigkeit an Schulen und Universitäten. *The Day the Sun Rose in the West. Bikini, the Lucky Dragon, and I* gibt nicht nur einen detaillierten Bericht über die damaligen Zeitungsartikel, die (zum großen Teil geheimen) Verhandlungen zwischen Amerikanern und Japanern, die Ignoranz der beteiligten Diplomaten gegenüber den Opfern oder Versuche, Gedenkstätten zu errichten, sondern wirft einen über das konkrete Ereignis und die folgenden Monate hinausgehenden Blick auf die betroffenen Menschen.

Ōishi bedient sich dabei einer doppelten Zeitperspektive, wenn er berichtet, wie die Mannschaft die Explosion erlebte, und das Geschehen dann aus der späteren Perspektive deutet. So schildert er zum Beispiel, wie seine Knie nach dem nicht identifizierbaren donnernden Geräusch zitterten, um dann rückblickend zu konstatieren: »In retrospect, I can see it was then that the lives of the crew, too, went haywire.« (Ōishi 2011, 19) Weitere wichtige Erzählelemente sind die Schilderung

– von Zufällen: einige Besatzungsmitglieder springen vor Verlassen des Hafens vom Schiff, weil sie mit dem Führungsstil des Kapitäns nicht zurechtkommen (ebd., 13);

– von tragischen Momenten: gerade der Funker warnt den Kapitän, man solle wegen der Atomtests nicht zu nahe an die Sperrzone heranfahren (ebd., 17);

– von Emotionen: die sechs Stunden, in denen die Mannschaft das Schiff von der weißen Asche säubert, seien äußerst beängstigend gewesen (ebd., 20);

– von Details: Merrill Eisenbud von der Atomenergiekommission kommt nach Japan und meint, die Verstrahlung der Fischer sei nicht allzu ernst und man werde sie angemessen behandeln; im selben Atemzug ordnet er an, daß man den eingefrorenen Thunfisch, der in die USA exportiert werden sollte, mit Geigerzählern prüfen müsse (ebd., 28);

– des Schicksals der Mannschaftsmitglieder: der Tod des Funkers Aikichi Kuboyama am 23. September 1954 durch »acute radiation disease« (ebd., 46), alle zehn Besatzungsmitglieder, die zwischen 1975 und 1997 sterben, haben Leberschäden, sechs von ihnen Leberkrebs (ebd., 81);

– aus der Innenperspektive der Mannschaft: während die Fischer den Vorfall noch als Geheimnis behandeln, berichten die Zeitungen schon auf der ersten Seite darüber (ebd., 25);

– aus der Innenperspektive Ōishis: als seine Frau schwanger wird, spricht niemand über die möglichen Effekte der Verstrahlung, ihn aber treibt die Angst um, daß das Kind tot geboren oder Mißbildungen aufweisen wird (ebd., 98f.).

Ōishi hat heute eine Tochter und einen Sohn sowie drei Enkelkinder. Seine Enkelin sollte allerdings ähnliche Erfahrungen machen wie Yasuko in Ibuses Roman *Schwarzer Regen*: Drei Hochzeiten scheitern, als die Familie des jeweiligen Bräutigams erfährt, daß ihr Großvater verstrahlt worden ist (vgl. Schulz 2011). Zwar wisse man heute mehr über Radioaktivität, doch auch zu den Opfern des Reaktorunfalls in Fukushima würden, so Ōishi, die Leute wohl Distanz halten.

Wie das Fischerboot so sind auch die betroffenen Inseln immer wieder im Blickpunkt von Erzählungen, wie nicht zuletzt die Selbstrepräsentation des Bikini-Atolls auf der entsprechenden Homepage belegt. Damit geht es nun auch um einen spezifischen politischen Einsatz – denn die Insulaner müssen sich und ihre Geschichte repräsentieren, um mit *einer Stimme* ihrer Forderung nach Entschädigungszahlungen der USA Nachdruck verleihen zu können (vgl. zum amerikanischen Umgang mit den Opfern auf den Marshall-Inseln Titus 1986, 36-54).

Im Epilog seines Buches erzählt Oishi von seinen Besuchen auf den Marshall-Inseln in den Jahren 2002 und 2004; unter anderem bereiste er damals die Insel Rongelap, deren Bewohner seinerzeit nicht evakuiert worden waren. Wie der damalige Bürgermeister der Insel, John Anjain, meint, sahen die amerikanischen Soldaten in ihnen bloße Versuchsobjekte: »The U. S. treated us as guinea pigs. That's absolutely unforgivable.« (Zitiert nach ebd., 157) Daß die amerikanischen Militärs die Inselbewohner tatsächlich vorsätzlich als Versuchsobjekte benutzten, liegt nahe. Das

*Greenpeace-Handbuch des Atomzeitalters* zitiert ein Gutachten einer Forschungseinrichtung der amerikanischen Bundesregierung, der Brookhaven National Laboratories, aus dem Jahr 1958. Dem Gutachten zufolge würden die Menschen, die auf Rongelap wohnten, wertvolle Daten über die Auswirkung radioaktiver Strahlung auf den Menschen liefern (vgl. May 1989, 139). Dementsprechend stellte man nach der Freigabe der Insel regelmäßig Untersuchungen an, wobei die Forscher auch vor Selbstversuchen nicht zurückschreckten: Wissenschaftler aßen im Jahr 1966 auf der Insel gewachsene Kokosnüsse und Früchte der Schraubenpalme und stellten fest, daß ihre Körper nach sieben Tagen das Zwanzigfache bzw. Sechzigfache der normalen Menge an Strontium 90 und Cäsium 137 speicherten. Dennoch teilte die Regierung den Insulanern mit, sie könnten gefahrlos auf Rongelap leben (ebd., 140). Adam Jonas Horowitz' Dokumentarfilm *Nuclear Savage: The Islands of Secret Project 4.1* (2011) führt die Folgen vor: Ganze Familien erkrankten an Schilddrüsenkrebs, Leukämie oder ähnlichem. Kinder kamen mißgebildet auf die Welt, eine Frau berichtet, ihr Kind habe keine Knochen gehabt. Für die Insulaner steht außer Frage, daß man sie für ein Menschenexperiment mißbrauchte.

Die Einwohner des Bikini-Atolls waren im Jahr 1946 von der amerikanischen Regierung auf die unbewohnte Insel Rongerik gebracht worden, wo ihnen jedoch aufgrund der vergifteten Nahrung der Hungertod drohte. Daher siedelte man sie im Jahr 1948 auf die Insel Kili um, wo bis heute ehemalige Bewohner des Bikini-Atolls leben, obgleich die Insel für sie nichts anderes als eine »Gefängniskolonie« ist (Ōishi 2011, 155). Im Jahr 1968 stellte die amerikanische Regierung offiziell fest, daß das Bikini-Atoll wieder bewohnbar sei, und im Jahr 1974 kehrten tatsächlich Familien auf die Insel zurück. Allerdings mußte man sie bereits vier Jahre später, als man im Urin der Bewohner hohe Mengen an Plutonium festgestellt hatte, erneut evakuieren. Bis heute klagen die Bikini-Bewohner vor amerikanischen Gerichten gegen die Regierung, wobei sie sich auf den fünften Zusatzartikel der Verfassung berufen, gemäß dem Privateigentum nicht ohne angemessene Entschädigung für öffentliche Zwecke eingezogen werden darf (vgl. die Homepage des Bikini-Atolls).

## 2. *Strontium 90*

> Strontium 90, das durch Kernexplosionen in die Luft abgegeben wird, fällt mit dem Regen zur Erde oder schwebt als radioaktiver Niederschlag herab, setzt sich im Boden fest, gelangt in das Gras, den Mais oder den Weizen, die dort angepflanzt werden, und lagert sich mit der Zeit in den Knochen eines menschlichen Wesens ab, um dort bis zu dessen Tode zu verbleiben.
>
> *Carson 2007 [1962], 18*

Den amerikanischen Militärs war die Unberechenbarkeit der Auswirkungen von Kernwaffentests bekannt. Im Jahr 1953 hatten sie, wie Barry Commoner, ein Biologe und prominenter Umweltaktivist der siebziger Jahre, in seinem Buch *The Closing Circle. Nature, Man, and Technology* (1972) schrieb, Atombombentests in der Wüste von Nevada, der sogenannten Nevada Test Site, durchgeführt. Wissenschaftler, die in der kalifornischen Stadt Troy über Radioaktivität forschten, stellten während eines Wolkenbruchs eine massive Erhöhung der Strahlung fest. Der Wind hatte radioaktiven Fallout von Nevada nach Troy geweht, und mit dem Regen gelangte er auf die Erde. Die Wissenschaftler durften aufgrund der Geheimhaltungspflicht ihre Beobachtungen nicht publik machen – innerhalb der Forschergemeinschaft kommunizierten sie ihre Messungen aber sehr wohl. Trotz der Geheimhaltungsvorschriften hatte die Kernstrahlung damit ihr, wie es Commoner formuliert, »environmental debut« gegeben (Commoner 1972, 50).

Auch die schädliche Wirkung radioaktiver Strahlung war den Biologen laut Commoner prinzipiell bekannt, allerdings behauptete die Atomenergiekommission nach den Tests in Nevada, der radioaktive Fallout, der Menschen erreiche, sei nicht höher als die natürliche Strahlung der Umwelt – bis ein neues Wissenschaftsobjekt eine Wende herbeiführte: »Then a new fallout term turned up in private conversation among scientists – strontium 90 [...]; for some reason, which was never stated, strontium 90 appeared to be a particularly dangerous form of radioactivity.« (Ebd., 51)

Abb. 2: Detonation der Atombombe Priscilla am 24. Juni 1957, die zu der Testserie Plumbbob zählte. Operation Plumbbob (zwischen 28. Mai und 7. Oktober 1957) war die umstrittenste Testserie in der Geschichte der Nevada National Security Site (National Nuclear Security Administration / Nevada Field Office).

Die Konsequenzen der weltweiten Verteilung des Isotops Strontium 90 für den Menschen konnte man erst vor dem Hintergrund der ökologischen Theorie der Nahrungskreisläufe und -netze (→ SEE) verstehen. Das Isotop Strontium 90 kann zwar nicht direkt in den Körper eindringen, da es aber wie das harmlose Element Strontium in der Umwelt stets an Kalzium gebunden ist, gelangt es über die Nahrungskette ins Körperinnere. Aufgenommen mit Milch und Gemüse, sammelt sich Strontium 90 in den Knochen an und löst im schlimmsten Fall Leukämie aus.

Mit dem Strontium 90 kommt ein neuer Akteur ins Spiel, der die folgenden politischen, wissenschaftlichen und schließlich auch öffentlichen Diskussionen über Kernwaffen und -energie maßgeblich prägen sollte. Schon im Jahr 1957 hatte ein Sonderausschuß des amerikanischen Senats über vierzig prominente Forscher des Landes eingeladen, um die von Atomwaffenversuchen ausgehenden Gefahren zu diskutieren (vgl. zum Folgenden *Der Spiegel* 1957): Der Physiker Ernest O. Lawrence, der für seine Erfindung des Zyklotrons den Nobelpreis erhielt und auch im Manhattan Project mitarbeitete (→ TRANSURAN), meinte, Atombombenversuche könnten bedenkenlos »in alle Zukunft« fortgesetzt werden, ohne daß dadurch der Menschheit irgendein Schaden zugefügt würde. Dagegen warnte der Genetiker Herbert J. Muller, der seinerseits den Nobelpreis für seine Arbeiten über physiologische und genetische Auswirkungen von Röntgenstrahlen erhalten hatte, vor solchen Versuchen, da sie später bei »Millionen von Menschen« Erbschäden hervorrufen würden.

Die Entstehung von Strontium 90 bei Kernwaffentests wurde von sämtlichen Forschern anerkannt, fraglich war jedoch, welche Menge davon in die menschlichen Knochen gelangt und welche Dosis Leukämie auslöst. Dazu gab es unterschiedliche Studien: Laut den Untersuchungen des Chemikers Laurence Kulp, der im Auftrag der Atomenergiekommission umfangreiche Messungen an Nahrungsmitteln aus der ganzen Welt sowie an Leichen vorgenommen hatte, fand sich Strontium 90 zwar in den Nahrungsmitteln und Knochen, allerdings in einer seiner Meinung nach harmlosen Konzentration, nämlich dem Zehntausendstel der zulässigen Höchstmenge, also jener Menge, die Leukämie auslöst (vgl. dazu Kulp 1957; *Der Spiegel* 1957). Dagegen untersuchte der Genetiker Edward Lewis in einem Artikel mit dem Titel »Leukemia and ionizing radiation«, mit welcher Wahrscheinlichkeit Leukämie auftritt, wenn jemand tatsächlich radioaktiver Strahlung ausgesetzt war. Lewis bezieht sich auf Studien zur Häufigkeit von Leukämie bei Überlebenden der Atombombenabwürfe über Hiroshima und Nagasaki, bei mit Röntgenstrahlen behandelten Patientengruppen und bei Radiologen. Bei diesen Personen lag die Wahrscheinlichkeit, an Leukämie zu erkranken, höher als bei Kontrollgruppen, so daß es sich nicht um spontan auftretende Fälle handeln konnte.

Die Studien zur Strontium-90-Konzentration sowie zum Zusammenhang zwischen Strontium 90 und dem Auftreten von Leukämie waren nicht nur mit Blick auf die Kernwaffentests relevant, wie Kulp ausführt:

> However, the existence of measurable quantities makes it possible to analyze the present distribution of strontium 90 with regard to age, sex, diet, geography, and time. Such information is fundamental for making predictions about the probable effects of future nuclear explosions. (Kulp 1957, 219)

Genau die Frage nach der möglichen Vorhersage der Auswirkungen eines nuklearen Krieges stand auch im Mittelpunkt der Nachkriegsfuturologie, wie Hermann Kahns Buch *On Thermonuclear War* (1960) zeigt: »The Sr-90 problem has probably created more apprehension than any other problem generated by nuclear tests.« (Kahn 1966, 63) Die Schätzung, jede Megatonne von bei solchen Tests erzeugten Spaltprodukten enthalte so viel Strontium 90, daß tausend Menschen an Leukämie erkrankten, habe die – nach Kahn irrtümliche – Meinung erzeugt,

> that no country could afford to launch a massive attack on another country in the same hemisphere because the backlash of the radioactive products would make the attacking nation uninhabitable even if the defending nation never got to retaliate (ebd., 63).

Die Verteilung radioaktiver Stoffe wie Strontium 90 hätte gemäß dieser Aussage die – auch von Kahn vertretene – Doktrin des nuklearen Erstschlages ad absurdum geführt. Allerdings teilte Kahn diese Auffassung keineswegs. Zwar würde seiner Ansicht nach die Konzentration von Strontium 90 in Nahrungsmitteln ansteigen, aber dagegen könne man Maßnahmen ergreifen. Zum Beispiel ließen sich nach einem thermonuklearen Krieg die Nahrungsmittel nach der Höhe der Strontium-90-Konzentration in verschiedene Kategorien einteilen: Nichtverstrahlte A-Lebensmittel dürften nur Kindern und Schwangeren zur Verfügung stehen. B- und C-Lebensmittel wären für alle zugänglich, würden sich jedoch preislich unterscheiden. D-Lebensmittel seien dagegen für alle diejenigen vorgesehen, die älter als 50 Jahre sind, da ihre Knochen ausgewachsen seien und es außerdem einige Zeit brauche, bis der Krebs entstehe. Schließlich seien die E-Lebensmittel den Tieren vorbehalten, denn der Verzehr von Fleisch oder die Herstellung von Kleidungsstücken hätte keinen Einfluß auf Menschen (ebd., 66f.).

Diese Konzeption der Nahrungsverteilung ist für Kahn ein Beispiel dafür, daß man einen nuklearen Krieg durchaus vorbereiten könne, so schreibt er:

»if proper preparations have been made, it would be possible for us or the Soviets to cope with all the effects of a thermonuclear war, in the sense of saving most people and restoring something close to the prewar standard of living in a relatively short time« (ebd., 71).

Aus Kahns Sicht ist es daher entscheidend, bereits vor einem möglichen thermonuklearen Krieg eine realistische Sichtweise der Nachkriegszeit zu entwickeln und sich für eine solche Situation schon in der Gegenwart zu rüsten. Kahns technokratische Visionen suggerieren, es gebe nach einem solchen Krieg noch die Möglichkeit einer kontrollierten Gesellschaftsform, in der tatsächlich nichtverstrahlte Lebensmittel Kindern und Schwangeren überlassen werden würden. Ein ganz anderes Szenario, gemäß dem knappe Ressourcen gewalttätige Konflikte hervorbringen, haben dagegen in den letzten Jahren sowohl die Sozialwissenschaften als auch die Literatur vorgeführt: In dem Buch *Klimakriege. Wofür im 21. Jahrhundert getötet wird* (2008) zeigt etwa der Sozialpsychologe Harald Welzer auf, wie der Klimawandel unter anderem zu einem Mangel an Trinkwasser führt, weshalb um die letzten Wasserreserven erbitterte Kriege geführt werden – was in einigen Regionen heute schon Realität ist. Nicht die rationale Verteilung von Lebensmitteln, sondern Gewalt wird diesen zukünftigen Akteuren nach Welzer als beste Problemlösungsstrategie erscheinen. Ein solches Zukunftsbild findet sich auch in Cormac McCarthys Roman *The Road* (2006): Vater und Sohn reisen durch ein verwüstetes Amerika, in dem es weder Pflanzen noch Tiere und damit auch keine Nahrungsmittel mehr gibt. Im Kampf um die letzten verfügbaren Lebensmittel verlieren in McCarthys Roman moralische Normen ihre Gültigkeit, Menschen jagen andere Menschen, um sie gleich zu essen oder wie Schlachtvieh einzusperren und Stück um Stück zu verspeisen.

Die Diskussion um die Strontium-90-Werte vollzog sich in den fünfziger Jahren noch im Innenraum der Politik und Wissenschaft – ohne Beteiligung der Öffentlichkeit. Genau hier setzten Autoren wie Kahn oder Commoner ein. Während Kahn sein Buch der Antizipation eines möglichen Krieges widmete, plädierte Commoner für eine Partnerschaft zwischen »scientist and citizen« (Commoner 1972, 198). Es sei die Verantwortung der Wissenschaft, der Öffentlichkeit die Fakten in verständlicher Form zu präsentieren, damit sich diese in die Diskussion einbringen könne. Es gehe nämlich nicht einfach um Meßwerte, sondern um Werturteile, die gerade *nicht* durch wissenschaftliche Prinzipien bestimmt würden: »These are matters of morality, of social and political judgement. In a democracy they belong not in the hands of ›experts‹, but in the hands of the people and their elected representatives.« (Ebd.) Commoner wendet sich gegen eine Expertokratie und gegen eine technokratische Regierungsform. Umweltprotest ist für ihn demgemäß eine Erneuerung der demokratischen Kultur. Nötig seien eine breite Debatte über akzeptable Risiken sowie die öffentliche Partizipation an Entscheidungen über den Einsatz oder das Fortführen von Risikotechnologien wie der Atomenergie (vgl. dazu ausführlich Egan 2007, 8). Als Beleg für den Erfolg einer solchen Partnerschaft betrachtet Commoner den Abschluß des bereits erwähnten Vertrags über das Verbot von Kernwaffenversuchen von 1963, der seiner Meinung nach »the first of the great ecological victories achieved by the partnership between the American public and the scientific community« darstellt (Commoner 1972, 199). Angeführt von Linus Pauling waren es Wissenschaftler, die mit Blick auf die Verteilung von Strontium 90 in der Nahrungskette und seiner Speicherung in Knochen, vor allem bei Kindern, mit einer Petition den Stopp der Kernwaffentests einforderten und damit überhaupt die Gefahren des Fallouts publik machten: »for the first time broad sections of the public began to understand the nuclear peril« (ebd.).

Atombombentests wurden bevorzugt in Wüsten oder auf Inseln und Atollen durchgeführt: Die USA testeten in New Mexico, Nevada, auf pazifischen Inseln wie Bikini oder auf der im Südwesten Alaskas gelegenen Insel Amchitka. Die Sowjetunion hatte Testgelände auf der Insel Nowaja Semlja im Nordpolarmeer, und in der kasachischen Steppe befand sich das Testgelände Semipalatinsk, während China im Norden der Wüste Lop Nor ein Testgelände einrichtete. Die Briten testeten auf den an der Nordwestküste Australiens liegenden Monte-Bello-Inseln sowie in der australischen Nullarbor-Wüste und die Franzosen auf dem Mururoa-Atoll sowie in der Sahara. Diese Tests konstituierten nicht nur einen öffentlichen Diskurs und führten zur Gründung von Organisationen wie Greenpeace, sondern erzeugten auch neue Wissensanordnungen – in den Worten Commoners: »Before long strontium 90 data from all parts of the world began to appear in scientific journals, and it became clear that tests of nuclear weapons had unwittingly set off the first global environmental experiment in human history.« (Ebd., 52)

Aus dieser Perspektive erscheinen die Atomwaffentests als Embleme für die Epistemologie von Experimenten überhaupt: Die Intention bestand darin, eine möglichst große Explosion zu bewirken, innovativ für die Wissenschaft aber waren Effekte, von denen vor der Durchführung niemand etwas wissen wollte: die Verteilung radioaktiver Stoffe in der Umwelt und ihre Auswirkung auf den Menschen. Vor allem die Ökologie fand hier ein wichtiges neues Betätigungsfeld, wie der Ökologe Philip Gustafson in seinem Aufsatz »Environmental radiation« (1966) ausführt:

> No one would consider the deliberate release of radioactivity by weapon tests on global scale as a means of undertaking an environmental radiation research program. However, such releases have taken place as a consequence of the tests and wide distribution of fission products has resulted.

This made serious study of their effect on the environment mandatory in order to predict and identify the hazards to health. Dramatic opportunities now exist for these studies. In meteorology, with the entire atmosphere tagged with radioactivity, transport and mixing phenomena have been investigated on a global scale. (Zitiert nach Golley 1993, 73)

Die Atomtests eröffnen somit unzählige neue Forschungsmöglichkeiten, in denen Ökologie, Meteorologie, Ozeanographie und andere Disziplinen notwendigerweise zusammenkommen, da ihnen gar nichts anderes übrigbleibt, als eine global arbeitende Forschung voranzutreiben. Somit ist die »Erde« nicht erst durch die von der Raumfähre Apollo 17 (→ Erde) aus gemachten Fotografien genuiner Gegenstand der Ökologie geworden, sondern bereits durch ihre radioaktive Verstrahlung infolge der seit den vierziger Jahren durchgeführten Kernwaffentests.

Ein weiterer wichtiger Effekt der Tests war, wie Gustafson ausführt, die Einsicht in andere Formen der Verschmutzung, denn die Verteilung radioaktiver Substanzen lieferte ein Modell für die Untersuchung gefährlicher Chemikalien wie Karzinogene oder Pestizide. So wurde gerade die im Jahr 1946 gegründete Atomenergiekommission zum Impulsgeber für die Etablierung der Ökologie. Das gilt insbesondere für das im Rahmen des Manhattan Project gegründete Oak Ridge National Laboratory, das unter anderem über einen plutoniumerzeugenden Reaktor und eine Urantrennungsanlage verfügte und unter finanzieller Förderung durch die Atomenergiekommission zuerst zu einem Zentrum der Radioökologie und dann zu einer der bedeutendsten Einrichtungen der Ökosystemforschung wurde (vgl. ausführlich Bocking 1997, 63-115).

Die Unsichtbarkeit radioaktiver Strahlung bringt notwendigerweise Strategien der Veranschaulichung hervor, sonst ließe sich über diese Strahlung gar nicht sprechen. Dies gilt für die Wissenschaft im engeren Sinne, bekanntlich kam Henri Becquerel der Radioaktivität durch einen Uran enthaltenden Kristall auf die Spur, der eine Fotoplatte schwarz färbte. Für die Organisation der öffentlichen Diskussion reichen aber Fotoplatten oder Geigerzähler nicht aus, hierfür werden vielmehr Erzählungen benötigt, welche ökologische Problemlagen überhaupt erst kommunizierbar machen. Die Erzählungen von den Fischern auf dem

Boot Glücklicher Drachen Nr. 5, den Bewohnern der Marshall-Inseln oder den ebenfalls der Strahlung ausgesetzten amerikanischen Militärangehörigen sind vor diesem Hintergrund unabdingbare Voraussetzungen für die Organisation und Anerkennung politischer Stimmen, denen sie allererst Form verleihen. Während in diesen Fällen spezifische und eingegrenzte Räume und Personengruppen im Zentrum der jeweiligen Erzählungen stehen, erzeugt das Isotop Strontium 90 als wandernder Agent eine eigene Geschichte: vom Fallout der Kernwaffen über Wind und Regen, Fische und Kühe, Milch und Käse bis in die Knochen der Menschen.

*B. B.*

# Sand

Sand ist ein natürlich vorkommendes, unverfestigtes Sediment, das sich aus einzelnen Sandkörnern mit einer Korngröße von 0,063 bis 2 mm zusammensetzt. Sand ist also gröber als Schluff (Korngröße 0,002 bis 0,063 mm) und feiner als Kies (Korngröße 2 bis 63 mm). Sand zählt zu den nicht bindigen Böden und stellt einen bedeutenden Rohstoff für das Bauwesen, die Glas- und Halbleiterindustrie dar

*»Sand« 2013, o. Pag.*

Kein Stäubgen verschwindet in der materiellen Welt. Unsere Körper gehen nach Jahren wieder unter, sie zerfallen zu dem Staub, woraus sie entstanden sind; aber aus diesem Staube entstehen wieder neue Körper. Auch keine Idee geht hier verloren.

*Gosch 1789, 88f.*

What is Caduceus? Caduceus is a healing, spiritual magazine focusing on psychological, emotional, spiritual, ecological and environmental health, therapy and growth, including natural, holistic, energy and complementary medicine.

It explores the frontiers of sacred science and covers climate change, swine flu, Codex Alimentarius, vitamin D, sunlight health benefits, sound healing and therapy, vitamins and minerals, homoeopathy, fluoridation, iodine, electromagnetic fields and pollution, animal communication, 2012, Mayan prophesies [sic], psychic healing, megalithic sites, crop circles, reincarnation and mysticism.

*Caduceus 2009, o. Pag.*

Im Gegensatz zu den markanten Steinen verweigert der Sand jegliche Eigentümlichkeit, um in einem vermeintlichen Paradox doch gerade dem Ausdruck von Individualität Vorschub zu leisten. Von fachsprachlichen Verwendungen abgesehen, die den Sand durchaus auch im Plural führen, erfolgt seine alltagssprachliche Verwendung in der Regel im Singular, gedacht jedoch wird er als diffuse Menge von Körnern, nicht als einzelnes Sandkorn. Während die monolithischen Steine im Zuge ihrer Bildungsromane ganze Karrieren an Charakterbildungen und statuarischen Zuschreibungen durchlaufen haben, die den Menschen sehr viel unvermittelter mit betreffen sollten, erscheint Sand immer schon als Kollektiv. Jenseits ihrer physischen Entstehung sind die semantischen Programme der Steine so ausgefuchst, daß selbst scheinbar akademische Befundnahmen wie das um 1800 propagierte Ende der Rhetorik hier ihren Ort finden: Steine brauchen nicht länger einem starren, einem monolithischen Katalog von Zuordnungen zu unterliegen, die sie mit bestimmten Eigenschaften fest an den Menschen binden, sie entwickeln sich vielmehr mit und entwickeln dabei selbst flexible Charaktere (→ QUARZ).

Auch wenn dem Sand eine solche Psychologisierung versagt blieb, ist er dennoch mit dem Menschen auf eine Weise verbunden, die ein zentrales Moment von Medien deutlich macht: die Preisgabe eigener zugunsten fremder Individualität. Es ist jene Kleinkörnigkeit des Sandes, die es ihm erlaubt oder die ihn regelrecht dazu nötigt, immer neue Figurationen anzunehmen und diese für einen noch so kurzen Zeitraum ansichtig zu machen. Analog zum *pencil of nature*, mit dem der englische Fotopionier William Henry Fox Talbot (1800-1877) das Vermögen der analogen Bildaufzeichnung anschrieb, schreibt auch der Sand Natur – im Zeichen einer vermeintlichen Objektivität, die ohne die verzerrenden Interventionen menschlicher Hände willfährig ihrer Tätigkeit nachging. Diese Figur verdoppelt einen gleichermaßen sonderbaren wie allumfassenden Zug technischer Medien: Diese hatten – und das garantiert zugleich ihr Funktionieren – nie eine Chance, sich den sie formierenden Vorgaben in den Weg zu stellen oder gar zu verweigern. Das tritt ausgerechnet im menschlichen Bereich besonders virulent zutage – in einer Diskussion um die Fassungs- und Wiedergabetreue des Goethe-Gehilfen Johann Peter Eckermann. Was in der germanistischen Diskussion lange als Mysterium gehandelt und mit Strategien positivistischer, aber auch technischer Überprüfung überzogen wurde (→ DRAHT), war der Status des mehr oder weniger mechanisch aufzeichnenden Stenographen: War Eckermann *bloß* ein technisches Medium, das lediglich dem Vorsatz folgte, gleichgültig gegenüber seinen oder möglichen Inhalten zu sein, oder brachte er sich mit seiner ganzen Persönlichkeit, mit genialischen Flausen oder gar mit dem Anspruch eigener Autorschaft selbst ins Spiel, um so zu verzerren und zu verfälschen, was man als Originalwortlautprotokolle vom Weimarer Frauenplan erhalten zu haben hoffte Eckermann und der Sand markieren somit einen Grundsatz technischer Medien. Um Individualität zu verzeichnen, darf man selbst keine sonderlichen Ansprüche auf sie erheben – oder, um es mit Stimmen aus dem Umfeld einer entsprechenden Forschung zu sagen: Das Hineinwachsen in Goethes Denkform wurde durch »eine weiche Natur und leichte Anpassungsfähigkeit des Autodidakten begünstigt, der keine starke eigene Individualität zu opfern brauchte« (Peterson 1925, 146). Das, was als Charakterologie Eckermanns, wenig schmeichelhaft für diesen, in der Rede von der weichen Natur und der leichten Anpassungsfähigkeit zu Buche schlägt, eröffnet dem Sand eine eindrucksvolle Karriere als Medium aller nur möglichen Selbstaufzeichnungen.

Die schier unendliche Figurationsfähigkeit des Sandes prädestiniert ihn daher für die Veranschaulichung sehr unterschiedlicher Phänomene. Diese betrifft neben der Physik und der militärischen Taktik in den frühen Strategiesandkästen des Preußischen Generalfeldmarschalls und Geodäten Karl von Müffling (vgl. Kittler 1990; Hilgers 2000) nicht zuletzt die Kommunikationstheorie mit der Erschließung alternativer Kanäle, aber eben auch eine Ästhetik neuer Formgebungen und schlußendlich eine Epistemologie, in der sich das Wissen vom Menschen im Wortsinn verflüchtigen wird. Im Gegensatz zu vielen anderen Steinen ist der Sand dezidiert nicht individuell. Als Sedimentgestein kommt er in unterschiedlichen Größen, genauer: Körnungen, vor, deren Bezeichnung per DIN-Bestimmung geregelt ist: Die DIN 4022 unterscheidet auf der Grundlage der Korngrößeneinteilungen Grob-, Mittel- und Feinsand. Weil sich im Sand die Flüchtigkeit als Bild verfestigt, das Fluide stabilisiert (vgl. zu den Konsequenzen für Identitätskonzepte Vehlken 2013), taugt er zu einer Vielzahl von Symbolen: Die gläserne Sanduhr, die das unablässige Verrinnen einer fest zugewiesenen Menge vor

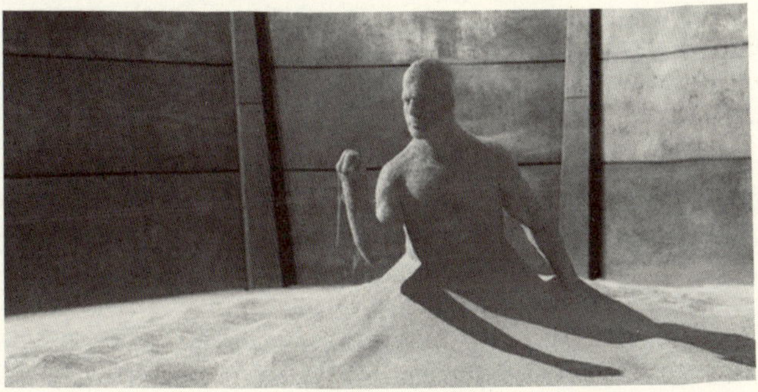

Abb. 1: Screenshot aus *Spider-Man* 3.

Augen stellt, ist nur eines davon. In einfachen Eier- und Saunauhren hat so überlebt, was als Vanitas-Symbol den Bildhaushalt ganzer Epochen geprägt hat. Als Symbol mangelnder Solidität regiert der Sand Wendungen, die davon handeln, auf Sand zu bauen oder etwas in den Sand zu setzen. In der Rede vom Sand im Getriebe macht sich ein Moment von Sperrigkeit geltend, dessen positiven Nutzen die Baumärkte mit unterschiedlich grob gekörnten Schleifpapieren und mit Sandstrahlern abschöpfen. Mit der Vogel-Strauß-Politik, also dem Hang, in brenzligen Situationen den Kopf in den Sand zu stecken, wird ein lebensweltlicher Eskapismus faßbar, der ausgerechnet an den Vogel Strauß adressiert wird, dem dieses Verhalten aber wohl gar nicht eigen ist. Und mit dem Sandmann schließlich, der abends kommt, um den Kindern Sand in die Augen zu streuen, ist eine Personalisierung gelungen, deren Potential von E. T. A. Hoffmanns Erzählung und ihrer Schreckensfigur bis hin zur Beliebtheit des ostdeutschen Sandmännchens reicht, das sogar die Wirren der Politik hat überleben dürfen. In der Redewendung »Jemandem Sand in die Augen streuen« wird die Wachwelt täuschungswilliger Erwachsener adressiert, und im Film *Spider-Man 3* (USA 2007, Regie: Sam Raimi) figuriert ein veritabler Sandmann ganz unmetaphorisch als leibhaftige Bedrohung, um in einer unheilvollen Allianz mit Venom dem Helden das Leben schwerzumachen.

Aber die schier unerschöpflichen Bezugnahmen auf den Sand verlaufen sich nicht in den Niederungen bloßer Redewendungen.

Wie er von einem Symbol zur Wissensfigur wird, kann man an seiner Karriere um 1800 beobachten – etwa dort, wo Sand als Formierungsfläche dient wie bei dem romantischen Physiker Ernst Florens Chladni (1756-1827), der mit den nach ihm benannten Klangfiguren Furore machte und als Reisender mit den Vorführungen ebenjener Figuren seinen Lebensunterhalt bestritt. Mit Sand bestreute Glasplatten wurden etwa an eine schwingende Violinsaite gehalten und formten im Zuge der Resonanz besagte Figuren – deren Regelmäßigkeit für die Akustiker die Schwingungsgesetze vor Augen stellte (während andere sie einfach nur schön finden durften): Was so entstand, konnte der romantische Schriftsteller Novalis in seinen *Lehrlingen zu Sais* als Chiffrenschrift *sui generis* feiern. Indem diese emergenten Züge der Natur von Novalis auf die Vielgestaltigkeit menschlicher Lebenswege übertragen werden, ist zugleich auf das Moment der größtmöglichen Individualisierung des Menschen angespielt:

> Mannigfache Wege gehen die Menschen. Wer sie verfolgt und vergleicht, wird wunderliche Figuren entstehen sehn; Figuren, die zu jener großen Chiffrenschrift zu gehören scheinen, die man überall, auf Flügeln, Eierschalen, in Wolken, im Schnee, in Kristallen und in Steinbildungen, auf gefrierenden Wassern, im Innern und Äußern der Gebirge, der Pflanzen, der Tiere, der Menschen, in den Lichtern des Himmels, auf berührten und gestrichenen Scheiben von Pech und Glas, in Feilspänen um den Magnet her, und sonderbaren Konjunkturen des Zufalls, erblickt. (Novalis 1981 [1802], 95)

Damit war ein romantisches Versprechen von Natur verbunden, dem zufolge ein schier unerschöpflicher Reichtum an Formen in der Natur vorliege – von den Klangfiguren Chladnis bis zu den Elektrizitätsfiguren bei Lichtenberg. Die Überführung von etwas, was man nur hören, in etwas, was man sehen konnte, was Wellenlinien ausprägte, sollte zu einem Faszinosum mit unterschiedlichen praktischen Bezugnahmen werden – und so gelangten solche Figuren etwa für die Musterfindung bei der Tapetenherstellung zum Einsatz (vgl. dazu Menke 2000, zu den Details der Wandgestaltung vor allem 596). Eröffnet ist damit ein Raum der Unendlichkeitsfigurationsphantasien, der natürlich auch und gerade dem gewidmet ist, was als Individualität des Menschen die Suche nach individuationsfördernden Medien antreibt (vgl. Rieger 2001). Romantische Positionen nehmen so die Vorlage Chladnis beim Wort und feiern die Natur als Hort immer neuer Formengenerierung. Das darin enthaltene Faszinationspotential wurde vielfältig auf dem Feld der Literatur durchgespielt. Dies gilt nicht nur für die Naturchiffren-Begeisterung bei Novalis, sondern auch für Jean Paul, der in *Selina, oder über die Unsterblichkeit der Seele* die Flüchtigkeit der gesamten Menschheitsgeschichte entsprechend faßt:

> Nehmet einmal recht lebhaft an, daß wir Alle nur Klangfiguren aus Streusand sind, die ein Ton auf dem zitternden Glase zusammenbauet, und die nachher ein Lüftchen ohne Ton vom Glase wegbläset in den leeren Raum hinein: so lohnet es der Mühe und des Aufwandes von Leben nicht, daß es Völker und Jahrhunderte gibt und gab. Sie werden gebildet und begraben, höher gebildet und wieder erschüttert; [...] lasset Jahrtausende ihre geistigen Ernten und ihren Reichthum in die Menschenmenge von Klangfiguren niederlegen: in funfzig Jahren verfliegen die Figuren, und nichts ist mehr da, als das Dagewesensein. (Jean Paul 1842, 20f.)

Beide Aspekte – die Figurationsfähigkeit und die Flüchtigkeit – führen zu einer Anordnung, die sich wie eine technische Lösung dieser vermeintlichen Aporie liest. Wie kann man die Flüchtigkeit einer Erscheinung, die sich von selbst in Form bringt, konservieren und als solche selbst ansichtig machen und ansichtig halten? Antwort weiß der amerikanische Hals-, Nasen- und Ohrenarzt Henry Holbrook Curtis (1856-1920) mit seinem Tonographen. Der Stimmsachverständige, der über ein Vierteljahrhundert als Therapeut die Sänger an der New Yorker Metropolitan Opera betreute (vgl. Curtis 1914), konstruierte mit dem Tonographen und auf der Grundlage von Chladnis Klangfiguren sowie deren Weiterentwicklung im sogenannten Eidophone von Margaret Watts Hughes (vgl. Hughes 1904) eine Vorrichtung, der es durch Einsatz der Fotografie gelang, die flüchtigen Erscheinungen der sich formierenden Stimmen auf Papier zu bannen.

Der Tonograph zwang Prominente auf diese Weise zu Formgebungen, die, fotografisch festgehalten, wiederum als Vorbild und als Modell für den künftigen Sängernachwuchs haben dienen können – selbst von der italienischen Opernlegende Enrico Caruso gibt es ein Bild, das ihn zeigt, wie er in die Gerätschaft singt. Sichtbar wurde aber auch, was als Fluchtpunkt menschlicher Einmaligkeit die Individualität des Menschen gegenüber

Abb. 2: Klangfigur eines ›ahs‹ nach Volk 2007.

der Individualität der Medien garantieren sollte: Bei gleicher Vorgabe dessen, was in den Tonographentrichter gesungen wurde, wiesen die optischen Niederschläge typische Formen auf, die zugleich durch die Klangfarbe der jeweiligen Trägerstimme individuell variiert werden konnten.

Was ästhetisch ein Reich unausschöpfbarer Formen ermöglichte, sollte den Erkennungsdiensten zu einem neuen Standard der kriminalistischen Unverwechselbarkeit werden. Der Arzt und Schriftsteller Max Breitung feiert die phonographisch festgehaltene Stimme gar als neuen Standard für das menschliche Signalement:

> Es wird sich herausstellen, dass das Phonogramm eine pièce de résistance in der Anthropometrie bilden wird. Die Stimme des Menschen ist dasjenige Criterium, welches sich am wenigsten ändert und am wenigsten willkürlich verändert werden kann. (Breitung 1899, 546)

Die Flüchtigkeit der chladnischen Figuren wird im Tonoskop durch eine andere Medientechnik auf Dauer gestellt: Was so entsteht, ist eine Verbundschaltung von Willfährigkeiten, Übertragungen, bei denen der Mensch zunehmend außen vor bleibt – es sei denn, er dient selbst als Datenquelle wie bei Curtis. Wird das Wissen der Form dann auch über die bloße Fixierung hinaus direkt rückgekoppelt an die Lehre von der Stimmführung, so entsteht ein Regelkreis, in dem sich Deskription und Präskription unablässig selbst modellieren – im Fall von Curtis zum höheren Ruhm der schönen und der gesunden Stimme.

Der argentinische Schriftsteller Jorge Luis Borges nobilitiert den Sand vollends und versetzt ihn gar in den Status einer poetologischen Chiffre, die scheinbar alles, was es über Bücher zu sagen gibt, auf den Punkt bringt. Dem Helden seiner Erzählung »Das Sandbuch«, einem Buchgelehrten, der selbst über eine statt-

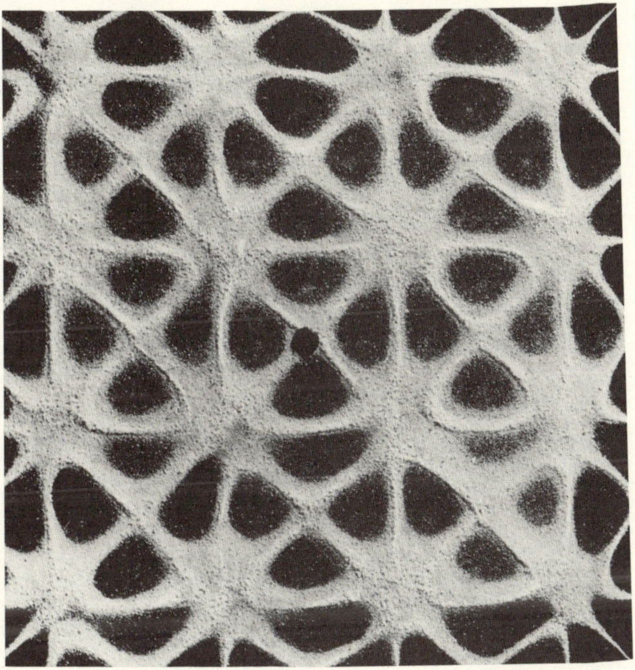

Abb. 3: Piezoelektrisch erzeugte Klangfiguren nach Jenny 1967.

liche Anzahl seltener Bücher verfügt, wird eines Tages von einem Bibelverkäufer, der an seiner Wohnungstüre klingelt, ein Buch zugespielt – das titelgebende Sandbuch, von dem es heißt, daß es permanenter Wandlung unterliegt und das, was Bücher gemeinhin machen, verweigert: nämlich etwas festzuhalten. Die Probe aufs Exempel gerät zu einer verstörenden Lektüreerfahrung. »Ich merkte mir die Stelle und schlug den Band zu. Gleich darauf öffnete ich ihn wieder. Vergebens suchte ich die Abbildung des Ankers, Seite auf Seite.« (Borges 1982 [1975], 94) An der Ungeheuerlichkeit dieses unmöglichen Buches, das die Form nicht wahrt, das sich in immer neuen Anordnungen darbietet, das weder Anfang noch Ende kennt, zerbricht der bibliophile Bibliothekar. Er versteckt es schließlich in einem Winkel der Nationalbibliothek, in der er arbeitete, und tilgt so seine Ungeheuerlichkeit durch eine Mimikry mit anderen Büchern, die von einer solchen Ungeheuerlichkeit frei sind. Von der Ästhetik nichtexhaustiver Sinngenerierung ist es nur ein Sprung zu dem wohl epistemologisch folgenreichsten Einsatz des Sandes, mit dem Michel Foucault seine *Ordnung der Dinge. Eine Archäologie der Humanwissenschaften* beschließt, jenes Buch, das sein Entstehen einem anderen Text von Borges zu verdanken hat, einer Erzählung über eine chinesische Enzyklopädie, deren Ordnungsphantastik Foucault so sehr gefiel. Nachdem er die Entstehung des Menschen an bestimmte Dispositionen geknüpft und seinen Status als eine junge Erfindung nachgezeichnet hat, darf im Namen des Sandes mit den letzten Sätzen des Buches der wohl höchste Wetteinsatz formuliert werden.

> Eines ist auf jeden Fall gewiß: Der Mensch ist nicht das älteste und auch nicht das konstanteste Problem, das sich dem menschlichen Wissen gestellt hat. Wenn man eine ziemlich kurze Zeitspanne und einen begrenzten geographischen Ausschnitt herausnimmt – die europäische Kultur seit dem sechzehnten Jahrhundert –, kann man sicher sein, dass der Mensch eine junge Erfindung ist.
>
> […]
>
> Wenn diese Dispositionen verschwänden, so wie sie erschienen sind, wenn durch irgendein Ereignis, dessen Möglichkeit wir höchstens vorausahnen können, aber dessen Form oder Verheißung wir im Augenblick nicht kennen, diese Dispositionen ins Wanken gerieten, wie an der Grenze des achtzehnten Jahrhunderts die Grundlage des klassischen Denkens es tat, dann kann man sehr wohl wetten, daß der Mensch verschwindet wie am Meeresufer ein Gesicht im Sand. (Foucault 1990 [1966], 462)

Aber es ist nicht nur der Sand, der in Klangfiguren, auf Spielplätzen oder an Wissensstränden neue Formen erschließt. Wie bei anderen kleinpartikelförmigen Stoffen wie Ruß oder Staub, wie Bärlappsamen oder Mehl (mit dem schon Robert Hooke hantierte) entstehen Anordnungen der Übersetzung von einem physikalischen Zustand in einen anderen. Ohne Sperenzien zu machen, fügen sich die kleinen Teile willfährig in die jeweiligen Konstellationen. Dabei sind die Verwendungsweisen heterogen. Die Konstellationen können erkenntnisleitenden Charakter haben wie in der sogenannten Rußmethode bei Karl Marbe zu Beginn des 20. Jahrhunderts, der mittels Rußpartikeln flüchtige Ereignisse registrieren wollte (Marbe 1908). Sie können aber auch ästhetischen Charakter haben und etwa der ornamentalen Wandgestaltung dienen. Welche Dynamiken sie gerade im Rahmen der Kunst freisetzen, davon zeugen Verfahren wie die sogenannte Kymatik des Schweizer Arztes Hans Jenny. Auch er war mit Tonoskopen unterschiedlicher Bauart, darunter auch einem elektrischen, zugange (Jenny 1960) und erschloß mit der Kymatik ganz neue Formwelten (Jenny 1967).

Jenny, der als Lehrer an einer Rudolf-Steiner-Schule und damit im Kontext der Waldorf-Bewegung tätig war, verwendet die Visualisierung der Töne konkret im Rahmen der Behindertenpädagogik und liefert so unterderhand einmal mehr eine semiotische Fundierung der Disability Studies (→ NEUROPHON). Der amerikanische Medienkünstler Jeff Volk hat sich dem Programm der Cymatics regelrecht verschrieben. In seinem Text »Cymatics. Insights into the invisible world of sound« handelt er die diversen Urszenen dieser Sichtbarmachung in einem historiographischen Parforceritt ab und gerät unter der Zwischenüberschrift »Sand forms, sound forms« endlich auch zu Hans Jenny:

> Jumping ahead to the 1960s, in the small town of Dornach in the foothills of the Swiss Alps, Dr Hans Jenny constructed a similar device, which he called a tonoscope, to transform the human voice into visual »sound figures«. Jenny's association with the Waldorf school system, which specialized in educating physically impaired children, led him to employ this »toy« to teach deaf children to speak. Although a deaf child might not be able to hear the difference between a properly pronounced »oh« and a guttural, poorly articulated »uhh«, using the tonoscope they could see the difference. (Volk 2007, 13)

Volks Text erschien in der Zeitschrift *Caduceus*, einem Sammelbecken all dessen, was man glaubt, mit der Kymatik und ihren Phänomenen flächendeckend anstellen zu können. Über dieses Programm gibt das vorangestellte Motto Auskunft. Wie sehr dieses Programm nicht nur in esoterisch angelegten Weltentwürfen, in alternativen Gesundheitskonzepten oder in der Aufklärung von Umweltkatastrophen und Weltverschwörungen angekommen ist, zeigen vor allem Anwendungen in der aktuellen Medien-

Abb. 4: Hans Jenny an seinem elektronischen Tonoskop nach Volk 2007.

kunst. Volk beeinflußt mit seiner Arbeit Künstler wie Alexander Lauterwasser und Alvin Lucier, deren Schaffen mit seiner Nähe zu esoterischen Bezugnahmen in der großartigen Masterarbeit von Rachael Linton seinen wissenschaftlichen Niederschlag findet (Linton 2008). Der österreichische Medienkünstler Roland Maurmair schuf gar mit direktem Bezug auf Chladni einen veritablen Bärlappfeldgenerator (vgl. Hinterwaldner 2011) und greift dabei auf ein Material zurück, das sich bereits für die Untersuchung des piezoelektrischen Effekts bei Quarzen bestens bewährte (→ TURMALIN).

Als gutes Hilfsmittel zum Erkennen des Schwingungszustandes eines Quarzresonators ist Bärlappsamen (Lycopodium) zu empfehlen. Dieser Samen wird in feiner dünner Schicht auf die gut getrocknete Oberfläche und um den Quarz herum ausgestreut. Im Resonanzfall zwischen erregender Frequenz und elastischer Eigenfrequenz des Resonators wird der Bärlappsamen von den Stellen der Quarzoberflächen, die einem Schwingungsbauch der elastisch stehenden Welle im Quarzresonator zugehören, weggeschüttelt, während er an den Stellen der Schwingungsknoten liegen bleibt. (Scheibe 1938, 82)

Abb. 5: Bärlappfeldgenerator nach Hinterwaldner 2011.

Wenn Sand und Samen gleichermaßen zur Veranschaulichung bestimmter Figurationen taugen, scheint zumindest auf der Ebene solcher Pragmatik eine der zentralen Unterscheidungen innerhalb der Naturwissenschaften aufgehoben, die zwischen organischer und anorganischer Chemie. Was immer in der Welt als Kohlenstoffverbindung gilt, ist dieser Logik zufolge dem Leben zuzuschreiben. Und was immer den Umtrieben des Virtuellen zuzurechnen ist, gehört umgekehrt in die Logik des Nichtlebens. Seine Grundlage ist das Silizium, dessen Vorkommen im Sand unter Halbleiterherstellern den Topos von der schieren Unerschöpflichkeit ihres Ausgangsmaterials begründet. Die Virtualität, die neue Lebendigkeit oder der Schein des Lebendigen in computergenerierten Medienwelten und ihren vielfältigen Animationen und Animiertheiten sind Effekte von Techniken auf der Grundlage von Silizium. Und Silizium, neben Sauerstoff das zweithäufigste Element auf der Erde, steht scheinbar unbegrenzt zur Verfügung. So ist es der Sand, der mit den neuen Techniken auch die neuen Animationen ermöglicht, von denen es immer heißt, sie würden mit dem Leben auf Kriegsfuß stehen. Mit der Züchtung von Einkristallen für die Herstellung der in der Informatik unabdingbaren Wafer scheint sich so der Kreis zwischen dem Organischen und dem Anorganischen zu schließen. Zumindest für einen weiteren flüchtigen Moment unserer Technikgeschichte gilt, daß der Schein des Lebens wenigstens jetzt noch auf Sand gebaut ist (vgl. dazu Dath 2002).

Und es ist schon eine durchaus sonderbare Episode, von der die Kristallzüchterei zehrt. Ausgerechnet eine Schreibszene mit

Abb. 6: Künstlich gezüchteter Einkristall zur Waferproduktion.

ihrer schlichten Materialität in Form einer einfachen Feder und eines Tintenfasses soll das Gigabytezeitalter ermöglicht haben. Mit dieser Schreibszene ist der Name Jan Czochralski verbunden. Der polnische Mineraloge, der das Kristallwachstum minutiös zu vermessen wußte (vgl. Czochralski 1916), steht einmal mehr für die Geschichte einer Erfindung, die eher in die Rubrik

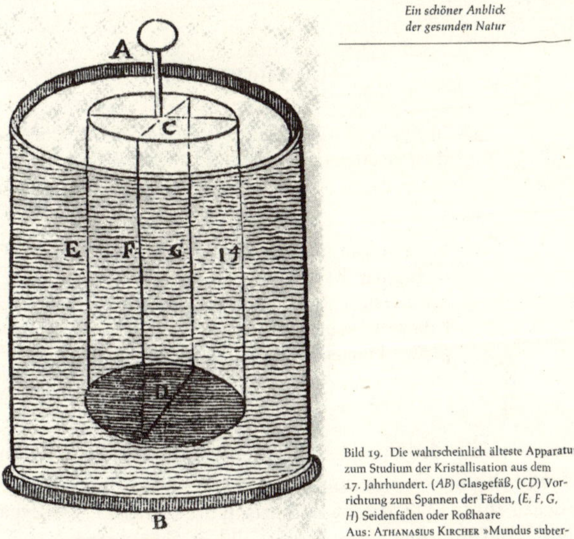


Bild 19. Die wahrscheinlich älteste Apparatur zum Studium der Kristallisation aus dem 17. Jahrhundert. (*AB*) Glasgefäß, (*CD*) Vorrichtung zum Spannen der Fäden, (*E, F, G, H*) Seidenfäden oder Roßhaare
Aus: Athanasius Kircher »Mundus subterraneus«, Amsterodami MDCLXIV

Abb. 7: Kulturvorrichtung zum Züchten von Kristallen nach Fabian 1986.

Pleiten, Pech und Pannen zu passen scheint (vgl. Evers et al. 2003). Er soll, so jedenfalls wird es berichtet, versehentlich seine Schreibfeder anstatt in ein Tintenfaß in ein solches mit flüssigem Zinn getaucht und auf diesem Wege zu dem nach ihm benannten Verfahren zur künstlichen Kristallherstellung gefunden haben. Ein Mißgeschick (und ausgerechnet in Form einer Schreibszene), ganz ähnlich dem Fall des Kristalls beim katholischen Abt René-Just Haüy, läutet so das Zeitalter der modernen Informatik ein – eine Zeit, von der es einst hieß, daß niemand in ihr mehr schreiben würde (vgl. dazu Kittler 1993; → Kalkspat).

*S. R.*

# Transuran

Nicht die Dinge selbst beunruhigen den Menschen, sondern die Meinungen über die Dinge.

*Epiktet nach Heubach 1987*

Immer ungeheurer werden die Räume, die die neuen Hypothesen in ihre Beurteilung ziehen, seltsamer immer kleiner und ausdrucksloser die verwendeten Apparate. Keine Laboratorien mehr, die lauten Maschinen schweigen, die großen Funken werden leer und stumm.

*Benn 1989b [1949], 402*

Wollte man die Ordnung der Dinge einmal alternativ bestimmen und würde man zu diesem Behufe versuchen, die Dinge nach Maßgabe ihrer Haltbarkeit numerisch zu skalieren – so ergäbe sich ein Befund, der einer nur scheinbar überkommenen Welt der alten Mechanik und ihren Gegenständen vehement das Wort redete. Faßt man nämlich privilegierte Gegenstände wie Hebel und Keile, Pendel und Rollen, aber auch die Uhr als emblematische Verdichtung dieses mechanischen Weltbildes, so erscheinen im Gegensatz zu deren Stabilität und Praktikabilität die Dinge der technischen Welt als ausgesprochen flüchtig und kurzlebig (vgl. zur Kulturgeschichte des Pendels Kassung 2007). Eines dieser labilen Dinge ist das Zyklotron. Als Vorrichtung zur Teilchenbeschleunigung von dem amerikanischen Physiker und Nobelpreisträger Ernest O. Lawrence im Jahr 1934 zum Patent angemeldet, ist es Teil einer Anordnung, von der man sich Aufschluß über die Zusammensetzung der Materie erwartet. Dieses Erkenntnisinteresse hindert das Zyklotron allerdings nicht daran, als Nachweisapparatur in den Blick zu geraten und selbst Gegenstand einer Reflexion über Stabilität und Fragilität zu werden. Der Philosoph und Semiotiker Max Bense (1910-1990) umreißt im Jahr 1949 unter dem Titel »Technische Existenz« eine Lage, vor deren Hintergrund er den Gedanken nach der Haltbarkeit der Dinge systematisch angehen, durchspielen, damit auch den Ort des Menschen neu veranlagen und dabei das Zyklotron als Beispiel benutzen wird. Er tut dies in einem Manifest, das von der radikalen Anerkennung der Technik handelt, das ein Ungenügen an der Unterscheidung in Natur und Kultur bezeugt und das von der Unhintergehbarkeit alles Technischen handelt: »Was wir geschaffen haben«, so schreibt er, »hat uns aufgenommen und hat nicht die Gnade, uns freizugeben.« (Bense 1998 [1949], 122; → EINLEITUNG KULTUR)

Der Mensch selbst, der in dieser Welt lebt, ist mit den Dingen ein Verhältnis des Seins eingegangen. Wie Bense herausarbeitet, hat dieses Technik-Sein die Form des Technik-Habens als alte Umgangsweise mit den Dingen und damit ihren Status als bloße Werkzeuge abgelöst (→ AUTO). An die Stelle dinglicher Verfügbarkeiten ist ein intrinsisches Seinsverhältnis getreten, eine *existentielle Ontologie*. Im Kontext dieser Ausführungen zeichnet Bense ein Bild, das auch die Dauer der Dinge in Anschlag bringt. Aufgetragen in einer Skala des Fortschritts, gibt ein Verfallsdatum den Weg ihrer Seinsgeschichte vor, die nun auch die des Menschen sein muß. Der Preis, den die Dinge einer technischen Welt für ihren neuen Status zu zahlen haben, ist schlicht der Preis ihrer Haltbarkeit (vgl. zur Haltbarkeit als taxonomischem Kriterium Baudrillard 2007). Doch diese hat denkbar wenig mit ökonomischer oder ökologischer Rationalität zu tun, wie sie etwa in den entsprechenden Überlegungen eines Vance Packard aus den siebziger Jahren zu finden ist. Das einflußreiche Buch *The Waste Makers* des amerikanischen Publizisten, Self-made-Wissenschaftlers und Konsumterror-Bekämpfers schlägt als Indikator für die Nichthaltbarkeit Begriff und Sache der Obsoleszenz vor – eine Größe, für die Packard eigens eine Systematik ausarbeitet, in die die Dinge mit ihrem je eigenen Verfall eingelassen sind (vgl. dazu Packard 1962; zur Nachhaltigkeit Karafyllis 2004; → PAPIER).

Die Gründe dafür sind schnell benannt: Es sind schlicht wirtschaftliche Faktoren, die so eine selbstlaufende Ersetzungs- und Austauschspirale in Gang setzen, Faktoren, deren Kritik problemlos anschlußfähig war an die politischen Bewegungen ihrer Zeit, um von der Betroffenheit unserer Zeit gar nicht erst zu reden. Allerorten macht sich der Verdacht breit, daß aus Verbrau-

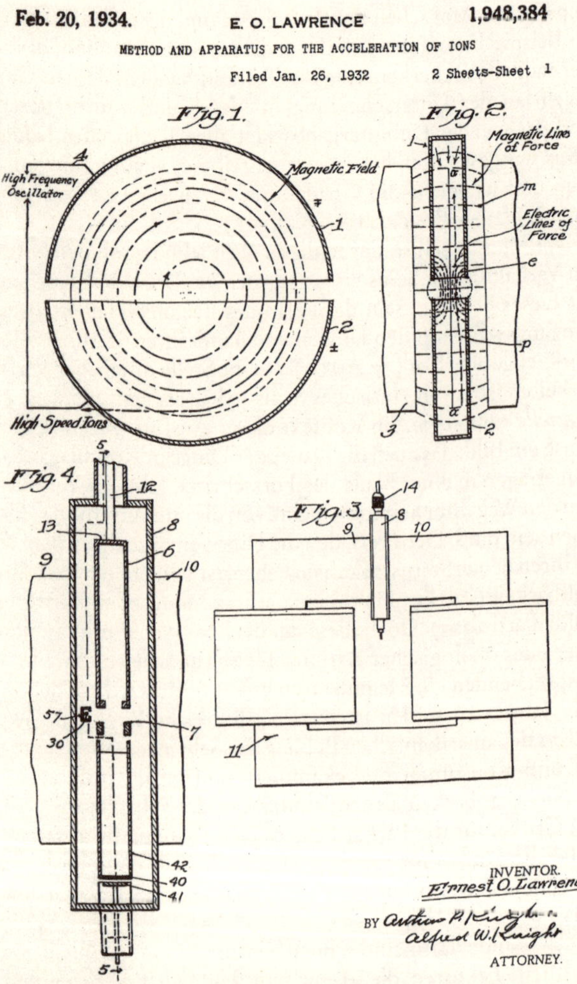


Abb. 1: Zyklotron. Ausschnitt aus der Patentschrift des United States Patent Office 1932.

chersicht unzulässiger-, aus Produzentensicht sachdienlicherweise die Dinge nicht so haltbar sind, wie sie es sein könnten. Den Konsumterror als das ganz Andere eines ökologisch motivierten Denkens etwa über Nachhaltigkeit zu bekämpfen war daher schon zu Packards Zeiten nicht zufällig eine der zentralen Forderungen der Studentenproteste gegen die gesellschaftspolitische Ordnung. Und was hinter den Dingen lauert, ist, wie im *Journal of Consumer Policy* nachzulesen, nicht weniger als der Vorwurf eines gezielten planwirtschaftlichen Verschleißes (vgl. dazu Hillmann o. J.). Weil es Bense um Ontologie, nicht aber um Ökonomie und Ökologie zu tun ist, kann er als Beispiel für die Veranschaulichung etwas heranziehen, was selbst jede Anschaulichkeit und Evidenz verweigert. Sein Weg führt ihn weg von den ideologisch belastbaren Konsumwelten ins Zentrum der modernen Naturwissenschaften und ihrer Bemühungen um den Aufbau der Materie. Es ist, anders als bei Packard, der die kurzlebigen Zyklen von Automodellen und Einbauküchen im Visier hat, die Diskussion um die sogenannten Transurane, die den Weg in die Chemie, zur materiellen Eigenlogik ihrer Nachweismethoden und damit zur Teilchenbeschleunigung weist.

Ein Blick in die Geschichte der Atomphysik gibt über diesen Argumentationsgang Aufschluß. Als Transurane macht dort eine Gruppe von Elementen von sich reden, die mit einer Kernladungszahl von über 92, also derjenigen von Uran, den Rahmen des Periodensystems chemischer Elemente sprengen. Ein populär gehaltener Vortrag des Kernphysikers und Radiochemikers Otto Hahn (1879-1968) mit dem Titel »Atom und Zukunft« aus dem Jahr 1956 zeichnet die Geschichte ihrer Entdeckung nach und versorgt auch den physikalischen Laien mit dem nötigen Hintergrundwissen, das für den Nachvollzug von Benses Anleihe bei der Physik sachdienlich ist. Was dort zutage tritt, ist die Eigenlogik, mit der Dinge in eine Umwelt eingepaßt sind. Dabei ist bemerkenswert, daß diese Umwelt mit der Lebenswelt des Menschen und ihren Gegenständen kaum mehr etwas zu tun hat. Statt dessen wird das Aufspüren von immer weiteren chemischen Elementen zu einer systemimmanenten Angelegenheit, die ihre Inventionslogik nicht nach menschlichen Bedürfnissen und

**Meyers Periodensystem von 1870**

| I. | II. | III. | IV. | V. | VI. | VII. | VIII. | IX. |
|---|---|---|---|---|---|---|---|---|
| B=11,0 | Al=27,3 | | -- | | ?In=113,4 | Ti=202,7 | | |
| | | | -- | | -- | | -- | |
| | C=11,97 | Si=28 | | -- | | Sn=117,8 | | Pb=206,4 |
| | | | Ti=48 | | Zr=89,7 | | -- | |
| | N=14,01 | P=30,9 | | As=74,9 | | Sb=122,1 | | Bi=207,5 |
| | | | V=51,2 | | Nb=93,7 | | Ta=182,2 | |
| | O=15,96 | 31,98 | | Se=78 | | Te=128? | | -- |
| | | | Cr=52,4 | | Mo=95,6 | | W=183,5 | |
| -- | F=19,1 | Cl=35,38 | | Br=79,75 | | J=126,5 | | -- |
| | | | Mn=54,8 | | Ru=103,5 | | Os=198,6? | |
| | | | Fe=55,9 | | Rh=104,1 | | Ir=196,7 | |
| | | | Co=Ni=58,6 | | Pd=106,2 | | Pt=196,7 | |
| Li=7,01 | Na=22,99 | K=39,04 | | Rb=85,2 | | Cs=132,7 | | -- |
| | | | Cu=63,3 | | Ag=107,66 | | Au=196,2 | |
| ?Be=9,3 | Mg=23,9 | Ca=39,9 | | Sr=87,0 | | Ba=136,8 | | -- |
| | | | Zn=64,9 | | Cd=111,6 | | Hg=199,8 | |

Abb. 2: Periodensystem der chemischen Elemente nach Meyer 1870.

Wahrnehmungsfähigkeiten, sondern nach denen eines errechenbaren Schematismus ausrichtet. Die Geschichte der Transurane gewinnt somit ganz eigentümliche Helden: nicht, wie Hahn in seinem Vortrag vielleicht beabsichtigt haben mag, die Vertreter einer internationalen Forschergemeinschaft wie die Deutsche Lise Meitner oder der Italiener Enrico Fermi. Sie alle, die bekannten Namen des Physikbetriebs, und all das, was man über diese erzählen könnte, von den Eigenheiten ihrer Biographie bis zu solchen ihrer Forschertätigkeit und öffentlichen Wertschätzung durch die Vergabe von Preisen, treten zurück. Die *dramatis personae* des Hahnschen Vortrags sind nichts anderes als Zahlen – und der Ort, an dem sie ihr sonderbares Spiel treiben, ist nicht die westliche Forscherhemisphäre der Jahre 1900 bis 1950, sondern das periodische System chemischer Elemente, jenes System, dessen Entwicklung dem russischen Chemiker Dmitri Iwanowitsch Mendelejew zugeschrieben wird.

Der Vortrag Hahns unterläuft die Erwartung an ein bestimmtes Narrativ aber auch noch auf andere Weise. Wo man im Jahr 1956 aus berufenem und nobelpreisnobilitiertem Munde Erläuterungen über die Folgen der von ihm (mit)erfundenen Kernspaltung vermutet, taucht Hahn in die Vergangenheit einer Chemie und Physik ab, ohne deren Erkenntnisgewinne seiner Auffassung nach nicht nur deren, sondern die Zukunft überhaupt dunkel bliebe. Gesellschaftspolitische Aspekte, etwa die amerikanischen Atombombenabwürfe, werden dem Unterzeichner der Göttinger Erklärung so zur bloßen Marginalie (→ RADIONUKLID). Dabei kommt es zu jener sonderbaren Verkehrung von Einschätzungen, die fast schon stereotyp immer dann auftritt, wenn Repräsentanten unterschiedlicher Wissenskulturen ihre Sachstände austauschen. Das Informationsgefälle zwischen Naturwissenschaft und Alltagssachverstand kleidet Hahn in die Redewendung von den alten Kamellen, mit der er sich bei den Fachkundigen im Publikum zunächst einmal für die langwierige Herleitung entschuldigen zu müssen glaubt. Doch die Erzählung des Altbekannten hat es auf eigenwillige Weise in sich – und das ganz unabhängig von dem, was der Vortragende Hahn auch immer beabsichtigt haben mag. Was Hahn im kolloquialen Plauderton zum besten gibt, ist nicht weniger als die Geschichte der Moderne selbst. Greifbar wird in seiner Rekonstruktion eine ihrer größten Zumutungen, nämlich mit eingespielten Denk- und Wahrnehmungsgewohnheiten zu brechen und auf die Vorstellbarkeit physikalischer Vorgänge ebenso zu verzichten wie auf deren sinnliche Erfahrbarkeit.

Der Befund von der modernen Unanschaulichkeit wurde häufig erhoben – oftmals zeitdiagnostisch als krisenhafte Bedrohung gewohnter Evidenzen und nur selten als eine genuine Herausforderung. Als eine solche erzählt sie aber gerade Hahn, und er modelliert dabei unterderhand eine Welt, in der die Dinge und ihre Ordnungen andere sind als in der Lebenswelt seiner Zuhörer. Die Folge ist eine Entwicklungsgeschichte, die zwar vordergründig das zeitlich angeordnete Erzählgerüst von einander bedingenden Entdeckungen bemüht, die aber bei aller Logik dessen, wer wann an welchem Ort was erfunden hat, ins Innere der Materie vordringt, dorthin also, wo Kleinheit, Vielzahl und Zeitverhalten der dort befindlichen Protagonisten das Vorstellungsvermögen des Menschen brüskieren und die Reichweite seiner Sinne verfehlen. Was sich in »Atom und Zukunft« wie eine Arithmetik der Kernladungszahlen ausnimmt, beginnend bei den Elementen zwischen 1 (Wasserstoff) und 92 (Uran), später dann erweitert durch die radioaktiven Transurane mit Ordnungszahlen von 93 bis 103 und mit Halbwertszeiten, die sich von einigen 10 000 000 Jahren über Minuten bis in den Bereich von Sekundenbruchteilen erstrecken, ist die Geschichte der Chemie und ihrer Ordnungsbemühungen. In dieser Welt ist Hahn zu Hause, mehr als in der Welt der modernen Physik, die ihm zwar die Nachweisapparaturen für die Existenz einzelner Atome zur Verfügung stellt, die ihm aber zeitlebens unzugänglicher war als die Ordnung der chemischen Elemente selbst. So wird von Ohrenzeugen anläßlich einer Auseinandersetzung im Treppenhaus des Kaiser-Wilhelm-Instituts für Chemie, dem Hahn als Direktor vorstand, eine Anekdote berichtet, die dieser Arbeitsteilung Rechnung trägt. Lise Meitner schickt Hahn im Verlauf einer Fachdiskussion kurzerhand in die höher gelegenen Stockwerke – mit dem Satz: »Hähnchen, geh nach oben und mach Chemie; von Physik verstehst du nichts!«

Was es heißt, den Kontakt zu dem aufzugeben, was Menschen sich vorstellen, was sie problemlos darstellen, herstellen und auch in ihrer Lebenswelt – vielleicht sogar mit Vernunft – gebrauchen können, beschreibt Hahn anläßlich eines Sachverhaltes, den sein Vortrag mehrfach wiederholt und variiert. Vor dem Hintergrund der Möglichkeiten der künstlichen Gewinnung chemischer Elemente, etwa durch Veränderung ihres Atomkerns mittels Neutronenbeschuß, betont Hahn den Unterschied zwischen dem bloßen Nachweis und dem Befund des Wägbaren. Dem Alltagsverstand, der vielleicht annimmt, die Erzeugung künstlicher Elemente durch aufwendig veranlagte Verfahren ziele auf die Produktion von Materialien ab, deren man, aus welchen Gründen auch immer, glaubt habhaft werden zu müssen, erteilt Hahn eine harsche Abfuhr. Mit jenem Bestreben der Alchimisten, Gold herzustellen, hat das Geschäft der Atomphysik denkbar wenig zu tun. Nicht vorstellbare 100 Gramm einer Materie, die man in ähnlicher Gewichtung über Wurst- und Käsetheken der täglichen Einkaufswelt reicht, sondern der bloße Nachweis des Vorhandenseins eines Atoms ist es, was die Kernphysiker – jedenfalls in einer bestimmten Phase der Forschung – interessiert. Sie fragen nach der Existenz von mehr oder weniger kurzlebigen Teilchen, für deren Nachweis ganze Arsenale an Verfahrenstech-

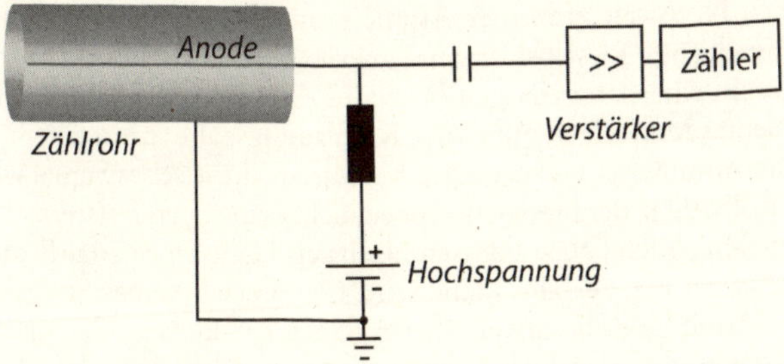


Abb. 3: Prinzipskizze eines Geiger-Müller-Zählrohrs.

niken entwickelt werden. Ob Vorrichtungen wie die Wilsonsche Nebelkammer oder das Geiger-Müller-Zählrohr – sie alle dienen dazu, eine rechnerisch vermutete und im Periodensystem der chemischen Elemente organisierte Ordnung nachträglich zu bestätigen. Gerade das Ausscheren aus dem Regime des Praktikablen wird zum Königsweg der Forschung. Die *Unwägbarkeit chemischer Elemente* entpuppt sich *als Schlüssel der Forschung* (vgl. Hahn 1960).

Ein solcher Blick verändert die Ordnung der Dinge: Die radioaktive Strahlung etwa, in der Diskussion um die gesellschaftliche Akzeptanz der Atomenergie und die Zukunft der Endlagerung gerade wegen ihres problematischen Zeitverhaltens heiß umkämpft, erweist sich in der Eigenlogik von Hahns Ausführungen als große Chance für den Nachweis eines Elements. Wo vor dem Hintergrund von Halbwertszeiten, die menschliche Lebensläufe um ein exorbitant Vielfaches übersteigen, die Kommunizierbarkeit zur Herausforderung wird (vgl. dazu Posner 1990; Sprenger 2009), streicht Hahn ausgerechnet die Radioaktivität als angenehme Eigenschaft eigens hervor – und selbst die schon unfreiwillig komische Formulierung von einer radioaktiven Kollegin bedarf in seinen Ausführungen keiner weiteren Korrektur. Die Gegenstände der Kernphysik sind in ihrer hochgradigen Vermitteltheit flüchtig – wenn es etwa durch aufwendige Nachweisverfahren gelingt, ein einzelnes Atom für einen kurzen Moment zu registrieren, bevor es zerfällt. Hahn untermauert das Arbeiten im Unwägbaren und das Abtauchen auf eine Stufe, die den bloßen Nachweis einzelner Atome ermöglicht, mit einer kleinen Geschichte. Er selbst war im amerikanischen Berkeley vor Ort, um in einer langwierigen Prozedur die Vorhandenheit des Elementes Mendelevium mit der Kernladungszahl 101 in einem Ionenaustauscher zu bezeugen. Ein kurzes akustisches Signal wird zur Evidenz der bloßen und eben nicht dauernden Existenz. Das instabile Element, auf dessen Nachweis Hahn eine ganze Stunde gewartet hat, zerfällt: Hahn wird Ohrenzeuge seines Sterbens.

Damit sind die materiellen Agenten für Benses »Technische Existenz« versammelt – nicht in einem *Parlament der Dinge* zum Behufe ihrer politischen Vertretung, wie es der französische Soziologe Bruno Latour fordert, aber sehr wohl in einem Arsenal für die Durchführung eines bestimmten Arguments (vgl. Latour 2001). Was Bense dort im Jahre 1949 in aller angedeuteten Programmatik unternimmt, ist das Gegenüberstellen von Dingen mit unterschiedlicher Haltbarkeit und der Versuch ihrer Theoretisierung. Im Zuge dieses Versuches geraten die hochgradig labilen Zustände der Transurane mitsamt ihren Nachweisvorrichtungen an die bevorzugten Vertreter der mechanischen Welt, an besagte Keile, Hebel und an ebenjene Uhr, die Bense zum Inbegriff eines bestimmten Weltbildes erhebt.

Wie er in den großangelegten historischen Zügen seiner *Konturen einer Geistesgeschichte der Mathematik* entwickelt, ist es gerade die Uhr, die zum Bezugspunkt sowohl für die Physik als auch für die Theologie hat dienen können. Im Zeichen der Uhr verschaltet Bense die Belange einer auf Vorherbestimmung, auf Prädestination abgestellten Religion mit denen der Physik. Wie er am Beispiel des Calvinismus ab dem 16. Jahrhundert ausführt, hat Calvins Prädestinationslehre nicht nur eine Interpretation in der Theologie erfahren, sondern auch eine in der Physik. Für diese Verschränkung religiöser und physikalischer Belange liefern, so Bense, Calvin und Laplace die Argumente. Der Theologe des 16. und der Mathematiker des 18. Jahrhunderts bedienen von zwei disziplinären Seiten her denselben Argumentationstyp, der von einer Vorbestimmung der Zukunft geprägt ist. Und in einer Nebenbemerkung verweist Bense ausgerechnet auf die materialen Bedingungen der Genfer Uhrenindustrie, die in seiner Sicht für den dort entstehenden Calvinismus unverzichtbar wa-

Abb. 4: Ewiges Warnzeichen nach Sprenger 2010.

ren. Der von einem Dämon observierbare Raum eines Laplace und das, wofür er stand, nämlich das totale Wissen über sämtliche, auch zukünftige Zustände dieses Raums in der Zeit, ist unter den Bedingungen der Thermodynamik problematisch geworden. Bense zeichnet das in den Konsequenzen für den Zeitbegriff nach.

> Zuletzt hat dann die jüngste Schicht der technischen Welt, das atomare und hochfrequenztechnische Stadium, ihren Zeitbegriff, ihre Uhrzeit, die gemessen werden kann, entwickelt. Auch diese atomare hochfrequenztechnische Zeit ist keine leere, tote Umlaufzeit. Sie ist die Zerfallszeit radioaktiver Substanzen, die Halbwertszeit. Diese ist progressiv. Der Zerfall radioaktiver Substanz ist ja nicht rückgängig zu machen. Die Menge zerfallener Weltsubstanz ist durchaus ein objektives, reales Zeitmaß für irdischen Bestand. Es ist charakteristisch zu sehen, wie seit dem thermodynamischen Stadium der technischen Welt das Uhrengleichnis und die Uhrenzeit überwunden wird. An Stelle der toten weltgleichgültigen Zeit des reinen Umlaufs tritt die erfüllte, prospektive, dynamische Zeit, deren Maß die konstatierbare Veränderung der Weltmaterie zum Ausdruck bringt. (Bense 1998 [1949], 138f.)

Im thermodynamischen Zeitalter gilt es, das Verhältnis der Dinge zur Welt und zum Menschen neu zu bestimmen (→ Treibhaus). Im Gegensatz zu elementaren Maschinen wie Hebel und Keil, Rolle und mechanischer Uhr, die als natürliche Akte in der Welt vorkommen, ändert sich das im thermodynamischen Stadium der technischen Existenz: »Es treten Gebilde auf, die ihresgleichen in der natürlichen Welt nicht besitzen. Die Prinzipien kommen vor. Aber nicht Verwirklichungen dieser Prinzipien, die zu den typischen Maschinen der thermodynamischen Welt gehören.« (Ebd., 141) Wollte man diesen Prozeß des zunehmenden Auseinandertretens von Prinzip und Realisierung als Virtualisierung beschreiben, so wäre in der ontologischen Limitation die Zukunft der technischen Welt auf den Punkt gebracht (→ PROBEKÖRPER).

In der mechanischen Welt beschreibt die theoretische Gleichung nicht nur das Prinzip, auch die Realität des Gebildes und des Vorgangs. In der atomaren und hochfrequenztechnischen Welt beschreibt die theoretische Gleichung nur noch das Prinzip; die Realität, die technische Realität ist auf die reine Empirie angewiesen. Das ist von prinzipieller Bedeutung für die Zukunft der Technik. Es liegt im Möglichkeitsbereich der technischen Entwicklung, daß gewisse technische Prozesse bekannt werden, deren Ablauf sich sowohl im Prinzip als auch in der Realität der rationalen Beherrschung entzieht. Hier beginnt der Raum der technischen Selbstbegrenzung, der ontologischen Limitation. (Ebd., 142f.)

Doch dieses Bild ist so noch unvollständig. Was zu seiner Komplettierung fehlt, ist der Hinweis auf eine besondere Qualität der modernen technischen Gebilde, die sie von elementaren Maschinen unterscheidet und die eine Phänomenologie des Virtuellen ermöglicht – wenn man diesen Begriff hierfür veranschlagen wollte: Es ist, was Bense deren *ansteigende Sensibilität* nennt. Diese Gebilde, Bense nennt »Oszillatoren, Schwingkreise, Laufzeitgeräte, Cyklotrone, Röhren jeder Art bis zu Polarröhre und Radargerät, Ultrazentrifuge, Ultraschallgeber usw.«, zeigten eine »außerordentliche Sensibilität gegenüber metrologischen Einflüssen, Handkapazitäten, Kontaktlockerungen usw.«, die sie, »wie ich es ausgedrückt habe, geradezu zu einer technischen Dekadenz entarten lassen« (ebd., 143; → TURMALIN). Und das ist der Moment, in dem Bense die versammelten materialen Agenten seiner Argumentation gegeneinander in Position bringt. Endlich dürfen noch einmal in diesem Text die elementaren Maschinen auf den Plan treten: Zwischen einem Hebel und einem Geigerzähler, zwischen einem Keil und einem Ultrakurzwellengenerator entscheidet die Differenz des Verfalls und der Labilität. Was die Dinge in der Evolution ihrer gesteigerten Komplexität auszeichnet, ist ihre zunehmende Fragilität und Sensibilität. Diese steht ganz im Zeichen moderner Empfindlichkeit und führt auf ihrem kategorialen Höhepunkt zum Befund von technischer Dekadenz und materieller Entartung.

> Das rechtfertigt meinen Satz, daß auch in der technischen Welt die höheren Formen von Hause aus die schwächeren sind, derart, daß ein einfacher mechanischer Keil oder Hebel an und für sich stabiler und langlebiger ist als ein moderner Ultrakurzwellengenerator oder ein empfindliches Geigersches Zählrohr. Ich füge hinzu, daß auch die Instabilität der transuranischen Elemente, die wir heute durch eine Folge atomarer Prozesse aufbauen können, immer mehr zunimmt und daß sie sich durch diese Eigenschaft im ganzen genommen wesentlich von den natürlichen Kernen der natürlichen Elemente unterscheiden. Ich schließe daraus, daß eine hochentwickelte technische Welt, deren Geschöpfe hochempfindlich und kurzlebig sind, die Stabilität einer progressiven und perfekten technischen Welt, also einer technischen Welt auf der kategorial höchsten Stufe, äußerst fragil, zerbrechlich ist und, wie ich sagen möchte, materiell zu entarten vermag. (Ebd., 143)

Diese Rede von der ontologischen Schwäche der seinsgeschichtlich dominanten Dinge bleibt ebensowenig ein Einzelbefund wie der semantische Hof von Sensibilität, Nervosität und Empfindlichkeit, der als Stereotyp nicht nur der Moderne, sondern gerade auch den Typen einer solchen Moderne anhaftet. In einer Variation dieser Einschätzung versieht Bense die Dinge nicht nur mit dem Siegel der Endlichkeit, er scheut sich darüber hinaus nicht, ihre seinsmäßige Labilität gar noch mit Martin Heideggers »Sein zum Tode« engzuführen. Für ihn scheint es nachgerade ein ontologisches Gesetz zu sein,

> daß die höheren Seinsweisen zugleich auch in irgendeiner deutbaren Weise die schwächeren sind. Mechanische Maschinen sind seinsmäßig stärker als die hochentwickelten Oszillatoren und Zyklotrone der Elektrodynamik und Kernphysik. Die Elektronenfahrpläne der Laufzeitengeräte arbeiten auf einer höheren Stufe seinsmäßiger Empfindlichkeit und Abhängigkeit als Pendelschwingungen. (Bense 1997 [1946], 191 f.)

Ein solches Lob der seinsmäßigen Empfindlichkeit ist auf sonderbare Weise in den Aussageraum des Menschen ein- und an diesen zurückgebunden. In einer eigentümlichen Übertragung von dinglichen auf menschliche Agenten ist oder war es dazu angetan, mit der Kategorie des Empfindens ausgerechnet Maschinen zu indizieren. Daß und wie eine solche Wechselübertragung anthropologisch verbürgter Eigenschaften funktioniert, kann eine Diskussion veranschaulichen, die in den frühen dreißiger Jahren um den Status von Akustikmedien und dort namentlich um das Mikrophon geführt wird (vgl. dazu Rieger 2005). Was dabei zur Verhandlung ansteht, ist der Stellenwert der Apparatur im radiophonischen Dispositiv. Ob dieser ein Eigenwert zukommt oder ob ihre Funktion lediglich in einer unselbständigen Teilhabe aufgeht, diese beiden Möglichkeiten werden dort in einer Diskussion zwischen zwei Rundfunktheoretikern ausgetauscht.

> Tatsache ist, daß das Mikrophon durch seine gewiß nicht mystische Konstruktion eine Empfindlichkeit gegenüber jeder Art von Schallwellen aufweist, die schon theoretisch und vor jeder Beobachtung als beachtenswertes wesentliches Merkmal gewertet werden müßte. Es macht auch für den Menschen und seine Beurteilung etwas aus, ob er dieses bedeutsame Zeichen seines Charakters aufzuweisen hat. [...] Der Empfindsame ist ein Typus, und wenn mich die Techniker und Physiker zwingen sollten, das Mikrophon unter die Telefone zu rechnen, dann würde mir doch kein Techniker und Physiker verbieten können, es eben zu dem Typus der Empfindsamen unter den Telefonen zu zählen. (Würzburger 1931/32, 455)

Das Ende vom Lied ist eine Empfindsamkeit, die nicht wie bei Benses technischer »Empfindlichkeit« scheinbar den Makel des Seinsverfalls trägt, sondern die höheren Weihen eines anthropologischen Typus aufweist. Und das ist der Punkt, an dem Benses Ansatz sich bei aller anthropologischen Semantik von solchen Beschreibungen wie der des Mikrophons unterscheidet. Und damit unterscheidet sich Benses Zugriff auch von der ganzen Bandbreite einer auf Extension des Menschen angelegten Medientheorie à la Ernst Kapp und Marshall McLuhan (→ Hand). Was er lange vor Bruno Latours Neudenken der Dinge als nichtmenschliche Agenten tut, ist: Er nimmt sie ernst und trägt unterderhand, weil im Register seiner Performanz, anthropologischen Lagen Rechnung, ohne dafür eigens eine Anthropologie bemühen zu müssen, vor deren Hintergrund dann entweder Menschen oder Medien ihre Verhandlung finden (vgl. dazu Rieger 2001). Im semantischen Übertrag von Eigenschaften, die jene Kluft zwischen Subjekt und Objekt, zwischen Anthropologie und Technik gar nicht mehr eigens ignorieren müssen, ist die Besonderheit und vielleicht auch die Radikalität von Benses Denkansatz zu verorten. Er holt nicht nur auf der Ebene der polternden Argumente, sondern auf der Ebene seiner Darstellung ein, was anderenorts gerne gefordert wird: ein neues Denken der Dinge.

Dabei haben seine Dinge keine besondere Lobby: Sie taugen nicht für die politische Veranlagung im Zuge einer Warenökonomie und Warenästhetik; auch taugen sie kaum für Diskussionen über Verschwendung und Luxus, über Verspieltheit und Selbstgenügsamkeit, die einer Reihe von Dingen zugrunde liegen, die weder etwas produzieren noch konsumiert werden sollen, wie etwa die Schildkröte William Grey Walters oder die Kiste mit dem Schalter, die der Informationstheoretiker Claude E. Shannon nur gebaut hat, um eine Kiste zu haben, die einen Schalter hat (vgl. dazu Pickering 2004; → SCHILDKRÖTE). Weder sind sie für privaten Erinnerungswert und biographische Fetischisierung geeignet noch für die Belange der sozialen Bindung und die Markierung sozialer Unterschiede, die man mit ihrer Hilfe beobachten könnte (vgl. zum Sozialcharakter der Dinge Schmalenbach 1927). Und auch das Spektakuläre einer Sozialdisziplinierung, wie es Latour an stummen Gendarmen oder Berliner Schlüsseln festmacht, geht ihnen ab. All diese Aspekte und die großen Narrative, die sich um jene herum erzählen ließen – vom Marxismus über die Frankfurter Schule, von der Diskursanalyse über die Theorie der sozialen Unterschiede bis zur Phänomenologie und der Actor Network Theory –, bleiben bei Bense scheinbar außen vor.

Was er statt dessen herausarbeitet, ist ein Befund, der die Menschen und die Dinge in ein Verhältnis besonderer Art setzt. Deren Besonderheit besteht darin, daß es keiner dinglichen Korrelate mit einer lebensweltlich belangbaren Dauer und Greifbarkeit bedarf, um eine *existentielle Ontologie* zu begründen. Was seinem Verweis auf die Transurane und das Zyklotron zugrunde liegt, ist ein anderes Denken von Zeit und eine Abkehr von der Uhr als dem exemplarischen Ding oder Gerät schlechthin: Der seinsmäßigen Stärke der mechanischen Uhr hat ihr letztes Stündchen geschlagen – und sie entläßt den Menschen in Formen von Zeitlichkeit, die mit der Progressivität der Halbwertszeiten andere Taktgeber haben.

*S. R.*

# Turmalin

> The Piezoelectric Effect was discovered in the 1880's and is used widely in a number of transducers and electronic gear. Your old record player had a cartridge that used the piezoelectric effect, the ultrasonic transducers in your ancient car alarm used it, that hospital ultrasound scanner uses it, some gas and cigarette lighters use it. Then there are strain gauges and accelerometers, flow meters and pressure transducers of all sorts including altimeters, variometers and airspeed indicators not forgetting modern barometers, model gyros, radios, TV's, microphones and computers, your Swatch watch and even artificial limbs. You name it, there's a tiny piece of quartz or piezoceramic in there somewhere.
>
> *»Piezoelectric Effect« o. Jahr, o. Pag.*

> Der Turmalin ist dunkel, und was da erzählt wird, ist sehr dunkel.
>
> *Stifter 1982 [1852], 135*

Die Gruppe der Turmaline ist mit ihren neun Arten – Schörl, Dravit, Elbait, Uvit, Tsilaisit, Buergerit, Liddicoatit, Ferridravit und Chromdravit – reich an Formen und Farben. Wie nur wenige andere Kristalle wurden ihre zahlreichen Vertreter, vom grünen Verdelith bis zum roten Rubellit, vom gelben Tsilaisit bis zum blauen Indigolith, Gegenstand einer nicht zuletzt ästhetisch motivierten Aufmerksamkeit, die mit technischen Verfahren der Mineralbearbeitung sowie ihrer Darstellung Hand in Hand ging. Ganze Monographien handeln auf diese Weise und titelgebend von der *Faszination Turmalin*, von der Vielfalt seiner Farben und der Regelmäßigkeit seiner Formen (vgl. Rustemeyer 2003). Schnitte wie die von den berühmten Turmalinen aus Madagaskar und Feinschliffe in der Dicke von wenigen Mikrometern, wie sie etwa den sonst für das unbewaffnete Auge eher unscheinbaren Schörlen, einer schwarzen Ausprägung des Turmalins, zuteil wurden, stellen eine eindrucksvolle Welt geometrischer Bizarrerien und bunter Farbeffekte vor Augen.

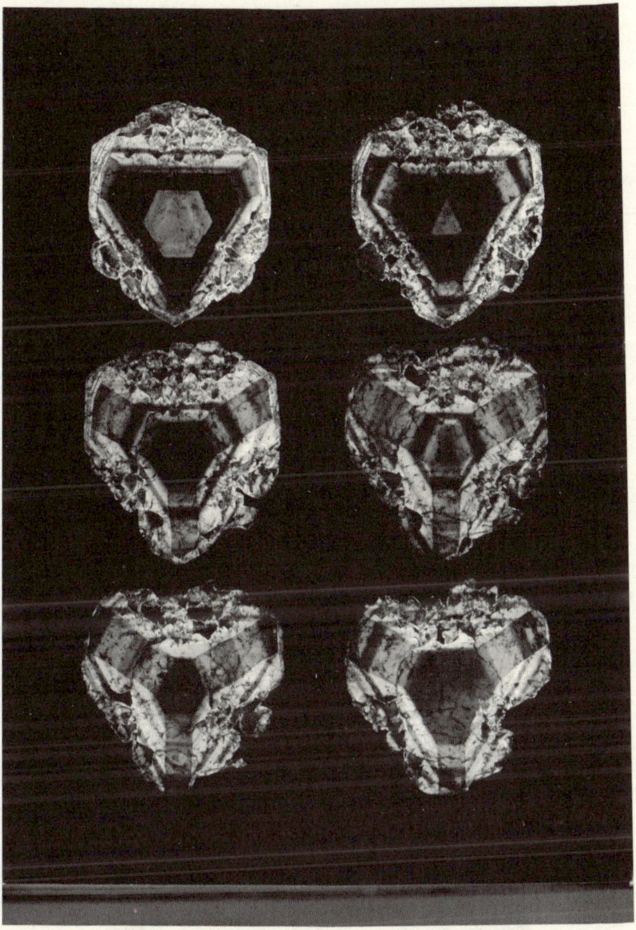

Abb. 1: Sechs Scheiben aus einem Turmalinkristall aus Madagaskar nach Rustemeyer 2003.

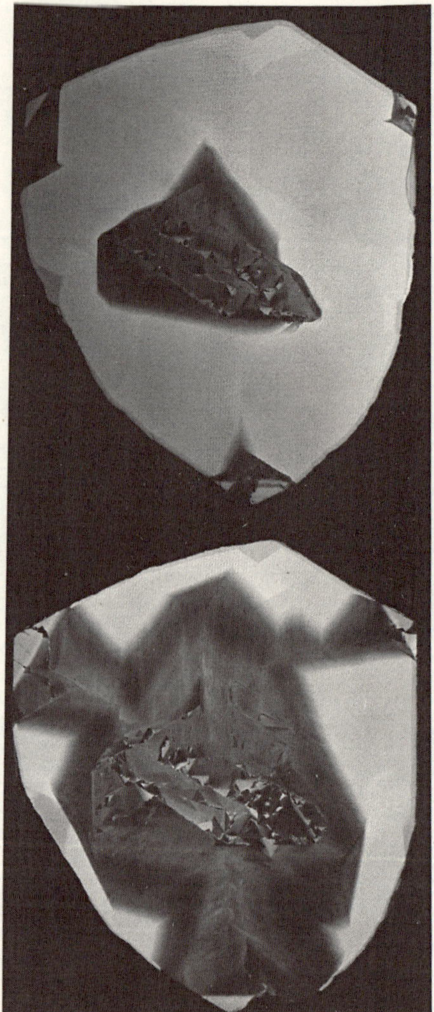

Abb. 2: Zwei Dünnschliffe eines Schörlkristalls nach Rustemeyer 2003.

Die entsprechenden Aufarbeitungen folgen dabei einem bestimmten Muster: Neben den fotografisch präsentierten Formen, auf denen der Schwerpunkt in den Bildteilen solcher Publikationen liegt, gibt es Hinweise auf Fundorte und Lagerstätten, auf die Entstehung durch bestimmte Umweltfaktoren, auf ihre Häufigkeit und auf die zugrundeliegenden Muster im Kristallgitter, also die Anordnung der kleinsten Teile, der Atome und Ionen, sowie der Spezifik ihrer Ladungsverteilungen. In Schema- und Modelldarstellungen soll so deutlich werden, wie eine begrenzte Anzahl von idealtypischen Anordnungen eine für den Laien nur schwer unterscheidbare Welt phänotypischer Erscheinungen zur Folge hat. So ist es auch kein Wunder, daß die Geschichte des Turmalins voll von Verwechslungen mit anderen Kristallen war. In seiner Nomenklatur, die rund 100 verschiedene Namen umfaßt, waren daher durchaus auch immer wieder andere Mineralien zu finden (vgl. Benesch/Wöhrmann 2003, 14ff.). All die Vertreter der Turmalin-Gruppe unterliegen dem Schematismus ihrer mineralogischen Bestimmung, die im 20. Jahrhundert, bei aller Verschiedenartigkeit in der Genealogie entsprechender Systeme, mit dem Ordnungskriterium der Kristallisationsmuster und ihrem experimentellen Nachweis durch die sogenannten Beugungsdiagramme Max von Laues eine zumindest heuristische Stabilität erfahren hat (→ Kalkspat). Natürlich hat der Turmalin dabei auch seinen Platz in der Ordnung von Mensch- und Weltbildern, von religiösen Bezugnahmen und esoterischen Praktiken (→ Quarz).

Vor allem der voluminöse Band von Benesch und Wöhrmann trägt diesem Aspekt dadurch Rechnung, daß der Goetheaner Benesch den Turmalin vollumfänglich in sein goetheanisch-anthroposophisches Weltbild integriert. Wie nach all den wissenschaftlichen Details etwa über Kristallmorphologie und Lagestättenverteilung zu lesen ist, herrscht zwischen Mensch und ebendiesem besonderen Stein eine eben auch ganz besonders innige Verbindung: »Es gibt das Turmalin-Erlebnis der Menschenseele.« (Benesch/Wöhrmann 2003, 239) Damit nicht genug, steht der Turmalin auch noch in einer ausgewiesen christologischen Tradition, und so erhebt ihn Benesch im Rekurs auf Rudolf Steiner gar in den Rang eines veritablen Christus-Steins, durch den sich ihm die Ordnung der Welt offenbare:

An dieser Stelle sei auf eine Äußerung Rudolf Steiners hingewiesen, die in einem Brief von Ehrenfried Pfeiffer an die Goldschmiedin Berta Meyer-Jacobs (geschrieben in Dornach am 16. April 1926) überliefert ist. Darin heißt es: »Es wird Sie interessieren, daß Dr. Steiner von den Turmalinen sagte, daß sie die Steine des Christus seien, durch die er auf den physischen Plan schaue.« (Ebd., 244f.)

Neben solchen Narrativen, neben weiteren Detailinformationen, die einzelne Steine und ihre Verwendung als Schmuckstein betreffen und die mit Informationen etwa darüber aufwarten, daß DFB-Pokal und Meisterschale mit Turmalinen verziert sind (im Fall der Schale gar mit 21 Stück), gibt es auch eine Geschichte der physikalischen Eigenschaften des Turmalins, eine Geschichte, die zunächst nur wenig spektakuläre Aspekte aufweist, bevor sie in eine nur noch schwer zu übersehende Welt technischer Anwendungen mündet.

Der Name Turmalin verweist in das Sri Lanka des 17. Jahrhunderts. Er folgt dem singhalesischen Wort *thurmali*, das kaum differenziert als Sammelbegriff für bunte Schmucksteine aller Art Verwendung fand. Immer wieder stößt man auf Berichte darüber, daß sich niederländische Seefahrer, die mit dem Turmalin in Berührung kamen, dessen pyroelektrische Eigenschaften nutzbar machten, also die Tatsache, daß der Stein bei Veränderung der Temperatur auch sein elektrisches Ladungsverhalten ändert und in seiner unmittelbaren Umgebung wie ein kleiner Magnet wirkt. Weil er dadurch etwa in der Lage ist, Aschestäubchen anzuziehen, stand einer sehr praktischen Anwendung nichts im Wege, die ihrerseits auch für die Semantik nicht ohne Folgen blieb. Findige niederländische Seeleute sollen den Turmalin nämlich als Reinigungsgerät benutzt und mit seiner Hilfe Aschereste aus ihren Meerschaumpfeifen gezogen haben. Dieser Alltagstauglichkeit verdankte der Turmalin seinen früheren Namen *Aschentrekker*, der sich allerdings nicht halten konnte.

Die Eigenschaften des Turmalins oder *lapis electricus*, wie ihn Carl von Linné genannt hat, sollten aber noch ganz andere, weil spekulative Höhen erklimmen. Die in der frühen Elektrizitätsgeschichte wichtige Suche nach den Polaritäten findet in einer Spekulation des experimentierenden Philosophen Georg Christoph Lichtenberg ihren Höhepunkt. Am Ende eines Vortrages

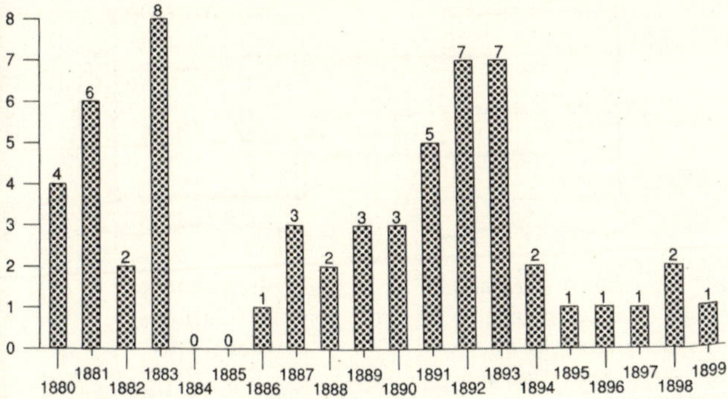


Abb. 3: Verteilung der Publikationen zur Piezoelektrizität nach Katzir 2008.

»Über eine neue Methode, die Natur und die Bewegung der elektrischen Materie zu erforschen (De nova methodo naturam ac motum fluidi electrici investigandi)«, gehalten am 19. Dezember 1778 vor der Göttinger Akademie der Wissenschaften, stellt Lichtenberg die Frage, ob nicht der Turmalin gar als Modell für das Polarisationsverhalten der gesamten Erde tauge: »Könnte nicht also auch die Erdkugel ein großer Turmalin sein, dessen Pole mit denen der Welt ungefähr zusammenfallen: der positive mit dem nördlichen, der negative mit dem südlichen.« (Lichtenberg, zitiert nach Breidbach/Wiesenfeldt 2012, 96; → Erde) Der Turmalin dient aber nicht nur dem Philosophen Lichtenberg als Bezugspunkt – auch andere Forscher der Elektrizität wie der romantische Physiker Johann Wilhelm Ritter greifen auf ihn zurück und leisten so einem Denken von Polaritäten Vorschub, das dann in der Naturphilosophie Schellings voll zum Tragen kommt. Die Folge ist eine eigene Literaturgeschichte, die selbst als Teil des entsprechenden Schrifttums mitgeliefert wird (ebd., 98), dessen Verteilung über die Zeit als Balkendiagramm dargestellt wurde (vgl. Katzir 2006, 6).

Dem Turmalin, von Seeleuten als Aschentrekker benutzt und von Philosophen als Weltmodell entlehnt, wird im Jahre 1880 durch die Brüder Jacques und Pierre Curie, den späteren Ehe-

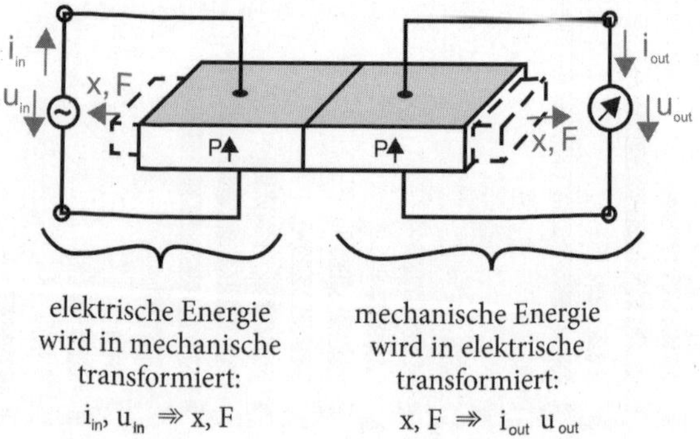


Abb. 4: Direkter und indirekter piezoelektrischer Effekt.

mann der berühmten Physikerin Marie Curie, eine andere Aufmerksamkeit zuteil, die ihm – über solche berufsgruppenspezifischen Bezugnahmen hinaus – eine ganz eigene Zukunft eröffnen sollte. In Experimenten im Pariser Labor des Mineralogen Charles Friedel weisen die Brüder am Turmalin erstmalig den sogenannten piezoelektrischen Effekt nach. Diesem Effekt zufolge verändert sich, verursacht durch äußere mechanische Einflüsse wie Druck oder Zug, an entsprechenden piezoelektrischen Stoffen die Spannung. Das Verhältnis zwischen der aufgewandten mechanischen Kraft und der Spannungsänderung ist dabei proportional.

Dieser sogenannte direkte piezoelektrische Effekt selbst ist umkehrbar und führt in seiner invers oder reziprok genannten Variante zu mechanischen Verformungen am Kristall, verursacht wiederum durch die Veränderung der angelegten Spannung. Wie der Historiograph Shaul Katzir schreibt, handelt es sich dabei nicht um einen der Zufallsfunde, wie sie zunehmend in den Fokus einer jüngeren Wissenschaftsgeschichte geraten sind (→ Mimosa), sondern um ein Resultat gezielten Suchens:

> It was not an accidental discovery; the Curies had looked for the phenomenon. Yet it was neither an empirical confirmation of an established theory, nor a result of any »crisis state«; it followed neither the use of a new instrument nor experimental method. (Katzir 2008, 6)

Das entscheidende Experiment schildert Katzir als ausgesprochen einfach:

A crystal specimen was placed between two copper plates perpendicular to its hemihedral axis. The plates, isolated electrically from the environment, were placed in a vice by which the specimens were compressed and released. The Curies connected the plates in two different arrangements to a Thomson quadrant electrometer, which was probably the most popular instrument for measuring electric tension. (Ebd., 16)

Die Bildgebung in Katzirs Darstellung beschränkt sich dabei auf das verwendete Elektrometer, die im Zitat beschriebene Anordnung selbst bleibt unbebildert. Anders ist es beim inversen Effekt, der 1881 von Gabriel Littmann theoretisch vorweggenommen und dann kurz darauf von den Curies experimentell bestätigt wird (ebd.).

Das Phänomen selbst galt über einen längeren Zeitraum als eine Art Kuriosität im Reich der physikochemischen Gesetzmäßigkeiten, diente aber gleichwohl als Attraktor einer zumeist akademischen Aufmerksamkeit. Viel wurde von einer ganzen Reihe von Wissenschaftlern an ihm geforscht, nicht zuletzt um zu klären, in welchem Verhältnis der Piezoeffekt etwa zu Form und Aufbau des Turmalins steht und welche anderen Kristalle – wie etwa der Quarz – dieses Verhalten zeigen. Für die Akribie und den Findungsreichtum dieser Experimentalkultur kann exemplarisch eine Arbeit des deutschen Physikers August Kundt stehen, der zur Visualisierung der Ladungen Pulver verwendete, das mittels einer eigenen kleinen Maschine den Kristallen appliziert wurde (vgl. Kundt 1883).

Und natürlich wurden Theorien über Theorien entworfen, die den Effekt erklären sollten und die etwa Besonderheiten der Kristallmorphologie dafür verantwortlich machten oder danach fragten, wie sich pyroelektrischer und piezoelektischer Effekt zueinander verhalten. Eine direkte Nutzanwendung, selbst eine solch alltagstaugliche wie bei den holländischen Seefahrern, wurde ihm in dieser Phase nicht zuteil. Das sollte sich schnell ändern mit der rasenden Karriere, die den piezoelektrischen Effekt mit der Nachrichtentechnik in der ersten Hälfte des 20. Jahrhunderts verbindet: Vor allem der Quarz wird in einer Vielzahl von

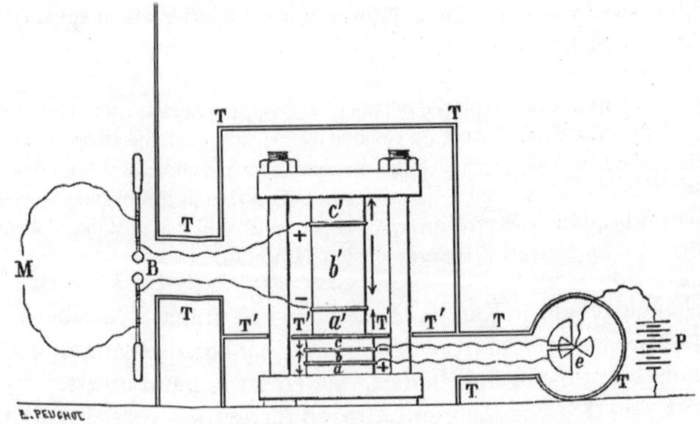


Abb. 5: Erstes Experiment zum Nachweis des umgekehrten piezoelektrischen Effekts nach Katzir 2008.

Anwendungen verbaut. Ob als Schwingquarz in Uhren oder zur Selbststabilisierung in Resonatoren, ob in der Funk- oder in der Radartechnik – seiner Verwendung scheinen kaum Grenzen gesetzt (vgl. zu frühen Anwendungen Cady 1946). Heute ist er in Form von Piezofeuerzeugen in aller Hand, steuert als Taktgeber die CPUs unserer Computer und ist überhaupt aus dem Leben nicht mehr wegzudenken.

Aber es hat mit Feuerzeugen und Computern nicht sein Bewenden, auch wenn deren Einsatz längst die Schwellen der Wahrnehmbarkeit unterschritten hat (vgl. dazu etwa Weiser 1991). Beläßt man es nicht beim Ausbuchstabieren seiner gleichermaßen unüber- wie uneinsehbaren Anwendungskasuistik, so macht der Effekt nicht weniger als ein verändertes Handlungsmodell sichtbar Schauplatz dieser wenig oder meist nur in bestimmten Sparten der Ingenieurwissenschaften wahrgenommenen Revolution der Bauart ist die Adaptronik, eine Disziplin, die nicht nur dabei ist, der Mechatronik den Rang abzulaufen, sondern ein Smart-Werden der Umwelt selbst betreibt.

Der Begriff der Adaptronik, der im Herbst 1991 in Deutschland definiert und eingefuhrt wurde, kennzeichnet eine Disziplin, die auf internationaler Ebene unter den Bezeichnungen smart materials, smart structures,

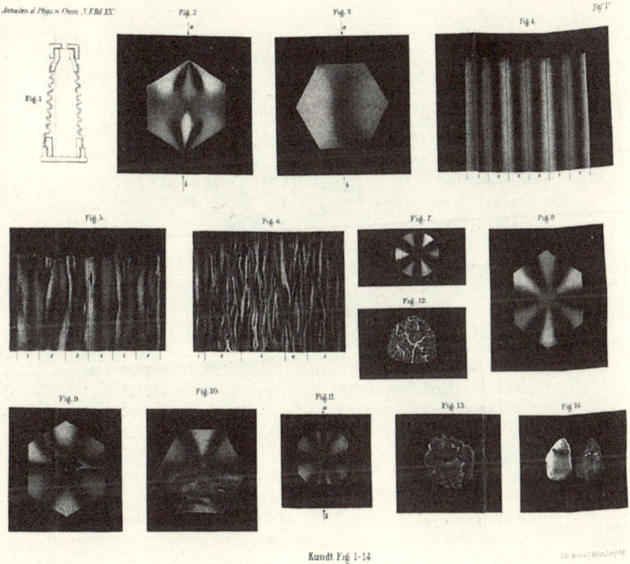


Abb. 6: Staubbilder nach Kundt 1883.

intelligent sytems u. Ä. bekannt ist. Adaptronische Systeme können sich selbsttätig an unterschiedliche Betriebs- und Umweltbedingungen anpassen (»adaptieren«). Darüber hinaus und im Unterschied zum klassischen Regelkreis, dessen (Teil-)Funktionen durch separate Bausteine realisiert werden, sind für die Adaptronik multifunktionale Elemente charakteristisch. (Janocha 2010, 6)

Die Unkonventionalität dieser neuen Aktoren stellt aber noch lange kein Distinktionskriterium gegenüber anderen Handlungs- und Handlungsträgermodellen dar, wie man es mit Blick auf die in vielen kulturwissenschaftlichen Kontexten derzeit mitschwingende Actor Network Theory Bruno Latours vielleicht vermuten könnte. So fruchtbar dessen Beiträge für die aktuelle Theoriediskussion haben werden dürfen, so konventionell bleiben sie doch vor dem Hintergrund der aktuellen Adaptronik, die ihrerseits Theorieentwicklungen dieser Art gar nicht erst zu igno-

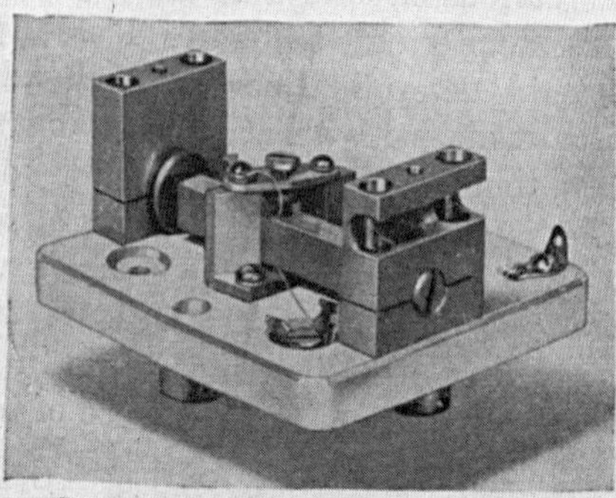

Fig. 103.—*X*-cut quartz bar for primary standard of frequency. The bar is clamped between two resilient pads at the mid-points of the *YZ*-surfaces. A baffle at each end is adjusted for quarter-wave resonance, removing at least 90 per cent of the loss due to acoustic radiation from the ends of the bar. The radiation from the sides is negligible. (*Courtesy of the General Radio Company.*)

Abb. 7: Schwingquarz aus der Radiotechnik nach Cady 1946.

rieren scheint. Ein Artikel der hauseigenen Siemens-Reihe *Pictures of the Future* mit dem Titel »Fasern mit eingebauter Intelligenz« erschließt mit der Adaptronik eine neue bunte Agentenwelt:

> Aufgabe der Adaptroniker ist es, Werkstoffe oder Bauteile zu entwickeln, die so »intelligent« sind, dass sie sich von allein an die Umgebungsbedingungen anpassen. Im Idealfall sind in diesen Materialien Sensor, Regler und Aktor auf engstem Raum vereint. Sie sind, so sagen die Experten, multifunktional. Sie können Veränderungen im Umfeld – etwa bei der Temperatur – wahrnehmen und sofort darauf reagieren. (Siemens 2003, 12)

Aktoren oder auch Aktuatoren gehen also von einer Selbsttätigkeit ihrer Bauteile aus. Die unkonventionellen Aktoren dienen damit nicht als Vertreter einer wie auch immer gearteten Normabweichung, sondern als Agenten einer neuen Norm. Was unter den kybernetischen Bedingungen so eindrucksvoll die Dia-

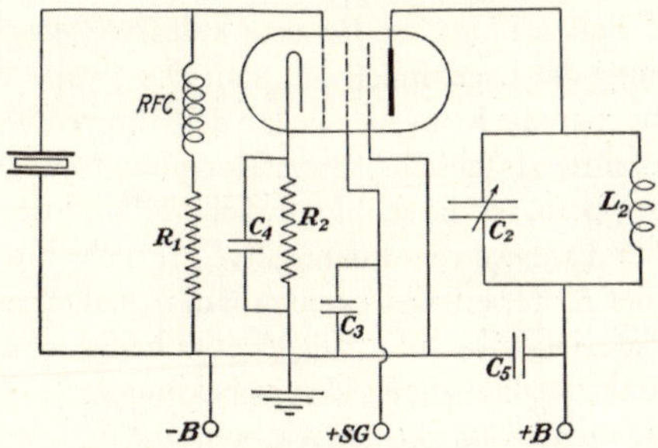


Abb. 8: Schaltkreis eines Piezooszillators nach Cady 1946.

gramme zierte und die Modalitäten der Rückkopplung vor Augen stellte, die Regulierung einer Heizung oder einer Kühlung, die mit Sensor, Regler und einer Sollgröße einen Ist-Zustand mittels Rückkopplung einpegeln sollte (und selbst noch als Modell des Staates diente → STAAT), ist auf kleinstem Raum vereint, wie es in der Siemens-Veröffentlichung heißt, oder genauer noch: Die vormals getrennten Bauteile sind schlicht identisch. Multifunktional und energetisch autark, nehmen die *smart materials* selbst das Heft der Handlung in die Hand, wenn der Anthropozentrismus dieser hoffnungslos anachronistischen Wendung hier noch einmal erlaubt ist. Die Bandbreite der Einsatzmöglichkeiten ist enorm: Sie umfassen Einspritzpumpen bei Autos und Wurmmotoren (*inchworm motors*), die in der Lage sind, im Nanobereich Positionierungen vorzunehmen, und sie werden vertrieben von Firmen, die eindrucksvoll die Anwendungsvielfalt vor Augen stellen (vgl. dazu stellvertretend die Website der Firma Piezo Motor Solutions: http://www.piezo-motor.net). Um die unkonventionellen Aktoren von gewöhnlichen Handlungsträgern abzugrenzen, schlägt Hartmut Janocha zwei Kriterien vor:

Zum einen beruhen die vorgestellten unkonventionellen Aktoren ganz wesentlich auf den Eigenschaften neuer oder verbesserter Werkstoffe, zum anderen stehen sie an der Schwelle eines großtechnischen Einsatzes oder haben diese Schwelle gerade erst überschritten. (Janocha 2010, Vorwort V)

Was für die Praxis taugt, ist für eine kulturwissenschaftliche Kennzeichnung der Lage unbefriedigend: Der zweite Vorschlag Hartmut Janochas, die Konventionalität der Aktoren an ihre Verbreitung und ihre tatsächliche Verwendung im großtechnischen Betrieb zu koppeln, ist die wohl schwächere Form der Bestimmung. Stärker als diese rein quantitative Hinsicht hingegen ist das erste seiner Kriterien, weil es sich auf die Qualitäten der verwendeten Materialien bezieht. Wie es dort heißt, ist es die besagte Multifunktionalität, die als Unterscheidungskriterium taugt. Im Gegensatz zu konventionellen Aktoren sind diese *smart* oder *intelligent materials* in der Lage (vgl. zu Terminologie und Anwendung Schwartz 2009; Uchino 2008), getrennte Funktionen in sich zu vereinigen, also als Sensor und Aktor, als Regler und benötigte Energiequelle in einem zu fungieren. Was damit möglich wird, zeigen Anwendungsbeispiele aus dem Bereich der Energiebewirtschaftung bloßer Oberflächen. So entwickeln Wissenschaftler der TU München zusammen mit dem Unternehmen Manfred Krause einen Parkettfußboden, der beim bloßen Gehen Strom erzeugt. Diese Innovation, vorgestellt auf der Hannover Messe 2010, folgt einem Prinzip, das für ihre Hersteller ebenso naheliegend wie genial ist:

> Bewegungsenergie, die beim Befahren oder Begehen einer Bodenfläche entsteht, soll für die Stromversorgung von Kleingeräten und Sensoren gewonnen werden. Wer über das neuartige Parkett geht, aktiviert winzige verborgene Piezo-Elemente und erzeugt somit Niedervolt-Strom, der in Miniatur-Akkus gespeichert wird. Diese Energie steht kleineren Verbrauchern wartungsfrei zur Verfügung. Das System kann zur Beleuchtung von Treppen bei Stromausfall, zur dynamischen Markierung oder Versorgung von Warnhinweisen verwendet werden. Piezoparkett ist ein Projekt »Hochtechnologie des 21. Jahrhunderts aus Bayern«, das durch die Bayerische Forschungsstiftung unter dem Namen »Parkettstrom« gefördert wird. (Deutsche Messe 2010, o. Pag.)

Diese Form eines kostengünstigen *energy harvesting* braucht sich aber nicht auf die bewegungsarmen Oberflächen bayerischer Privathaushalte zu beschränken. Unter dem Titel »Klimaschutz in der Disco?« findet diese Form der Stromerzeugung einen denkbar stimmigen Ort: So wird berichtet, daß es in den feierfreudigen Metropolen London und Rotterdam bereits zwei

Abb. 9: Titelbild nach Janocha 2010.

Nachtclubs gibt, »in denen die Tänzer durch ihre Bewegungen auf der Tanzfläche selbst Strom erzeugen« (anonym, »Tanzen für den Ökostrom« 2013, o. Pag.). Daß die gewonnene Energie an das Unterhaltungsgeschäft rückgekoppelt ist und mit ihrer Hilfe Musikbetrieb nebst Leuchtanlagen unterhalten werden, versteht sich von selbst – oder mit Kylie Minogue: »Your Disco needs you.« Was den Besuchern der *organic disco* ein ökologisch gutes Gewissen beim Schwofen verspricht, wird auch in Großversuchen auf anderen Oberflächen wie Fußgängerwegen und Autostraßen erprobt. Und von Piezoparkettfußböden, stromerzeugenden Verkehrswegen und der nachhaltigen Disko ist es nur noch ein Tanzschritt zu neuen Schuhsohlen, die nun ohne jegliche Infrastruktur mobil erneuerbare Energie erzeugen sollen. Wie ein entsprechender Artikel der Internetplattform Heise berichtet, sind mit den Erfindungen amerikanischer Wissenschaftler neue Dimensionen in der energetischen Auswertung möglich. Bis zu achtzig Prozent der aufgebrachten mechanischen Energie sollen auf diese Weise wiedergewonnen werden können.

Jeder von uns setzt täglich einen guten Teil seiner im Körper chemisch gespeicherten Energie in mechanische um. Wäre es da nicht gut, diese Bewegung als Energiequelle anzapfen zu können? In Japan wird seit längerem mit Materialien in Bodenplatten experimentiert, die den Druck von Fußgängern in Strom umwandeln. Forscher der Princeton University haben nun ein Material vorgestellt, das diesen Effekt in einer ganz neuen Größenordnung erzielt.

Dabei handelt es sich um ein gummiartiges Sandwich aus Silikon und dem piezoelektrischen Material Blei-Zirkon-Titanat (PZT). Der piezoelektrische Effekt besteht darin, dass bestimmte Materialien unter mechanischem Druck eine Spannung aufbauen, weil sich in der verformten Kristallstruktur viele kleine Dipole bilden. Die Spannung läßt sich dann nutzen, um Strom fließen zu lassen. (Bourzac 2010, o. Pag.)

Natürlich kommen solche Produkte nicht ohne Kinderkrankheiten auf die Welt, und so waren amerikanische Soldaten angesichts der neu verbauten Materialien anfänglich unzufrieden, weil ihnen die Zauberschuhe schlecht an den Füßen saßen und schlicht unbequem waren. Wo smarte Materialien scheinbar ubiquitär Energie liefern, lassen auch phantasmatische Überhöhungen nicht lange auf sich warten. Von den energetischen Straßenbelägen und

Holzfußböden, von den Discotanzflächen und energetischen Schuhen ist es nur ein Sprung in ein Reich kosmischer Energien. Im weiten semantischen Umfeld Wilhelm Reichs und seiner Orgon-Theorie propagiert die Internetsite cosmic-energy.org *Organite* als neue, universal einsetzbare Quelle nicht zuletzt für Heilungsprozesse.

The resin in orgonite shrinks during the curing process, permanently squeezing the quartz crystal inside which creates a well-known piezoelectric effect inside the crystal, meaning its end-points become polarized electrically. It is believed this is also what causes the orgonite to function so effectively as a positive energy generator. Adding the black tourmaline, hematite, kyanite, selenite and quartz crystal along with other crystals depending on your wishes and needs, makes the orgonite a lot more powerful. (Cosmic Energy, o. Jahr, o. Pag )

Die Geschichte einer spezifischen Eigenschaft, die am Turmalinkristall entdeckt wurde, endet so in der totalen Mobilmachung des menschlichen Körpers, einer Mobilisierung, die sich nicht mehr auf die Grenzen der natürlichen Welt beschränkt, sondern die sich zum Kosmischen hin geöffnet hat (→ TROPAEOLUM MAJUS). Die kosmischen Auswüchse können aber nicht den Blick dafür verstellen, daß nicht zuletzt unter Verwendung des piezoelektrischen Effekts ein Modell von Handlungsträgern im Raum steht, das eine radikale Form technischer Autonomie verkörpert – und das auf eine so unscheinbare und unaufgeregte Art, daß es fast schon wieder unter der Wahrnehmungsschwelle der kulturellen Aufmerksamkeit liegt. Dinge und Materialien, die sich selbst heilen, denen Bezugnahmen auf sich und ihre Umwelt möglich sind, ohne dabei in komplizierte Netze der Agenten eingebaut zu sein, die ohne Wartung und Pflege, ohne Instandhaltung und externe Energiezufuhr auskommen, bleiben vom Akteursverständnis der Latour-Agenten sonderbar unerfaßt. Es sind die Stoffe selbst, die agieren, und zwar nicht wie Berliner Schlüssel oder schlafende Gendarmen, deren Funktionieren ja ein soziales Netz von beteiligten Agenten und Prozesse der sowohl materialen wie auch sozialen Formung und Konventionalisierung voraussetzt; das Funktionieren solcher Stoffe gründet vielmehr in einer Autonomie der Technik. Daß diese so wenig bedrohlich wirkt und entsprechend wenig bis kaum diskutiert wird, hat mit der Unscheinbarkeit zu tun: Es fällt unseren Wahrnehmungsgewohnheiten einfach schwer, in einem sich selbst heilenden oder sich selbst fühlenden Material überhaupt einen Agenten im Sinne eines klassischen Handlungsträgers zu sehen – wäre dieses allerdings anthropozentrisch zugerichtet, als Maschinenmensch etwa, dann wäre die Aufregung groß (vgl. dazu Orland 2005; Westermann 2012).

Aber trotz der vielfältigen Möglichkeiten und damit der phänotypischen Seite solcher Aktoren liegt – jedenfalls für einen kulturwissenschaftlichen Blick – deren Unkonventionalität nicht in der jeweiligen Anwendung, sondern in der Erschließung eines neuen Handlungsmodells. In der Umwelt des Menschen befinden sich nicht mehr nur Tiere, Pflanzen, Steine und (einfache) Maschinen, sondern Materialien und Stoffe, die eine neue und ungewohnte Form der Unmittelbarkeit erzeugen. Gegenüber den Ansprüchen und Möglichkeiten der so gearteten Stoffe ist Latours *Parlament der Dinge* eine sorgsam befriedete Utopie. Für energieautarke Freischärler und wartungsfreie Separatisten, die in ihrer Autonomie keine Infrastruktur (oder gar Batterien) benötigen, sind derlei Theorienangebote unzuständig. Die Schaltbilder der Kybernetik entpuppen sich bei bestimmten Materialien als die Mikrostruktur der Materie selbst. Damit verlagert sich die Rechtsfähigkeit von Dingen auf die Ebene ihrer schieren Materialität. Die Ausweitung des Akteursstatus, in avancierten Ansätzen auf Menschenaffen, Rechenmaschinen und überhaupt auf Dinge, stellt sich daher erneut (vgl. dazu Teubner 2006; Vismann 2011) – in einem Raum jenseits dinglicher Verkörperungen und Formgebungen, in einem abstrakten Raum intelligenter Materialien, die auf ihre Formgebung noch warten, deren Formgebung noch aussteht.

*S. R.*

# Zungenstein

> Ein einzigartiges Geschick, doch offensichtlich war es eine göttliche Fügung, brachte es mit sich, daß unsere Grabungsfunde, dem Mineralreich zugehörige Gegenstände pflanzlicher oder tierischer Natur, nicht so sehr das Aussehen einheimischer, als vielmehr meistenteils fremdländischer, besonders aber indischer Formen verraten; welche Mühe wir uns auch mit der Ergrabung solcher Objekte machten, wir müssen den Verdiensten derer höchste Anerkennung zollen, die uns die Geschichte der indischen Lebenswelt überliefert haben.
>
> *Ehrhart 1979 [1727], 21*

Nachdem der Franziskanermönch André Thevet von einer Reise in den Orient zurückgekehrt war, schrieb er in seinem Reisebericht *Cosmographie de Levant* (1554) auch über in Malta massenhaft vorkommende, besonders geformte Steine:

> Auf dieser Insel gibt es eine Art von Zungen, die meiner Ansicht nach von Schlangen stammen. Einige Leute sagen allerdings, es seien Haifischzähne, doch das kann ich nicht akzeptieren. Man findet sie [nämlich] an Felsen und in großen Steinbrüchen. Sie sind starr, an der Spitze gezähnt und außerdem so glatt, daß ein Handwerker Mühe hätte, etwas ähnliches zu produzieren. [Im übrigen] sind sie ein außerordentlich gutes Gegengift, und das veranlaßt mich zu glauben, daß es sich bei ihnen [in der Tat um versteinerte] Schlangenzungen handelt. (Zitiert nach Waschkies 1999, 195)

Thevets Überlegungen führen keineswegs bloßes Unwissen oder bloßen Aberglauben vor, sie folgen vielmehr in ihrem Rückgriff auf religiöse Überlieferungen einem anerkannten Deutungsschema. Dabei zeigt sich an seinen Überlegungen zur Herkunft dieser Steine – handelt es sich um Schlangenzungen oder Haifischzähne? – auch ein grundlegendes Problem der Paläontologie: Sind Fossilien einmal als Reste ehemaliger Tiere oder Pflanzen gedeutet, so muß aus diesen Resten und Abdrücken ein ganzes, in der Regel ausgestorbenes Lebewesen rekonstruiert werden. Daher kommt die Paläontologie gar nicht umhin, aus religiösem, anatomischem und im 20. Jahrhundert vor allem genetischem und ingenieurwissenschaftlichem Wissen Fiktionen über Aussehen, Aufbau, Physiologie, Lebensgewohnheiten oder Freßverhalten ausgestorbener Tiere zu generieren, um dann wiederum mit den Fossilien die Zeit des Menschen zu konstruieren (vgl. dazu Kugler 2014). Der Stand des paläontologischen Wissens hängt somit nicht nur von der Verfügbarkeit von Fossilfunden ab, sondern ebenso vom Stand des Wissens in den Bezugsfeldern der Paläontologie. Fossilien setzen gerade aufgrund ihrer Materialität die Mobilisierung von Wissen, den Einsatz von Hypothesen und die Ausbildung von Theorien in Gang. Sie werden solchermaßen als Verbindungsglieder zwischen der Materialität und dem Diskursiven der Forschung zum Gegenstand einer paläontologischen Semiotik.

Dementsprechend bietet Gottfried Wilhelm Leibniz' posthum erschienene Schrift *Protogaea* knapp 150 Jahre nach Thevet eine andere Erklärung der »Zungensteine« an. Die Malteser führten die »Zungensteine« auf eine Legende zurück, gemäß der Paulus »die schädliche Kraft der Schlangen nicht nur vernichtete, sondern auch zum Heil der Sterblichen verwandelte, indem er die Zungen in einen Stein veränderte, der ein Mittel gegen das Gift ist« (Leibniz 1949 [1749], 105). Für Leibniz zählt dagegen die Identifizierung der Zungensteine als Haifischzähne zu einer Reihe von wissenschaftlichen Hypothesen, die die »wahren Urbilder der Steine« an den Tag gebracht hätte, sei es, daß man in den sogenannten St. Paulsstäben in das Gestein eingeschlossene Stacheln von Seeigeln erkannte, den Krötenstein dem Wolfsfisch zuschrieb oder sogenannte Schlangenaugen als kurze und runde Zähne von Fischen entzifferte (ebd., 91).

Am Beispiel von aus Kupfererz bestehenden fischähnlichen Gestalten, die sich auf der Oberfläche schieferiger Gesteine bildeten, entwickelte Leibniz eine Erklärung für diesen Prozeß der Versteinerung. Die Fische sähen so aus, als ob sie genau und kunstgerecht gezeichnet seien, »als hätte ein Künstler dem schwarzen Stein eine ausgeschnittene Metallmasse eingefügt« (ebd., 63). Er selbst habe eine Barbe, einen Barsch und einen Weißfisch, die dem Stein eingeprägt waren, in Händen gehalten. Für Leibniz handelt es sich hierbei weder um »Spiele der Natur« noch um spontane Urzeugungen oder um Erzeugnisse irgendwelcher

Samen, womit er auf die Aristotelische Lehre eines petrifizierenden Saftes verweist, sondern vielmehr um Reste von in der Erde verschütteten Fischen, die, zu Stein erhärtet, ihre Abdrücke hinterließen. Diesen nicht beobachtbaren Vorgang plausibilisiert Leibniz anhand eines Vergleichs mit der Goldschmiedekunst:

Sie überziehen eine Spinne oder ein anderes Tier mit einer geeigneten Materie, wobei sie jedoch eine kleine Öffnung übrig lassen; diese Materie glühen sie im Feuer zu Stein, dann spülen sie durch eingefülltes Quecksilber die Asche des Tieres aus dem Loche heraus und gießen schließlich statt dessen auf demselben Wege Silber hinein; wenn sie dann die Hülle entfernen, erhalten sie ein silbernes Tier mit allem Beiwerk von Füßen und Behaarung und wunderbar nachgebildeten Äderchen. (Ebd., 69)

In diesem Sinne prägten die Fische ihr Abbild zuerst der weichen Erdmasse ein, und als die tierischen Überreste längst zerstört waren, füllte flüssiger metallischer Stoff die Abdrücke aus und verfestigte sich dann. Während der Vergleich mit der Goldschmiedekunst der Logik frühneuzeitlicher Wissenschaften folgt, gemäß der sich die Gesetzmäßigkeiten der Natur anhand menschlicher Artefakte studieren lassen, was der Uhr eine Karriere als Leitmetapher der Naturforschung bescherte, liegt der Fall bei Schalentieren anders. Denn ob man diese in Steinbrüchen oder auf hohen Bergen findet, bei ihnen besteht nach Leibniz angesichts ihrer Ähnlichkeit mit lebenden Arten wie Austern, Trompetenschnecken (= Tritonshorn) oder Seeigeln kein Zweifel bezüglich ihres organischen Ursprungs. Erklärungsbedürftig ist dafür der Fundort, denn wie sollen ausschließlich maritim vorkommende Organismen in großen Mengen auf Berggipfel gelangt sein? Leibniz erklärt das Vorkommen von Meerestieren in solchen Höhen mit der Sintflut, wobei er zum einen auf Thomas Burnets »Heilige Theorie der Erde« (→ ERDE) und zum anderen auf den niederländischen Naturforscher Niels Stensen (= Nicolaus Stenonis) verweist (ebd., 29f.). Denn bereits Stensen hatte in seiner Schrift *Prodromus* (1671) die Frage nach den Zungensteinen mit der nach dem Fundort von Resten mariner Tiere verbunden:

Die erste Frage war, ob die als Zungensteine von Malta bezeichneten Körper einst Zähne von Haifischen waren, eine Frage, die offenbar und ohne weiteres gleichbedeutend war mit der allgemeinen Frage, ob diejenigen Körper, die solchen aus dem Meere ähnlich sind, aber fern vom Meer aufgefunden werden, einst im Meere hervorgebracht wurden. (Stensen 1967 [1669], 45)

Mit der Beantwortung dieser Fragen verfaßte Stensen eine sowohl für die Paläontologie als auch die Geologie bahnbrechende Studie. Ausgangspunkt von Stensens Überlegungen war ein Haifischkopf: Nachdem zwei Fischer einen Hai in der Nähe der Stadt Livorno gefangen hatten, ließ der toskanische Großherzog Ferdinand II. seinen Kopf nach Florenz bringen, wo ihn Stensen im Jahr 1666 sezierte. Bereits wenige Monate später erschien seine Schrift *Canis Carchariae dissectum caput* (1667), in der er nach der Beschreibung der Anatomie des Hais auf seine Zähne und damit auf die Zungensteine zu sprechen kommt. Zu klären war hierbei zuerst, ob aus der Erde ausgegrabene Körper, welche man allesamt bis in das frühe 19. Jahrhundert hinein als Fossilien bezeichnete, von Tieren abstammten oder ob sie durch die Erde selbst gebildet worden waren, womit die steinernen Objekte die Frage nach der Abgrenzung von Organischem und Anorganischem aufwarfen (→ FLÜSSIGKRISTALL). Der wichtigste Grund, einen organischen Ursprung anzunehmen, ist für Stensen – abgesehen von seiner Beobachtung, daß die steinernen Objekte in der Erde verfallen, also eben nicht entstehen – die Ähnlichkeit der Zungensteine mit den Haifischzähnen, so wie auch die Ähnlichkeit zwischen auf Bergen gefundenen Schalen und Muschelschalen auf einen gemeinsamen Ursprung verweist (Stensen 1969 [1667], 109–115). Dafür spricht gerade die Unregelmäßigkeit der Formen, denn während man aus chemischen Experimenten die hexagonale Form von Bergkristallen, die kubische Form der Pyrite oder Salzkristalle kenne, seien die Formen der ausgegrabenen Reste von Muscheln oder Schnecken unregelmäßig. Außerdem fänden sich Defekte der Fossilien auch bei den lebenden Tieren wieder. Dasselbe, was ein Fund zeige, zum Beispiel daß mehrere Zungensteine unterschiedlicher Größe, von denen nicht alle vollständig sind, zusammenhängen, könne man auch im Kiefer lebender Haie erkennen, bei denen ebenfalls nicht alle Zähne gleich groß und manche defekt seien (ebd., 111 f.). Unregelmäßigkeit und Beschädigung werden somit zu Zeichen für den organischen Ursprung der steinernen Objekte.

TABULA I.

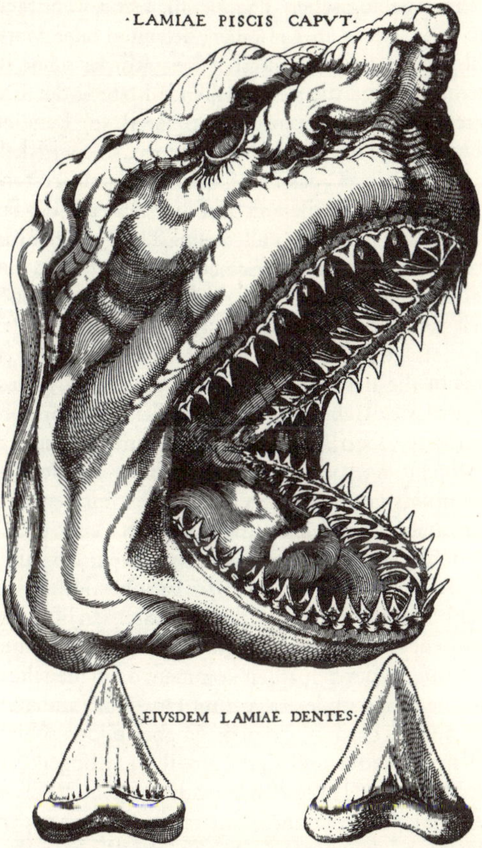


Abb. 1: Haifischkopf, darunter ein Zahn des Hais und ein Zungenstein nach Niels Stensen 1969 [1667].

Mit diesem Befund setzt Stensen dann in der Schrift *Prodromus* zu einer geologischen Theorie an. Denn wenn Teile von Pflanzen oder Tieren in Kristallen, Seleniten oder Markasiten eingeschlossen seien, dann müßten diese Körper schon hart gewesen sein, während die sie enthaltende Materie der Erd- und Felsenarten flüssig war (Stensen 1967 [1669], 50). Bemüht Leibniz an dieser Stelle die Goldschmiedekunst, so entwickelt Stensen eine Theorie über »das Feste, das in anderem Festen eingeschlossen ist« (ebd., 56), die weit über die Erklärung der Fossilien hinausgeht. Dazu gehört vor allem eine Theorie der Erdschichten. Prinzipiell haben sich die Schichten nach Stensen durch Sedimentierung gebildet, das heißt, der Stoff der jeweiligen Schichten erhielt seine Form durch »Abscheidung aus einer Flüssigkeit«, also infolge seiner Schwere. Da demnach bei der Bildung einer Schicht die darauf lagernde Materie flüssig gewesen sei, lag die obere Oberfläche der Schicht parallel zum Horizont, während die untere Oberfläche sich an die Form der unten angrenzenden Schicht angepaßt habe. Demnach lagern alle Schichten, außer der untersten Schicht, zwischen zwei mit dem Horizont parallelen Linien. Durch Einwirkungen von Feuer und Wasser kam es jedoch zu Umbildungen der Schichten; Abgründe, Kanäle und Mulden bildeten sich auf der Erdoberfläche, im Erdinneren aber Hohlräume und Grotten. Wie Stensen in einer Abbildung veranschaulicht, kann es dadurch zu Einstürzen und somit zu Umlagerungen der Schichten kommen, denn manche Schichten bleiben in horizontaler Lage zum Horizont, andere werden senkrecht zu ihm gestellt, die meisten aber bilden schiefe Winkel mit dem Horizont und sind zum Teil gar bogenförmig gekrümmt. Mit dieser Theorie meint Stensen eine Reihe schwieriger Fragen klären zu können, dazu gehört unter anderem die ungleichmäßige Beschaffenheit der Erdoberfläche, »die mit ihren Bergen, Tälern, hochliegenden Wasserbecken, Hochebenen und Tiefenebenen Anlaß zu vielen Kontroversen gibt« (ebd., 61).

Dabei kommt den Fossilien, deren organische Herkunft Stensen als einer der ersten Naturforscher begriff und deren Fundort auf Bergen er auf die Sintflut zurückführte, nun eine wesentliche Rolle zu. Denn wenn man in einer solchen Sedimentschicht Teile von Tieren oder Pflanzen findet, kann man, so Stensen, Rück-

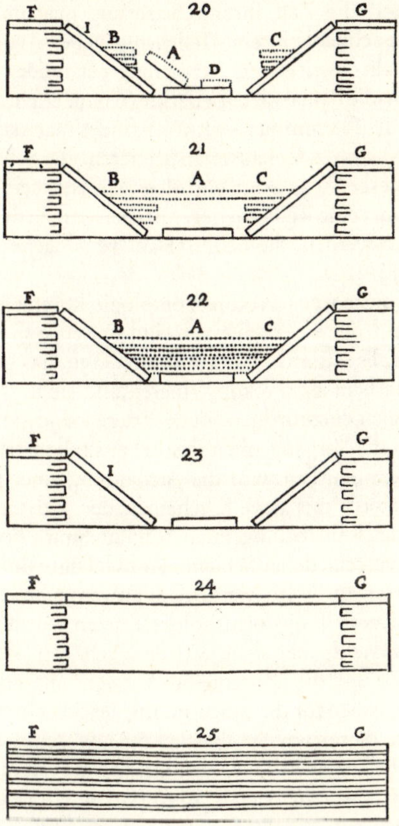


Abb. 2: Schema zur Darstellung von Faziesbildungen in der Toskana nach Niels Stensen 1967 [1669]. Die Bildfolge ist umgekehrt zu lesen: Fig. 25 zeigt die horizontale Ebene der Toskana, in der die Steinschichten parallel zum Horizont lagen, bei Fig. 24 haben sich Hohlräume durch Feuer oder Wasser gebildet, während die obere Schicht unberührt blieb, Fig. 23 zeigt die Entstehung von Tälern und Bergen durch Zusammenbruch der obersten Schichten, in Fig. 22 entstehen neue Schichten durch Überflutung, bei Fig. 21 hat sich in den neuen Schichten abermals ein Hohlraum gebildet, der zu erneuten Zusammenbrüchen führt (Fig. 20).

schlüsse auf die Zeit ihrer Ablagerung machen: Wenn eine Schicht ausschließlich feine Teilchen gleicher Art enthält, wird diese Schicht zur Zeit der Schöpfung entstanden sein aus der Flüssigkeit, die damals alles bedeckte (womit er Descartes' Theorie der Erde übernimmt; → ERDE); findet man dagegen Anzeichen von Meersalz, Gehäuse von Seetieren oder Schiffsbretter, so muß an dieser Stelle einst ein Meer gewesen sein (ebd., S. 59). Stensen führt eine Reihe weiterer Beispiele an, in denen Fossilien zu Zeichen werden, die Schlüsse auf vergangene Zustände ermöglichen.

Schon in Stensens Protopaläontologie kommt den Fossilien eine Doppelrolle zu. Zum einen sind sie selbst Gegenstand der Forschung, es gilt, ihre Herkunft zu klären, das ganze Tier aus den Resten heraus zu rekonstruieren und sie in das Tier- bzw. Pflanzenreich einzuordnen. Zum anderen sind sie Zeichen, mit denen sich die Vergangenheit des Lebens rekonstruieren läßt.

Besonders deutlich wird die Ausbildung einer paläontologischen Semiotik mit dem Erscheinen der Biostratigraphie. So erkannte der Kanalbauingenieur William Smith Fossilien als Indikatoren verschiedener Schichten und fertigte mit ihnen geologische Karten an. Smith wurde damit zwar nicht zum Wegbereiter dieser Darstellungsform, solche Karten wurden auch schon zuvor hergestellt, aber seine Karten zeichneten sich durch ihre Genauigkeit und die konsequente Verwendung von charakteristischen Fossilien für die Bestimmung der Schichten aus. Außerdem führte dieser wissenschaftliche Außenseiter in seinem im Jahr 1817 erschienenen Text »Stratigraphical system of organized fossils« erstmals den Begriff *Stratigraphie* ein (Rudwick 2008, 35).

Der prekäre Zeichenstatus der Fossilien zeigt sich vor allem in wissenschaftlichen Auseinandersetzungen, wie etwa in der sogenannten Devon-Kontroverse. Der Geologe und Paläontologe Henry de la Bèche sandte der Geological Society of London im Jahr 1834 in Devonshire gefundene fossile Pflanzen zu. Diese Exemplare waren typische Arten aus dem Karbon, das damals als Kohle-Periode bezeichnet wurde; de la Bèche fand sie aber inmitten sogenannter unterer Grauwacke. Dieses Gestein war ein Indikator für eine Schicht, die nach damaliger Ansicht älter als das Karbon und das Silur war. Demnach mußten schon vor dem Silur solche Pflanzen existiert haben. Diese Behauptung widersprach allerdings der Position des Geologen und Paläontologen Roderick Murchison. Murchison war überzeugt, daß es im Silur keine solch großen Pflanzen gab. Tatsächlich konnte er im Jahr 1836 belegen, daß de la Bèche ein Fehler unterlaufen war. Murchison fand inmitten des Gebiets Devonshire eine dünne Karbon-Schicht, der er die Pflanzen zuordnen konnte. Damit hatte er vorerst seine Theorie des Silurs verteidigt. Allerdings blieb eine Anomalie bestehen: De la Bèche hatte auch unterhalb der Schicht, die Murchison als Karbon identifizierte, Fossilien gefunden, die gemeinhin als typische Belege für das Karbon galten. Hinzu kam der Befund des Geologen John Phillips: Der stellte nämlich fest, daß einige dem Silur zugeschriebene Fossilien gar nicht dorthin gehörten. Da eine quantitative Altersbestimmung noch nicht möglich war, konnte man nur feststellen, daß sie entweder älter oder jünger als die typischen Silur-Fossilien sein mußten. Auch hier fand Murchison eine elegante Lösung, indem er das Devon als neue Periode zwischen Silur und Karbon einführte, dem er dann die Fossilien, deren Interpretation die Debatte ausgelöst hatte, zuschrieb. Die Bedeutung dieser Kontroverse lag dabei nicht in der bloßen Frage der korrekten Zuordnung von Fossilien zu geologischen Schichten und damit Erdepochen, sondern in der Diskussion der Frage, wie man Fossilien überhaupt für die Stratigraphie nutzen könne (vgl. ausführlich zu dieser Dimension der Kontroverse Rudwick 1985b und 2010, 451-456).

Auf die Zeichenhaftigkeit der Fossilien hob Thomas Henry Huxley, ein Biologe und Freund Charles Darwins, in seinem Aufsatz »On the method of Zadig« (1880) ab, wenn er in der Methode des Philosophen Zadig, der in Voltaires Erzählung *Zadig ou la destinée* (1747) in Babylon lebte, das Muster paläontologischen Arbeitens erkannte. Aufmerksam auf Zadig sei er, so Huxley, durch dessen unkommentierte Erwähnung im seiner Meinung nach wichtigsten Kapitel von Georges Cuviers größtem Werk geworden, gemeint ist die Abhandlung *Discours sur les révolutions de la surface du globe*. Cuvier schrieb darin: »Une marque plus sûr que toutes celles de Zadig.« (Huxley 1970 [1880], 1) Huxley gibt die entsprechenden Geschichten aus Voltaires Erzählung wieder: Zadig hatte allein aufgrund von Spuren im Sand erkannt, daß ein lahmer Spaniel, der gerade Junge bekommen hatte, sowie ein hervorragendes Reitpferd, fünf Fuß hoch, mit einem drei Fuß langen Schwanz und goldenem Wangenschmuck, vorbeigekommen waren (→ Sand). Bei diesen Aussagen habe es sich um »retrospective prophecies« gehandelt, wobei Huxley den philologisch korrekten Gebrauch des Wortes Prophezeiung hervorhebt: Eine Prophezeiung kann sich auf Vergangenheit, Gegenwart oder Zukunft beziehen, auf jeden Fall aber überschreitet sie das gegebene Wissen, die prophetische Operation sieht, was für den natürlichen Gesichtssinn unsichtbar ist (ebd., 6). Damit reiht sich Huxley in die Rezeptionsgeschichte von Friedrich Schlegels berühmtem Athenäums-Fragment »Der Historiker ist ein rückwärts gekehrter Prophet« (Schlegel 1997, 85) ein. Huxley entwickelt hierbei für die Paläontologie einen bestimmten Geschichtsbegriff, den Walter Benjamin in seinem Text »Über den Begriff der Geschichte« (1942) ebenfalls mit Bezug auf Schlegels Fragment kritisieren wird (Schlegels Fragment thematisiert er in den dazugehörigen Notizen, Tiedemann/Schweppenhäuser 1978, 1237). Auch wenn sich Benjamin gegen die historisch-materialistischen sowie historistischen Geschichtsbegriffe wendet und nicht gegen biologische Vorstellungen der Geschichte, teilen sich doch Biologie und Historiographie bestimmte Prämissen. So etwa die, daß Geschichte lediglich ein »Kontinuum« darstelle, wogegen Benjamin einwendet, daß es für eine Geschichtsschreibung gerade nicht ausreiche, »einen Kausalnexus von verschiedenen Momenten der Geschichte zu etablieren« (Benjamin 1974b [1942], 704).

Zadig wurde Huxley zufolge gerade deshalb zu einer Bedrohung für die babylonischen Magier. Seine Methode der Prophezeiung bestand nämlich darin, von einem Effekt auf die Präexistenz einer Ursache zu schließen, die fähig ist, diesen Effekt hervorzubringen:

> The tracks were exactly like those which dogs and horses leave; therefore they were the effects for our well grounded confidence that monuments and works of art or artifice, have never been produced by causes different in kind from those to which they now owe their origin. And geology, which traces back the course of history beyond the limits of archaeology, could

tell us nothing except for the assumption that, millions of years ago, water, heat, gravitation, friction, animal and vegetable life, caused effects of the same kind as they now cause. (Huxley 1970 [1880], 10)

Huxley schlägt solchermaßen einen Bogen von Cuvier über Voltaires Figur Zadig und, wenn auch nur implizit, über David Hume und Charles Lyell zur Geologie. Humes Ursache-Wirkungs-Relation und ihre Anwendung auf die Geologie in Gestalt von Lyells Aktualitätsprinzip markieren die Grundlage, auf der eine evolutionistische paläontologische Semiotik überhaupt erst aufbauen kann. Dabei kommt es zwischen Cuvier und Huxley zu einer Verschiebung in dieser Semiotik, die sich an Lyells Begriff der *Uniformität* verdeutlichen läßt. Denn der Gebrauch dieses Begriffs ist, wie Gould ausführt (vgl. zum Folgenden Gould 1987, 117-132), alles andere als einheitlich: So fasse Lyell selbst darunter »a set of methodological statements about proper scientific procedure, and a group of substantive beliefs about how the world really works« (ebd., 118). Für Gould zählt Lyells Vorgehen, verschiedene Bedeutungen unter dem Begriff *Uniformität* zu fassen, zu den raffiniertesten rhetorischen Tricks der Wissenschaftsgeschichte – bis in das späte 20. Jahrhundert hinein blieb es denn auch bei der Begriffsverwirrung. Cuvier jedenfalls folgte selbstredend ebenfalls wissenschaftlichen Prinzipien, die seither unter Uniformität gefaßt werden und für die Gould die Formeln *Uniformität des Gesetzes* und *des Prozesses* prägt: Auch für Cuvier gilt die zeitliche und räumliche Konstanz von Naturgesetzen, und auch er erklärt die Vergangenheit durch heute wirkende Ursachen. Was Cuvier jedoch nicht teilt, ist das, was Gould als »Uniformität des Tempos oder Gradualismus« bezeichnet (ebd., 178), wonach Veränderungen langsam und stetig erfolgen. Mit dieser dritten, nun eben nicht methodologischen, sondern inhaltlichen Bedeutung des Begriffs Uniformität, formuliert Lyell seine Kritik an Cuviers Katastrophentheorie. Im Konzept der Zeitlichkeit also, und nicht in den jeweiligen methodologischen Vorgehensweisen, unterscheiden sich Cuviers und Huxleys Semiotik, Katastrophentheorie und Evolutionismus.

Wie Huxley in seinem Aufsatz ausführt, könne, so wie Zadig von den Spuren im Sand auf die Gestalt des Hundes und des Pferdes schloß, auch der Paläontologe von einer Schale, einem Zahn oder einem Knochen auf die Natur des dazugehörigen Tieres schließen (Huxley 1970 [1880], 13). Als Beispiele führt Huxley die Belemniten an, steinerne Körper, die man als Donnerkeile, »thunderbolts«, ansah, wobei es schwierig schien, in ihnen mehr als Mineralien zu erkennen.

Erst als man in diesen Körpern mehrere von einem Sipho durchzogene Kammern fand und dazu korrespondierende Strukturen in den Gehäusen der Cephalopoda (der zoologischen Klasse der Kopffüßer) Nautilus und Spirula, erkannte man in den Belemniten Tiere, konkret: Kopffüßer.

Huxley verweist auf Cuviers Korrelationsgesetz, gemäß dem ein Lebewesen ein Ganzes bildet, in welchem alle Teile einander entsprechen und in dem kein Teil sich ändern kann, ohne daß sich auch die übrigen ändern, »folglich bezeichnet und giebt jeder Theil einzeln genommen alle übrigen« (Cuvier 1822, 72). Die Teile des Körpers bilden somit ein funktionales *und* semiotisches System, bei dem von einem Element auf das Ganze geschlossen werden kann. Aus aufgefundenen fossilen Teilen und dem vergleichenden Blick auf lebende Tiere läßt sich demnach als drittes auf das häufig bereits ausgestorbene Tier schließen, das aber stets doch imaginär bleiben muß. Huxley benennt dabei den blinden Fleck der Paläontologie und nicht zuletzt auch von Cuviers Korrelationsgesetz. Denn das Funktionieren der Methode Zadigs sowie derjenigen Cuviers setzt notwendigerweise die Annahme voraus, daß das fossile Tier, zu dem der Knochen oder Zahn gehört, und das lebende Tier einander *ähnlich* sind.

Die Konstruktion ausgestorbener Lebewesen ist für die Evolutionstheorie von entscheidender Bedeutung; so mußte Darwin selbst die »Lückenhaftigkeit der geologischen Befunde«, so der Titel des 10. Kapitels seines im Jahr 1859 erstmals veröffentlichten Werkes *On the Origin of Species*, eingestehen. Ließ sich deshalb keine »ununterbrochene Kette organischer Wesen« (Darwin 1963 [1859], 430) erstellen, so kam vollständigen Rekonstruktionen einzelner Fälle eine um so größere Bedeutung zu. Von kaum zu überschätzender Bedeutung ist daher der Fund eines Archaeopteryx im Jahr 1861 als Beleg für die Faktizität von Zwischenformen (»missing links«), deren Fehlen Darwin besonderes Ungemach bereitete.

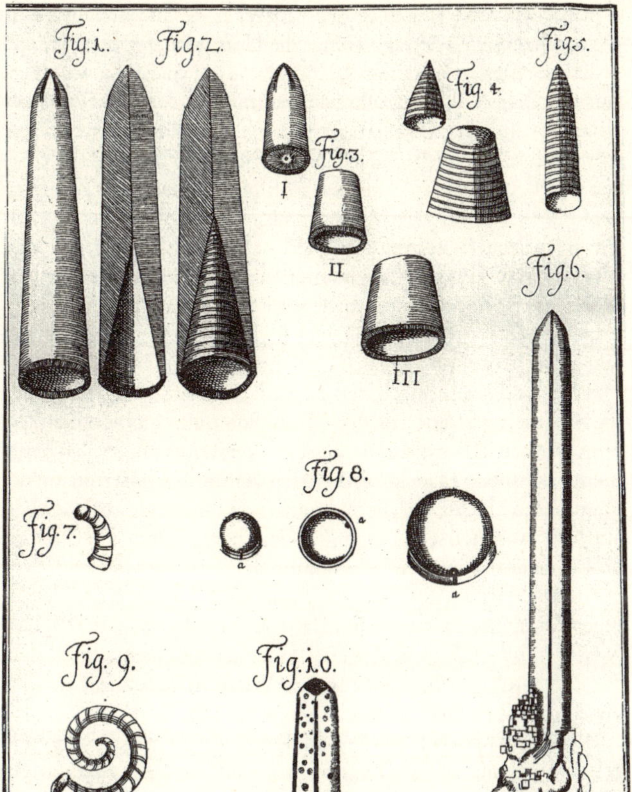


Abb. 3: Belemniten nach Balthasar Ehrhart (1727). Nach Ehrhart zeigen Fig. 1 und 10 unversehrte *Belemnites trisculus*, in Fig. 2 und 3 ist ein Belemnit zerlegt, so daß der Alveolus sichtbar wird, der in den Fig. 4, 5 und 8 nochmals abgebildet ist. Fig. 7 zeigt Teile eines Meerestiers, Fig. 9 »Posthörnchen«, *Spirula*. Nach Ehrhart sind Belemniten Behausungen für einen Alveolus, »ein einschaliges konisches Schaltier, in Kammern unterteilt und mit einem Sipho versehen« (Ehrhart 1727, 31).

Einen anderen Weg ging Ernst Haeckel, der in seinem im Jahr 1876 gehaltenen Vortrag »Ueber die Urkunden der Stammesgeschichte« die Grenzen der Paläontologie hervorhob. Zwar zeige nur die »Versteinerungslehre« handgreiflich den Reichtum der Pflanzen und Tierarten in der Erdgeschichte, und nur sie belehre uns darüber, wie die »specielle Stammesgeschichte einzelner Arten und Gattungen [...] Stufe für Stufe und Zweig für Zweig zu verfolgen« sei, wie die Rekonstruktion des Stammbaums der Pferde belege (Haeckel 1878, 87). Aber letztlich sei das eine Überschätzung der Möglichkeiten der Paläontologie, denn ihre »Urkunden« seien notwendigerweise unvollständig, die meisten organischen Formen seien so weich, daß sie keine Versteinerungen hinterließen, und aus manchen Erdepochen fände man kaum Fossilien, so seien durch den Einfluß des flüssigen Erdinneren die Sedimentgesteine vor der silurischen und kambrischen Zeit zum größten Teil »metamorphisiert«, Versteinerungen also kaum mehr erkennbar. Haeckel setzt daher für die Rekonstruktion der Stammesgeschichte auf die vergleichende Embryologie, das heißt auf sein biogenetisches Grundgesetz, gemäß dem die Ontogenese eine abgekürzte Wiederholung der Phylogenese ist.

Andere Formen der Rekonstruktion der Vergangenheit lebendiger Organismen verwerfen dagegen gerade nicht verfügbare Ansätze und Disziplinen, wie es Haeckel tut. Vielmehr bezieht die Paläontologie ihrerseits andere Wissensformen mit ein, um vergangene Lebensformen zu rekonstruieren.

Besonders deutlich werden die Konsequenzen des notwendigen Bezuges auf andere Disziplinen, wenn es zu Neufassungen oder Korrekturen bestimmter Theorien kommt. So formulierten Mitarbeiter am Frankfurter Senckenberg Museum eine Hydroskelett-Theorie, die der Biologe W. F. Gutmann weiterentwikkelte und die einer grundlegenden Aussage der darwinistischen Evolutionstheorie widersprach. In deren Zentrum steht nämlich die These, daß die Organismen »ungerichteten und zufälligen Wandlungen unterliegen und die Lebens- und Umweltbeziehungen eine Auslese bewirken, die die geordnete Weiterentwicklung der Lebewesen sichert« (Gutmann 1989, 9). Dagegen folgt aus der Betrachtung der Organismen als hydraulische Konstruktionen, daß Variationen nicht ungerichtet erfolgen. Denn Organis-

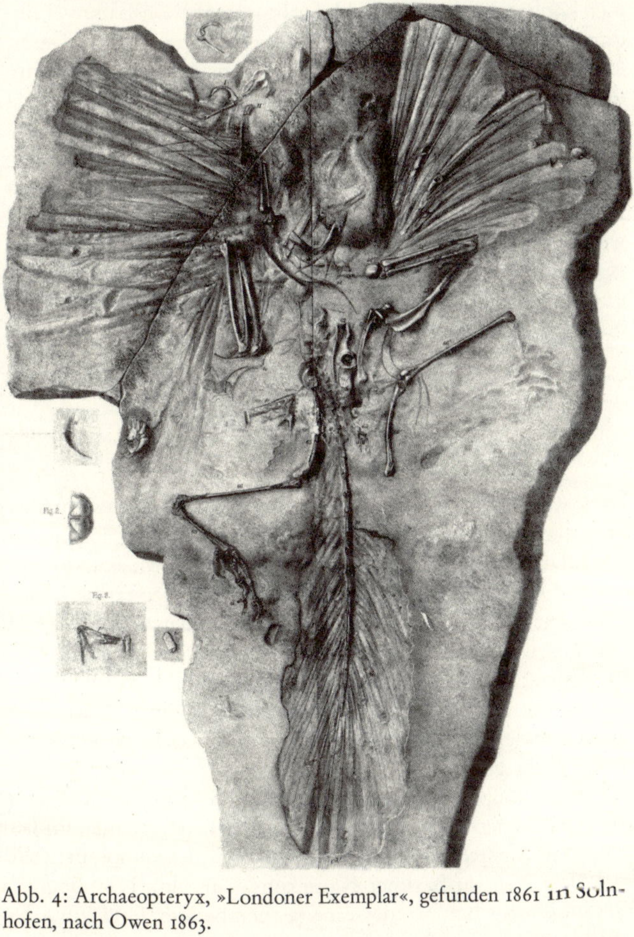

Abb. 4: Archaeopteryx, »Londoner Exemplar«, gefunden 1861 in Solnhofen, nach Owen 1863.

men können sich nur nach »Maßgabe interner konstruktiver Bedingungen evolutiv verändern und entwickeln« (ebd., 9). Damit konzipiert Gutmann die Morphologie als Konstruktionslehre der Organismen, was ermöglicht wird durch die Verkopplung der physikalischen und technischen Hydraulik zu einer Theorie der Biomechanik. Diese Überlegungen ermöglichten wiederum eine Rekonstruktion vergangenen Lebens, insbesondere mit Blick auf die Fortbewegung. Nach Gutmann mußten die frei beweglichen Coelomtiere eine Wurmform ausbilden, da nur die gestreckte Form Antriebsbewegungen durch schlängelnde Biegungen zuließ (ebd., 94). Diese Konstruktion erlaubte nun keine beliebige Veränderung:

> Geht man [...] von dem vorgelegten Modell aus, in dem die ältesten Formen stark durch innere Verspannungen untergliederte Würmer waren, so erscheint ein konstruktiver Zwangsweg für die Entwicklung der Chorda- und Wirbeltiere geradezu konstruktiv vorgeschrieben. (Ebd., 110)

Denn während bei einem wurmartigen Hydroskelett-System Muskeln die Formkonstanz bewirken, erfüllt diese Aufgabe bei den Chordatieren die Chorda-Achse, welche so die Muskulatur entlastet. Indem in der Körperwand nur die nun verstärkte Längsmuskulatur übrigbleibt, erhöht sich die Effizienz des Schlängelantriebs, wie die Fische vorführen (ebd., 111). Durch den Rekurs auf Physik und Technik sowie durch die Ausbildung einer Theorie der Biomechanik ist die Hydroskelett-Theorie somit in der Lage, gerade das zu rekonstruieren, von dem es keine steinernen Reste mehr gibt.

Die Anknüpfung an technisches Wissen kann aber auch weitaus praktischere Konsequenzen haben. So änderte man im Jahr 2007 die Aufstellung des größten aufgebauten Dinosaurierskeletts der Welt im Berliner Naturkundemuseum. Nachdem der Brachiosaurus brancai, dessen Knochen bei der Tendaguru-Expedition (1909-1913) gefunden wurden und der eine Höhe von 13,27 Metern aufweist, sechzig Jahre lang in der ersten Halle des Museums gestanden hatte, haben Statiker festgestellt, daß der Saurier sein enormes Gewicht, statt von siebzig Tonnen geht man heute von fünfzig Tonnen aus, nicht mit angewinkelten Beinen hätte tragen können, so daß sein Skelett nach den neuesten statischen Kenntnissen (re)konstruiert wurde. Jetzt sind die Beine des Brachiosaurus gerade durchgestreckt und weiter unter den Körper gewandert. Den Hals hat man steiler aufgerichtet, so daß die auf den Wirbelkörpern lastende Spannung verringert wird, und der Schwanz schleift nicht mehr über den Boden. Statt dessen balanciert das Skelett ihn als Gegengewicht hoch erhoben in der Luft. Wie Alexis Dworsky in seiner Kulturgeschichte des Dinosauriers vorgeführt hat, unterliegt ohnehin kaum eine andere Gruppe ausgestorbener Organismen einem solch beständigen Wandel der Konstruktionen wie die Dinosaurier: Im ausgehenden 19. Jahrhundert konzipierte man den Dinosaurier als »agiles Tier mit geschmeidigen Bewegungen«, dagegen erschien er in der Mitte des 20. Jahrhunderts als ein »plumper Trampel«, und in heutigen Computersimulationen tritt er wieder als wendiges, lebhaftes und äußerst kluges Lebewesen mit komplexen Verhaltensformen auf (Dworsky 2011, 115 und 165).

Die Geschichte der Fossilien bildet somit zugleich eine Geschichte der Übertragung zeitgenössischen Wissens. Da heute ausgestorbene Lebewesen nur als Fossilien überliefert sind, also nur teilweise, kreiert die Paläontologie unvermeidlich aus Daten und Hypothesen, aus religiösem, anatomischem oder technischem Wissen imaginäre Wesen. Die materiell vorhandenen Fossilien markieren dabei das Scharnier zwischen der sinnlich erfahrbaren Materialität des Lebewesens und den Deutungen der Forscher, sie sind reale Objekte und zugleich Zeichenkomplexe – und solchermaßen Gegenstand einer paläontologischen Semiotik.

*B. B.*

# Literaturverzeichnis


Adams, Frank Dawson, *The Birth and Development of the Geological Sciences*, New York 1954 [1938].

Agricola, Johann Georg, *Cervi cum integri et vivi natura et proprietas tum excoriati et dissecti in medicina usus, Das ist: Außführliche Beschreibung deß gantzen Lebendigen Hirschens, seiner Natur vnd Eygenschafften: Dann ferner Welcher Gestalt deß zu gewisser Zeit gefangenen Hirschens fürnembste Glieder in der Arztney zu gebrauchen* ..., Amberg 1617.

Agricola, Johann Georg, *Bermannus oder über den Bergbau. Ein Dialog*, übers. und bearb. von Helmut Wilsdorf, Berlin 1955 [1530].

Agricola, Johann Georg, *De natura fossilium libri X. Die Mineralien*, übers. und bearb. von Georg Fraustadt in Verb. mit Hans Prescher, Berlin 1958 [1546] (= Georg Agricola, *Ausgewählte Werke*, hg. von Hans Prescher, Bd. 4).

Alexander, Gustav/Robert Bárány, »Psychophysiologische Untersuchungen über die Bedeutung des Statolithenapparates für die Orientierung im Raume an Normalen und Taubstummen«, in: *Zeitschrift für Physiologie und Psychologie der Sinnesorgane* 37, 1904, 321-362.

Alexander, Gustav/Alois Kreidl, »Zur Physiologie des Labyrinthes der Tanzmaus«, in: *Monatsschrift für Ohrenheilkunde sowie für Kehlkopf-, Nasen-, Rachen-Krankheiten* 35, 1901, 78-85.

Ambrosius von Mailand, *Exameron*, Kempten/München 1914 (= Bibliothek der Kirchenväter, Bd. 17).

Anonym, »Der Fußboden wird zur Stromquelle«, in: *Industrieanzeiger*, 13.02.2010, online verfügbar unter ⟨http://www.industrieanzeiger.de/management/-/article/32571342/35405419/Der-Fußboden-wird-zur-Stromquelle/art_co_INSTANCE_0000/maximized/⟩ (abgerufen am 13.04.2013).

Anonym, »Los Horcones – Brief Introduction«, nicht datiert, online verfügbar unter ⟨http://www.loshorcones.org/start/introduction.html⟩ (abgerufen am 10.12.2010).

Anonym, »Tanzen für den Ökostrom«, Website der Firma UHF, 2013, online verfügbar unter ⟨http://www.ufh.at/index.php?i_ca_id=397⟩ (abgerufen am 24.04.2013).

Appelt, Christian, *Powerkristalle. Heilen mit energetisierten Quarzkristallen*, Baden/München 2005.

Appelt, Christian, Disclaimer der Website »Der Bio-12-Code: Modernste Gesundheit für Jeden«, 2011-2013, online verfügbar unter ⟨http://www.bio-12-code.eu/page11/index.html⟩ (abgerufen am 12.12.2013).

Arendt, Hannah, *Vita activa oder Vom tätigen Leben*, München 2007 [1958].

Aubert, Hermann, *Physiologische Studien über die Orientierung unter Zugrundelegung von Yves Delage*, Tübingen 1888.

Augustinus, Aurelius, *Vom Gottesstaat (De civitate Dei)*, aus dem Lat. übertr. von Wilhelm Timme, eingel. u. komm. von Carl Andresen, München 2007.

Bacon, Francis, *Neu-Atlantis*, hg. von Beate Behrens, 2. Aufl., Berlin 1984 [1627].

Ball, Howard, *Justice Downwind. America's Atomic Testing Program in the 1950s*, New York/Oxford 1986.

Bárány, Robert, »Untersuchungen über den vom Vestibularapparat des Ohres reflektorisch ausgelösten rhythmischen Nystagmus und seine Begleiterscheinungen. (Ein Beitrag zur Physiologie und Pathologie des Bogengangapparates)«, in: *Monatsschrift für Ohrenheilkunde* 40, 1906, 193-297.

Bárány, Robert, »Optischer Nystagmus und Eisenbahnnystagmus: Erklärung für das von mir beobachtete Auftreten eines der Norm entgegengesetzt gerichteten Nystagmus bei Prüfung des Eisenbahnystagmus«, in: *Upsala läkareförenings förhandlingar* N.F. 26, H. 5/6, 1921.

Basilius, »Die neun Homilien über das Hexaemeron (Sechstagewerk)«, in: ders., *Ausgewählte Homilien und Predigten*, München 1925 (= Bibliothek der Kirchenväter, Bd. 47).

Baudrillard, Jean, *Das System der Dinge. Über unser Verhältnis zu den alltäglichen Gegenständen*, 3. Aufl., Frankfurt am Main/New York, 2007.

Bäumler, Thomas/Benjamin Bühler/Stefan Rieger (Hg.), *Nicht Fisch – nicht Fleisch. Ordnungssysteme und ihre Störfälle*, Zürich 2011.

Beil, Ulrich, *Die Wiederkehr des Absoluten: Studien zur Symbolik des Kristallinen und Metallischen in der Literatur der Jahrhundertwende*, Frankfurt am Main u. a. 1988 (Münchner Studien zur literarischen Kultur in Deutschland, Bd. 6).

Benesch, Friedrich/Bernhard Wöhrmann, *Der Turmalin. Eine Monographie*, Stuttgart 2003.

Benjamin, Walter, »Ursprung des deutschen Trauerspiels«, in: ders., *Gesammelte Schriften*, Bd. I.1: *Abhandlungen*, hg. von Rolf Tiedemann und Hermann Schweppenhäuser, Frankfurt am Main 1974a [1928], 203-430.

Benjamin, Walter, »Über den Begriff der Geschichte«, in: ders., *Gesammelte Schriften*, Bd. I.2, hg. von Rolf Tiedemann und Hermann Schweppenhäuser, Frankfurt am Main 1974b [1942], 691-704.

Benn, Gottfried, »Der Aufbau der Persönlichkeit. Grundriß einer Geologie des Ich«, in: ders., *Sämtliche Werke*. Bd. III: *Prosa 1*, Stuttgart/Weimar 1987 [1930], 263-277.

Benn, Gottfried, »Bezugssysteme«, in: ders., *Essays und Reden in der Fassung der Erstdrucke*, mit einer Einführung hg. von Bruno Hillebrand, Frankfurt am Main 1989a [1949], 387-392.

Benn, Gottfried, »Physik 1943«, in: ders., *Essays und Reden. In der Fassung der Erstdrucke*, mit einer Einführung hg. von Bruno Hillebrand, Frankfurt am Main 1989b [1949], 399-402.

Bense, Max, »Der geistige Mensch und die Technik«, in: ders., *Ausgewählte Schriften*, Bd. 1: *Philosophie*, Stuttgart/Weimar 1997 [1946], 180-195.

Bense, Max, »Technische Existenz«, in: ders., *Ausgewählte Schriften*, Bd. 3: *Ästhetik und Texttheorie*, Stuttgart/Weimar 1998 [1949], 122-146.

Bocking, Stephen, *Ecologists and Environmental Politics. A History of Contemporary Ecology*, New Haven/London 1997.

Böhme, Hartmut, »Geheime Macht im Schoß der Erde. Das Symbolfeld des Bergbaus zwischen Sozialgeschichte und Psychohistorie«, in: ders., *Natur und Subjekt*, Frankfurt am Main 1988, 67-144.

Böhme, Hartmut, *Fetischismus und Kultur. Eine andere Theorie der Moderne*, Frankfurt am Main 2006.

Bölsche, Wilhelm, *Das Liebesleben in der Natur. Eine Entwicklungsgeschichte der Liebe*, 3 Bde., Jena 1905.

Bomare, Valmont de, *Mineralogie, oder Neue Erklärung des Mineral-Reichs*, Dresden 1769.

Borges, Jorge Luis, »Das Sandbuch«, in: ders., *Gesammelte Werke*, Bd. 4: *Erzählungen 1975-1977*, München/Wien 1982 [1975], 93-98.

Bourzac, Katherine, »Erneuerbare Energie aus der Schuhsohle«, in: *Telepolis*, 09.02.2010, online verfügbar unter ⟨http://www.heise.de/tr/artikel/Erneuerbare-Energie-aus-der-Schuhsohle-918634.htm⟩ (abgerufen am 22.11.2013).

Bowler, Peter J., *The Non-Darwinian Revolution. Reinterpreting a Historical Myth*, Baltimore/London 1988.

Boyle, Robert, *New Experiments and Observations Made Upon the Icy Noctiluca*, London 1681.

Boyle, Robert, »A Short Memorial of Some Observations Made Upon an Artificial Substance, That Shines Without Any Precedent Illustration«, in: Robert T. Gunther, *Early Science in Oxford*, Bd. VIII, Oxford 1931, 273-282.

Bragg, William Henry/William Lawrence Bragg, »The Reflection of X-rays by Crystals«, in: *Proceedings of the Royal Society*, A, 88, 1913, 428-438.

Brandstetter, Thomas, »Leben im Modus des Als-Ob. Spielräume eines alternativen Mechanismus um 1900«, in: Armen Avanessian/Winfried Menninghaus/Jan Volker (Hg.), *Vita aesthetica. Szenarien ästhetischer Lebendigkeit*, Berlin 2009, 237-249.

Braun, Volker, *Bodenloser Satz*, Frankfurt am Main 1990.

Brauns, Reinhard, *Flüssige Kristalle und Lebewesen. 170 Referate aus dem Neuen Jahrbuch und Centralblatt für Mineralogie, Geol.[ogie] u[nd] Pal.[äontologie]*, Stuttgart 1931.

Breidbach, Olaf/Gerhard Wiesenfeldt, »›Könnte nicht also auch die Erdkugel ein großer Turmalin sein?‹ Ein Kristall, Lichtenberg und die Polarisationsdiskussion vor 1800«, in: *Sudhoffs Archiv. Zeitschrift für Wissenschaftsgeschichte* 96, 2012, 95-109.

Breitung, Max, »Über phonographische Stimmprüfung«, in: *Monatsschrift für Ohrenheilkunde sowie für Kehlkopf-, Nasen-, Rachen-Krankheiten* 33, 1899, 537-548.

Breuer, Josef, »Beiträge zur Lehre vom statischen Sinne (Gleichgewichtsorgan, Vestibularapparat des Ohrlabyrinths)«, in: *Medizinische Jahrbücher*, H. 1, 1875, 87-156.

Breuer, Josef, »Neue Versuche an den Ohrbogengängen«, in: *Archiv für Physiologie* 44, 1889, 135-152.

Breuer, Josef, »Ueber die Function der Otolithenapparate«, in: *Pflügers Archiv. European Journal of Physiology* 48, H. 1, 1891, 195-306.

Breuer, Josef, »Ueber Bogengänge und Raumsinn«, in: *Archiv für die gesamte Physiologie* 58, 1897, 596-648.

Breuer, Josef, »Über den Galvanotropismus (Galvanotaxis) bei Fischen«, in: *Sitzungsberichte der Mathematisch-Naturwissenschaftlichen Klasse der Kaiserlichen Akademie der Wissenschaften* CXIV., Abt. III, München 1905, 27-56.

Breuer, Josef, »Über das Gehörorgan der Vögel«, in: *Sitzungsberichte der Mathematisch-Naturwissenschaftlichen Klasse der Kaiserlichen Akademie der Wissenschaften* CXVI., H. IV, München 1907, 249-292.

Breuer, Josef/Alois Kreidl, »Ueber die scheinbare Drehung des Gesichtsfeldes während der Einwirkung einer Centrifugalkraft«, in: *Pflügers Archiv: European Journal of Physiology* 70, H. 9-10, 1898, 494-510.

Brimblecombe, Peter, *The Big Smoke. A History of Air Pollution in London since Medieval Times*, London 1987.

Bröckling, Ulrich, *Das unternehmerische Selbst. Soziologie einer Subjektivierungsform*, Frankfurt am Main 2007.

Buffon, Georges-Louis Leclerc de, *Histoire naturelle, générale et particulière avec la description du cabinet du roi*, Bd. 1, Paris 1749.

Bühler, Benjamin, »Entgleitende Regulierungen. Politische Ökologie im 20. Jahrhundert«, in: Stefan Rieger/Manfred Schneider (Hg.), *Selbstläufer/Leerläufer. Regelungen und ihr Imaginäres im 20. Jahrhundert*, Berlin/Zürich 2012, 177-197.

Bühler, Benjamin, »Von ›Hypothesen, die auf einer Hypothese gründen‹. Ökologische Prognostik in den 1970er Jahren«, in: Daniel Weidner/Stefan Willer (Hg.), *Prophetie und Prognostik*, München 2013a, 59-80.

Bühler, Benjamin, *Zwischen Tier und Mensch. Grenzfiguren des Politischen in der Frühen Neuzeit*, München 2013b.

Burchard, Ulrich, »History of the Development of the Crystallographic Goniometer«, in: *The Mineralogical Record* 29, 1998, 514-600.

Burckhardt, Johann Jakob, *Die Symmetrie der Kristalle. Von René-Just Haüy zur kristallographischen Schule in Zürich*. Mit einem Beitrag von Erhard Scholz, Basel/Boston/Berlin 1988.

Burmester, Ludwig, »Geschichtliche Entwicklung des krystallographischen Zeichnens«, in: *Zeitschrift für Krystallographie* 57, 1922, 1-47.

Burnet, Thomas, *The Sacred Theory of the Earth*, London 1965 [1684].

Burr, Harold Saxton, *The Fields of Life. Our Links with the Universe*, New York 1972.

Cady, Walter Guyton, *Piezoelectricity. An Introduction to the Theory and Applications of Electromechanical Phenomena in Crystals*, New York/London 1946.

Caillois, Roger, *Die Spiele und die Menschen. Maske und Rausch*, Stuttgart 1960 [1957].

Caillois, Roger, *Steine*, München/Wien 1983 [1966].

Campe, Rüdiger, *Affekt und Ausdruck. Zur Umwandlung der literarischen Rede im 17. und 18. Jahrhundert*, Tübingen 1990.

Carson, Rachel, *Der stumme Frühling*, München 2007 [1962].

Commoner, Barry, *The Closing Circle. Nature, Man, and Technology*, New York 1972.

Cousto, Hans, *Die kosmische Oktave*, Essen 1984.

Crutzen, Paul J., »Die Geologie der Menschheit«, in: ders. *Das Raumschiff Erde hat keinen Notausgang. Energie und Politik im Anthropozän*, Berlin 2011, 7-10.

Crutzen, Paul J./Eugene F. Stoermer, »The ›Anthropocene‹«, in: *Global Change Newsletter* 41, 2000, 17-18.

Curtis, Henry Holbrook, *Voice Building and Tone Placing, Showing a New Method of Relieving Injured Vocal Cords by Tone Exercises*, 3. Aufl, New York 1914.

Cuvier, Georges, *Ansichten von der Urwelt,* nach der zweiten Originalausgabe verdeutscht und mit Anm. begleitet von Jakob Nöggerrath, Bonn 1822.

Cyon, Elias von, »Die physiologischen Grundlagen der Geometrie von Euklid. Eine Lösung des Raumproblems«, in: *Pflügers Archiv für die gesamte Physiologie des Menschen und der Thiere* 85, H. 11-12, 1901, 576-630

Cyon, Elias von, *Das Ohrlabyrinth als Organ der mathematischen Sinne für Raum und Zeit*, Berlin 1908.

Czochralski, Jan, »Ein neues Verfahren zur Messung der Kristallisationsgeschwindigkeit der Metalle«, in: *Zeitschrift für Physikalische Chemie* XCII, H. 1, 1916, 219-221.

Dalrymple, G. Brent, *The Age of Earth*, Stanford 1991.

Darwin, Charles, *Die Entstehung der Arten durch natürliche Zuchtwahl*, Stuttgart 1963 [1859].

Dath, Dietmar, *Schöner rechnen. Die Zukunft der Computer*, Berlin 2002.

Dau, Felix, *Die Form der Paradoxie. Eine Einführung in die Mathematik und Philosophie der »Laws of Form« von G. Spencer-Brown*, Heidelberg 2005.

Derrida, Jacques: *Gesetzeskraft. Der mystische Grund der Autorität*, Frankfurt am Main 1996 [1990].

Derrida, Jacques, »The Animal That Therefore I Am (More to Follow)«, in: *Critical Inquiry* 28, Winter 2002, 369-418 (zuerst erschienen unter dem Titel: »L'animal que donc je suis (à suivre)«, in: Marie-Louise Mallet [Hg.], *L'Animal autobiographique. Autour de Jacques Derrida*, Paris 1999, 251-301).

Deutsche Messe, »Piezoparkett: Strom erzeugen im Vorübergehen«, Pressemeldung, 25.03.2010, online verfügbar unter ⟨http://www.innovations-report.de/html/berichte/hannover_messe/themenservice_aktuell_produktneuheiten_hannover_151518.html⟩ (abgerufen am 24.04.2013).

Dobberstein, Johannes/Georg Pallaske/Hugo Stünzi, *Handbuch der speziellen pathologischen Anatomie der Haustiere*, Bd. 5: *Digestionsapparat*, 1. Teil, Berlin/Hamburg 1970.

Draaisma, Douwe, *Die Metaphernmaschine. Eine Geschichte des Gedächtnisses*, Darmstadt 1999.

Driesch, Hans, »Bemerkungen zu Przibrams Kristall-Analogien«, in: *Archiv für Entwicklungsmechanik* XXIII, 1907, 174.

Dünne, Jörg/Stephan Günzel, *Raumtheorie*, Frankfurt am Main 2006.

Dworsky, Alexis, *Dinosaurier! Die Kulturgeschichte*, München 2011.

Dyson, Freeman, »Unfashionable Pursuits«, in: *The Mathematical Intelligencer* 3, 1983, 47-54.

Egan, Michael, *Barry Commoner and the Science of Survival: The Remaking of American Environmentalism*, Cambridge/London 2007.

Ehrhart, Balthasar, *Balthasar Ehrhart (1700-1756) aus Memmingen (Schwaben) und seine Dissertatio de belemnitis Suevicis (1727)*, hg. und eingel. von Otto Wittmann, Übers. d. lat. Orig. von 1727 von Paul Willmann, Erlangen 1979 (= Erlanger geologische Abhandlungen Heft 107).

Emsley, John, *Phosphor – ein Element auf Leben und Tod*, Weinheim u.a. 2001.

Eschenbach, Wolfram von, *Parzival*, Bd. 1, nach der Ausg. Karl Lachmanns rev. und komm. von Eberhard Nellmann, übertragen von Dieter Kühn, Frankfurt am Main 2006.

Evers, Jürgen/Peter Klüfers/Rudolf Staudigl/Peter Stallhofer, »Czochralskis schöpferischer Fehlgriff: ein Meilenstein auf dem Weg in die Gigabit-Ära«, in: *Angewandte Chemie* 115, 2003, 5862-5877.

Fabian, Eginhard, *Die Entdeckung der Kristalle*, Leipzig 1986.

Farber, Eduard, »History of Phosphorus«, in: *Contributions from the Museum of History and Technology* 40, 1966, 178-200.

Findlen, Paula, »Jokes of Nature and Jokes of Knowledge: The Playfulness of Scientific Discourse in Early Modern Europe«, in: *Renaissance Quarterly* 43, 1990, 292-331.

Findlen, Paula, »Die Zeit vor dem Laboratorium: Die Museen und der Bereich der Wissenschaft 1550-1750«, in: Andreas Grote (Hg.), *Macrocosmos in Microcosmo. Die Welt in der Stube. Zur Geschichte des Sammelns 1450-1800*, Opladen 1994, 191-207.

Forbes, Thomas R., »The Madstone«, in: Wayland D. Hand (Hg.), *American Folk Medicine. A Symposium*, Berkeley u.a. 1980, 11-19.

Foucault, Michel, *Die Ordnung der Dinge. Eine Archäologie der Humanwissenschaften*, 9. Aufl., Frankfurt am Main 1990 [1966].

Franzen, Jonathan, *Freiheit*, Reinbek bei Hamburg 2010.

Friedrich, Udo, *Naturgeschichte zwischen artes liberales und frühneuzeitlicher Wissenschaft. Conrad Gessners »Historia animalium« und ihre volkssprachliche Rezeption*, Tübingen 1995.

Friedrich-Freksa (= Kurt Franz Georg Friedrich-Freksa), *Phosphor. Roman*, München 1912.

Friedrich-Freksa, Hans/Fritz Kaudewitz, »Versuche mit radioaktivem Phosphor an *Amoeba proteus*«, in: *Verhandlungen der Deutschen Zoologischen Gesellschaft in Wilhelmshaven*, Sonderdruck 1951, 81-86.

Friedrich-Freksa, Hans, »Irrtum und Erkenntnis in der Biologie«, in: Karl Ulmer (Hg.), *Die Wissenschaften und die Wahrheit*, Stuttgart u.a. 1966, 48-55.

Fritsch, Karl, »Das Individuum im Pflanzenreich«, in: *Naturwissenschaftliche Wochenschrift*, H. 39, 1920, 609-617.

Gadolin, Axel, *Abhandlung über die Herleitung aller Krystallographischer Systeme mit ihren Unterabtheilungen aus einem einzigen Prinzipe*, deutsche Ausgabe hg. von Paul Groth, Leipzig 1896 (= Ostwalds Klassiker der exakten Wissenschaften, Bd. 75).

Gehlen, Arnold, »Über kulturelle Kristallisation«, in: ders., *Gesamtausgabe*, hg. von Karl Siegbert Rehberg, Bd. 6: *Die Seele im technischen Zeitalter und andere sozialpsychologische, soziologische und kulturanalytische Schriften*, Frankfurt am Main 2004 [1961], 298-314.

Gienger, Michael, Persönliche Website, ohne Datierung, online verfügbar unter ⟨http://www.michael-gienger.de⟩ (abgerufen am 12.12.2013).

Giese, Friedrich, »Rezension zu Holstein-Koch, Die Seele der Edelsteine«, in: *Zeitschrift für Psychologie und Physiologie der Sinnesorgane* 137, 1936, 202.

Golinski, Jan V., »A Noble Spectacle: Phosphorus and the Public Cultures of Science in the Early Royal Society«, in: *Isis* 80, 1989, H. 1, 11-39.

Golley, Frank Benjamin, *A History of the Ecosystem Concept in Ecology. More than the Sum of the Parts*, New Haven/London 1993.

Gosch, Josias Ludwig, *Fragmente über den Ideenumlauf*, Kopenhagen 1789.

Gould, Stephen Jay, *Time's Arrow – Time's Cycle. Myth and Metaphor in the Discovery of Geological Time*, Cambridge, Mass. 1987.

Gramelsberger, Gabriele, *Computerexperimente. Zum Wandel der Wissenschaft im Zeitalter des Computers*, Bielefeld 2010.

Gramelsberger, Gabriele/Johann Feichter (Hg.), *Climate Change and Policy. The Calculability of Climate Change and the Challenge of Uncertainty*, Heidelberg u. a. 2011.

Grau, Oliver, *Virtual Art: From Illusion to Immersion*, Cambridge, Mass. 2003.

Grimm, Jacob, »Deutsche Grenzalterthümer«, in: ders., *Kleinere Schriften II. Abhandlungen zur Mythologie und Sittenkunde*, Hildesheim 1965 [1843], 30-74.

Groth, Paul, *Entwicklungsgeschichte der Mineralogischen Wissenschaften*, Berlin/Heidelberg, Nachdruck der Ausgabe Wiesbaden 1926, New York 1970.

Gryphius, Andreas, »Es ist alles eitel«, in: ders., *Sonette*, hg. von Marian Szyrocki, Tübingen 1963 [1663], 33-34.

Gryphius, Andreas, »Der Weicher-Stein«, in: ders., *Vermischte Gedichte*, hg. von Marian Szyrocki, Tübingen 1964 [1663], 41-57.

Günther, Hanns, *In hundert Jahren. Die künftige Energieversorgung der Welt*, Stuttgart 1931.

Gutmann, Wolfgang Friedrich, *Die Evolution hydraulischer Konstruktion. Organismische Wandlung statt altdarwinistischer Anpassung*, Frankfurt am Main 1989 (Senckenberg-Buch 65).

Haeckel, Ernst, *Natürliche Schöpfungsgeschichte. Gemeinverständliche wissenschaftliche Vorträge über die Entwickelungslehre im Allgemeinen und diejenige von Darwin, Goethe und Lamarck im Besonderen*, 3. verb. Aufl., Berlin 1872.

Haeckel, Ernst, »Ueber die Urkunden der Stammesgeschichte. Vortrag, gehalten am 3. März 1876«, in: ders., *Gesammelte populäre Vorträge aus dem Gebiete der Entwickelungslehre*, Bonn 1878, 81-96.

Haeckel, Ernst, *Kristallseelen. Studien über das anorganische Leben*, Leipzig 1925.

Hahn, Otto, *Künstliche Neue Elemente. Vom Unwägbaren zum Wägbaren. Mit einer Einführung in die Geschichte der Kernspaltung*, Weinheim/Berlin 1948.

Hahn, Otto, *Unwägbarkeit chemischer Elemente als Schlüssel der Forschung*, Göttingen u. a. 1960.

Happel, Eberhard Werner, *Größte Denkwürdigkeiten der Welt oder Sogenannte Relationes Curiosae*, Berlin 1990 [1683-1691].

Harig, Georg/Jutta Kollesch, »Naturforschung und Naturphilosophie in der Antike«, in: Ilse Jahn (Hg.), *Geschichte der Biologie. Theorien, Methoden, Institutionen, Kurzbiographien*, 3. neub. und erw. Aufl., Berlin, 2000, 48-87.

Harvey, E. Newton, *A History of Luminescence: From the Earliest Times to 1900*, Philadelphia 1957.

Hauser, Jens, »Dekonstruktive ›Anti-mots‹ zur biotechnologischen Kunst: Anthropozentrismus-Kritik zwischen Alterität und Verwandtschaft«, in: Derrick de Kerckhove/Martina Leeker/Kerstin Schmidt (Hg.), *McLuhan neu lesen. Kritische Analysen zu Medien und Kultur im 21. Jahrhundert*, Bielefeld 2008, 464-492.

Hedberg, Holis D. (Hg.), *International Stratigraphic Guide. A Guide to Stratigraphic Classification, Terminology, and Procedure*, New York u. a. 1976.

Hedmon, Matthew, *The Age of Everything. How Science Explores the Past*, Chicago/London 2007.

Heidegger, Martin, *Die Grundbegriffe der Metaphysik. Welt – Endlichkeit – Einsamkeit*, in: ders., *Gesamtausgabe*, Bd. 29/30, Frankfurt am Main 1983 [1929/30].

Heidegger, Martin, »Zur Frage der Technik«, in: ders., *Gesamtausgabe*, Bd. 7: *Vorträge und Aufsätze*, Frankfurt am Main 2000 [1953], 5-36.

Herbert, Sandra, *Charles Darwin, Geologist*, Ithaca u. a. 2005.

Herz, Marcus, *Versuch über den Schwindel*, 2. Aufl., Berlin, 1791.

Heubach, Friedrich Wolfram, *Das bedingte Leben*, München 1987.

Heywang, Walter/Karl Lubitz/Wolfram Wersing, *Piezoelectricity. Evolution and Future of a Technology*, Berlin/Heidelberg 2008 (= Springer Series in Materials Science, Bd. 114).

Hilgers, Philipp von, »Eine Anleitung zur Anleitung. Das taktische Kriegsspiel 1812-1824«, in: *Board Games Studies* 3, 2000, 59-77.

Hillmann, Karl-Heinz, »Geplante Obsoleszenz. Bemerkungen zu Burkhardt Röper: ›Gibt es geplanten Verschleiß?‹«, in: *Journal of Consumer Policy* 1, H. 1, 1977, 48-61.

Hinterwaldner, Inge, »Audiovisuelle Spannungen«, in: Roland Maurmair (Hg.), *Nature's Revenge. Insight Concrete Jungle*, Wien 2011, 196-208.

Hirschmüller, Albrecht, »Physiologie und Psychoanalyse in Leben und Werk Josef Breuers«, Bern 1978 (*Jahrbuch der Psychoanalyse*, Beiheft 4).

Hoffmann, E. T. A., *Fantasiestücke in Callot's Manier*, in: ders., *Fantasie- und Nachtstücke*, hg. von Walter Müller-Seidel, Darmstadt 1966 [1814], 5-327.

Holland, John, *The History and Description of Fossil Fuel, the Collieries, and Coal Trade of Great Britain*, London 1835.

Hölscher, Lucian, *Die Entdeckung der Zukunft*, Frankfurt am Main 1999.

Holstein, Otto/Walter Koch, *Die Seele der Edelsteine. Ästhetische und psychologische Edelsteinkunde auf astrologischer Grundlage*, Leipzig 1934.

Hooke, Robert, »An Hypothetical Explanation of Memory: How the Organs Made Use of by the Mind in its Operation May be Mechanically Understood«, in: B. R. Singer, *Robert Hooke on Memory, Association and Time Perception (1), Notes and Records of the Royal Society of London* 31, H. 1, 1976, 115-131.

Horn, Eva, »Enden des Menschen. Globale Katastrophen als biopolitische Fantasie«, in: Reto Sorg/Stefan B. Würffel (Hg.), *Utopie und Apokalypse in der Moderne*, München 2010, 101-118.

Hughes, Margaret Watts, *The Eidophone Voice Figures: Geometrical and Natural Forms Produced by Vibrations of the Human Voice*, 2. Aufl., London 1904.

Hulme, Mike, *Why We Disagree About Climate Change. Understanding Controversy, Inaction and Opportunity*, Cambridge 2009.

Huxley, Thomas Henry, »On the method of Zadig. Retrospective prophecy as a function of science«, in: ders., Collected Essays, Bd. 4: Science and Hebrew Tradition, Reprint der Ausgabe London 1893, Hildesheim 1970 [1880], 1-23.

Impey, Oliver/Arthur MacGregor, »Introduction«, in: dies. (Hg.), *The Origins of Museums. The Cabinet of Curiosities in Sixteenth- and Seventeenth-Century Europe*, Oxford 1985, 1-4.

Janocha, Hartmut, *Unkonventionelle Aktoren. Eine Einführung*, München 2010.

Janz, Rolf-Peter/Fabian Stoermer/Andreas Hiepko, *Schwindelerfahrungen. Zur kulturhistorischen Diagnose eines vieldeutigen Symptoms*, Amsterdam 2003.

Jean Paul, »Selina, oder über die Unsterblichkeit der Seele«, in: *Jean Paul's sämmtliche Werke*, Bd. 33, Berlin 1842, 1-175.

Jendritza, Daniel J., *Technischer Einsatz Neuer Aktoren. Grundlagen, Werkstoffe, Designregeln und Anwendungsbeispiele*, 3., vollst. neu bearb. Aufl., Renningen 2012.

Jenny, Hans, *Über eine einfache Methode zur Beobachtung einiger akustischer Vorgänge. Zwischenbericht*, Basel 1960.

Jenny, Hans, *Kymatik: Wellenphänomene und Schwingungen mit ihrer Struktur und Dynamik*, München 1967.

Jordan, Hermann, »Der Wiedersatz verstümmelter Kristalle als Beitrag zur näheren Kenntnis dieser Individuen und zu ihrer Vergleichung mit denen der organischen Natur«, in: *Müllers Archiv für Anatomie und Physiologie* 46, 1842, 46-56.

Kahn, Herman, *On Thermonuclear War*, 5. Aufl., Princeton 1966.

Kaminski, Nicola, *Andreas Gryphius*, Stuttgart 1998.

Kammerer, Paul, »Tanzende Waldmaus und radschlagende Hausmaus«, in: *Der zoologische Garten. (Zoologischer Beobachter.) Zeitschrift für Beobachtung, Pflege und Zucht der Tiere* XLI, 1900, 389-390.

Kant, Immanuel, »Was heißt: Sich im Denken orientieren?«, in: ders., *Werkausgabe*, Bd. V: *Schriften zur Metaphysik und Logik 1*, hg. von Wilhelm Weischedel, Frankfurt am Main 1988 [1786], 267-283.

Karafyllis, Nicole, »Wie Leitbilder die Technikentwicklung steuern. Das Beispiel Nachwachsende Rohstoffe«, in: Wolfgang Bender/Jan C. Schmidt (Hg.), *Zukunftsorientierte Wissenschaft. Prospektive Wissenschafts- und Technikbewertung*, Münster 2004, 121-139.

Karp, Hans-Jürgen, *Begriff und Wirklichkeit der Grenzen in Ostmitteleuropa während des Mittelalters. Ein Beitrag zur Entstehungsgeschichte der Grenzlinie aus dem Grenzsaum*, Köln 1972.

Kassung, Christian, *Das Pendel. Eine Wissensgeschichte*, München 2007.

Katzir, Shaul, »From Explanation to Description: Molecular and Phenomenological Theories of Piezoelectricity«, in: *Historical Studies in the Physical and Biological Studies* 34, 2003, 69-94.

Katzir, Shaul, *The Beginnings of Piezoelectricity. A Study in Mundane Physics*, Dordrecht 2008 (= Boston Studies in Philosophy of Science, 246).

Kaufman, Thomas DaCosta, »Remarks on the Collections of Rudolf II: The *Kunstkammer* as a Form of *Representatio*«, in: *Art Journal* 38, H. 1, 1978, 22-28.

Kennan, George F., »The Curious Monsieur Cyon«, in: *The American Scholar* 55, 1986, 449-475.

Killian, Johann, *Das Du im Stein. Die Sprache des Anorganischen*, Berlin u.a. 1948.

Kittler, Friedrich, »Es gibt keine Software«, in: ders., *Draculas Vermächtnis. Technische Schriften*, Leipzig 1993, 225-242.

Kittler, Friedrich, »Hardware, das unbekannte Wesen«, in: Sybille Krämer (Hg.), *Medien Computer Realität. Wirklichkeitsvorstellungen und Neue Medien*, Frankfurt am Main, 1998, 119-132.

Kittler, Friedrich, »Fiktion und Simulation«, in: Karlheinz Barck/Peter Gente/Heidi Paris/Stefan Richter (Hg.), *Aisthesis. Wahrnehmung heute oder Perspektiven einer anderen Ästhetik*, Leipzig 1990, 196-213.

Kleber, Will, *Unsere heutige Vorstellung vom Aufbau der kristallisierten Materie*, Bonn 1947.

Kleber, Will, *Einführung in die Kristallographie*, 17., stark bearb. Aufl. von Hans-Joachim Bautsch, Joachim Bohm und Irmgard Kleber, Berlin 1990.

Klein, Bruno M., »Biofakt und Artefakt«, in: *Mikrokosmos. Zeitschrift für angewandte Mikroskopie, Mikrobiologie, Mikrochemie und mikroskopische Technik* 37, 1943/44, 17-21.

Knoll, Peter M./Hans Kelker, *Otto Lehmann. Erforscher der flüssigen Kristalle. Eine Biographie mit Briefen an Otto Lehmann*, Ettlingen/Frankfurt am Main 1988.

Koestler, Arthur, *Der Krötenküsser. Der Fall des Biologen Paul Kammerer oder für eine Vererbungslehre ohne Dogma*, Reinbek bei Hamburg 1974.

Kokšarov, Nikolaj, *Über den russischen Zirkon*, Sankt Petersburg/Leipzig 1859.

Koschorke, Albrecht, *Wahrheit und Erfindung. Grundzüge einer Allgemeinen Erzähltheorie*, Frankfurt am Main 2012.

Krafft, Fritz, »Phosphor. Von der Lichtmaterie zum chemischen Element«, in: *Angewandte Chemie* 81, H. 17/18, 1969, 634-645.

Krantz, F., *Allgemeiner Lehrmittelkatalog*, 3. Aufl., Bonn 1930.

Kretschmer, Ernst, *Medicinische Psychologie. Ein Leitfaden für Studium und Praxis*, 5. Aufl., Leipzig 1939.

Kugler, Lena, »Die Tiefenzeit von Dingen und Menschen. (Falsche) Fossilien und die *Bergwerke zu Falun*«, in: *Weimarer Beiträge* 3, 2013, 397-415.

Kulp, Laurence J., »Strontium-90 in man«, in: *Science* 125, 8. Februar 1957, S. 219-225.

Kümmel-Schnur, Albert/Christian Kassung, *Bildtelegraphie. Eine Mediengeschichte in Patenten (1840-1930)*, Bielefeld 2012.

Kundt, August, »Ueber eine einfache Methode zur Untersuchung der Thermo-, Actino- und Piezoelectricität der Krystalle«, in: *Annalen der Physik und Chemie* N. F. XX, 1883, 592-601.

Ladewig, Rebekka, »Apparaturen des Schwindels. Zum psychiatrischen, populären und wissenschaftlichen Einsatz von Drehvorrichtungen im frühen 19. Jahrhundert«, in: *illinx – Berliner Beiträge zur Kulturwissenschaft* 1 (Wirbel, Ströme, Turbulenzen), 2009, 261-285.

Latour, Bruno, *Das Parlament der Dinge. Für eine politische Ökologie*, Frankfurt am Main 2001.

Laue, Max von, »Die Interferenzerscheinungen an Röntgenstrahlen, hervorgerufen durch das Raumgitter der Kristalle«, in: *Festgabe zur Einweihung der Neubauten (der Universität Zürich), 18. April 1914. VI. Phil. Fak. II*, Zürich 1914, 203-245.

Lehmann, Otto, *Physikalische Technik, speziell Anleitung zur Selbstanfertigung physikalischer Apparate*, Leipzig 1885.

Lehmann, Otto, »Über fliessende Krystalle«, in: *Zeitschrift für physikalische Chemie, Stöchiometrie und Verwandtschaftslehre* 4, 1889, 462-472.

Lehmann, Otto, »Flüssige Kristalle und die Theorien des Lebens«. Vortrag, gehalten in der Hauptversammlung der 78. Versammlung deutscher Naturforscher und Ärzte in Stuttgart, Leipzig 1906.

Lehmann, Otto, »Flüssige Kristalle und ihre Analogien zu den niedrigsten Lebewesen«, in: *Kosmos. Handweiser für Naturfreunde* 4, 1907a, 1-10.

Lehmann, Otto, *Die scheinbar lebenden Kristalle. Anleitung zur Demonstration ihrer Eigenschaften sowie ihrer Beziehungen zu anderen flüssigen und zu den festen Kristallen in Form eines Dreigesprächs*, Esslingen/München 1907b.

Lehmann, Otto, »Scheinbar lebende Kristalle, Pseudopodien, Cilien und Muskeln«, in: *Biologisches Centralblatt* XXVIII, 1908, 481-524.

Lehmann, Otto, »Demonstrationen und Modelle zur Lehre von den flüssigen Kristallen«, in: *Physikalische Zeitschrift* 10, 1909, 553-560.

Lehmann, Otto, *Das Kristallisationsmikroskop und die damit gemachten Entdeckungen, insbesondere die der flüssigen Kristalle*, Braunschweig 1910.

Lehmann, Otto, »Das ›Als-Ob‹ in der Molekularphysik«, in: *Annalen der Philosophie. Mit besonderer Berücksichtigung auf die Probleme der Als-Ob-Betrachtung*, hg. von Hans Vaihinger und Raymund Schmidt, Bd. 1, 1919, 203-230.

Lehmann, Otto, *Flüssige Kristalle und ihr scheinbares Leben. Forschungsergebnisse dargestellt in einem Kinofilm*, Leipzig 1921.

Leibniz, Gottfried Wilhelm, *Protogaea*, übers. von Wolf v. Engelhardt, Stuttgart 1949 [1749].

Lem, Stanislaw, *Sterntagebücher*, Frankfurt am Main 2003 [1957].

Lepenies, Wolf, *Das Ende der Naturgeschichte. Wandel kultureller Selbstverständlichkeiten in den Wissenschaften des 18. und 19. Jahrhunderts*, Frankfurt am Main 1978.

Levit, George S., *Biogeochemistry – Biosphere – Noosphere. The Growth of the Theoretical System of Vladimir Ivanovich Vernadsky*, Berlin 2001.

Liebert, Wolf-Andreas/Marc-Denis Weitze (Hg.), *Kontroversen als Schlüssel zur Wissenschaft? Wissenskulturen in sprachlicher Interaktion*, Bielefeld 2006.

Linton, Rachael, *Patterns of Vibration in Sound, Symbols and the Body*. Studie, eingereicht zur teilweisen Erlangung des Master of Design, Massey University, Wellington (Neuseeland) 2008.

Lissauer, Walter, *Die piezoelektrische Erregung des Quarz und Turmalin bei der Temperatur der flüssigen Luft*, Dissertation München 1907.

Locke, John, *Zwei Abhandlungen über die Regierung*, hg. von Walter Euchner, Frankfurt am Main 1967 [1689].

Lotman, Jurij M., »Über die Semiosphäre«, in: *Zeitschrift für Semiotik* 12, H. 4, 1990 [1984], 287-305.

Lovelock, James, *Gaia. A New Look at Life on Earth*, Oxford u. a. 1979.

Lovelock, James, *Gaia. Die Erde ist ein Lebewesen. Was wir heute über Anatomie und Physiologie des Organismus Erde wissen und wie wir ihn vor der Gefährdung durch den Menschen bewahren können*, Bern u. a. 1992.

Luhmann, Niklas, *Die Gesellschaft der Gesellschaft*, Frankfurt am Main 1997.

Lynch, Martin, *Mining in World History*, London 2002.

Mach, Ernst, *Die Analyse der Empfindungen und das Verhältnis des Psychischen zum Physischen*, 9. Aufl., Jena 1922.

Major, Johann Daniel, *Unvorgreiffliches Bedencken von Kunst- und Naturalienkammern insgemein*, Kiel 1674.

Marbe, Karl, »Über die Verwendung russender Flammen in der Psychologie und deren Grenzgebieten«, in: *Zeitschrift für die Psychologie und Physiologie der Sinnesorgane* 49, 1908, 206-217.

Margulis, Lynn, *Die andere Evolution*, Heidelberg/Berlin 1999.
Markl, Hubert, *Evolution, Genetik und menschliches Verhalten. Zur Frage wissenschaftlicher Verantwortung*, 2. Aufl., München 1988.
Maron, Monika, *Flugasche*. Roman, Frankfurt am Main 1981.
Maron, Monika, *Bitterfelder Bogen. Ein Bericht*, mit Fotografien von Jonas Maron, Frankfurt am Main 2009.
May, John, *Das Greenpeace-Handbuch des Atomzeitalters. Daten – Fakten – Katastrophen*, München 1989.
McFadden, Johnjoe, »The Conscious Electromagnetic Information (Cemi) Field Theory: The Hard Problem Made Easy?« in: *Journal of Consciousness Studies* 9, H. 8 (Amplifying Phenomenal Information), 2002, 45-60.
Medenbach, Olaf/Peter W. Mirwald/Peter Kubath, »Rho und Phi, Omega und Delta – Die Winkelmessung in der Mineralogie«, in: *Mineralien-Welt* 5, 1995, 16-25.
Menke, Bettine, *Prosopopoiia. Stimme und Text bei Brentano, Hoffmann, Kleist und Kafka*, München 2000.
Menrath, Stefanie Kiwi/Alexander Schwinghammer, *What Does a Chameleon Look Like? Topographies of Immersion*, Köln 2011.
Messerschmidt, Ottfried, *Auswirkungen atomarer Detonationen auf den Menschen. Ärztlicher Bericht über Hiroshima, Nagasaki und den Bikini Fall-out*, München 1960.
Minder, Walter, *Geschichte der Radioaktivität*, Berlin u.a. 1981.
Mott, George, »VERTIGO«, in: *The Psychoanalytical Review* 84, H. 4, 1997, 631-635.
Navaho, »Das Weltall der Navaho-Indianer«, in: Gustav A. Konitzky, *Nordamerikanische Indianermärchen*, 6. Aufl., München, 1992, 5-15.
Neitmann, Klaus, *Die Staatsverträge des Deutschen Ordens in Preußen 1230-1449. Studien zur Diplomatie eines spätmittelalterlichen deutschen Territorialstaates*, Köln/Wien 1986.
Nickel, Ernest H./Joel D. Grice, »The IMA Commission on New Minerals and Mineral Names: Procedures and Guidelines on Mineral Nomenclature, 1998«, in: *The Canadian Mineralogist* 36, 1998, 1-16.
Niewerth, Dennis, *Das virtuelle Museum*, Masterarbeit, Bochum 2011.
Novalis, »Bericht an Abraham Gottlob Werner«, in: ders., *Schriften*, Bd. 3: *Das philosophische Werk*, hg. von Richard Samuel, Stuttgart u.a. 1983 [1800], 773-803.
Novalis, *Die Lehrlinge zu Sais*, in: *Novalis Werke*, hg. und komm. von Gerhard Schulz, 2., neu bearb. Aufl., München 1981 [1802].
Oettinger, Johann, *Tractatus de jure et controversis limitum, ac finibus regundis oder Gruendlicher Bericht von den Graenzen und Marcksteinen / wie durch dieselbe der Koenigreich / Landschafften / Fuerstenthum / Bistumen [...] nach Ausweisung der gemeinen Rechten / und eines jeden Lands Gewohnheit / unterschieden / eingesteint / und die daraus entste-

*hende Nachbarliche Stritt und Mißverstaend / eroertert und beygelegt werden sollen ...*, Ulm 1667.

Ōishi, Matashichi, *The Day the Sun Rose in the West. Bikini, the Lucky Dragon, and I*, Honolulu 2011.

Oldroyd, David R., *Die Biographie der Erde. Zur Wissenschaftsgeschichte der Geologie*, Frankfurt am Main 1998.

Orland, Barbara, *Artifizielle Körper – Lebendige Technik. Technische Modellierungen des Körpers in historischer Perspektive*, Zürich 2005 (= *Interferenzen: Studien zur Kulturgeschichte der Technik*, Bd. 9).

Osterhammel, Jürgen, *Die Verwandlung der Welt. Eine Geschichte des 19. Jahrhunderts*, München 2009.

Ovid (= Publius Ovidius Naso), *Metamorphosen. Epos in 15 Büchern*, übers. und hg. von Hermann Breitenbach, Stuttgart 1964.

Packard, Vance, *Die große Verschwendung*, Düsseldorf/Wien 1962.

Partington, James R., »The Early History of Phosphorus«, in: *Science Progress. A Quarterly Reveiw of Scientific Thought, Work & Affairs* 30, H. 119, 1936, 402-412.

Patentamt der Vereinigten Staaten, »1,948,384, Ernest O. Lawrence, Methode und Apparat für die Beschleunigung von Ionen«, Antrag vom 26. Januar 1932, Ordnungsnummer 589, 033.

Petersen, Julius, *Die Entstehung der Eckermannschen Gespräche und ihre Glaubwürdigkeit*, 2., vermehrte und verbesserte Auflage mit einem Faksimile und einem Anhang ungedruckter Briefe von und an Eckermann, Frankfurt am Main 1925 (= *Deutsche Forschungen*, Heft 2).

Pfaffe Lamprecht, *Alexanderroman. Mittelhochdeutsch / Neuhochdeutsch*, Stuttgart 2007.

Philippi, Nikolaus, *Grenzsteine in Deutschland. Entstehung und Geschichte der Grenzsteine als Steinerne Zeugen in Wald und Flur*, Bad Langensalza 2009.

Pias, Claus, »›Hollerith gefiederter Kristalle.‹ Kunst, Wissenschaft und Computer in Zeiten der Kybernetik«, in: Michael Hagner/Erich Hörl (Hg.), *Die Transformation des Humanen. Beiträge zur Kulturgeschichte der Kybernetik*, Frankfurt am Main 2008, 72-106.

Pickering, Andrew, »Mit der Schildkröte gegen die Moderne. Gehirn, Technologie und Unterhaltung bei Grey Walter«, in: Henning Schmidgen et al. (Hg.), *Kultur im Experiment*, Berlin 2004, 102-119.

Plessner, Helmuth, *Gesammelte Schriften*, Bd. IV: *Die Stufen des Organischen und der Mensch. Einleitung in die philosophische Anthropologie*, Frankfurt am Main 2003.

Plietzsch, Susanne, »Bereschit Rabba lesen«, 2012, online verfügbar unter ‹http://bereschitrabba.hypotheses.org/37› sowie unter ‹http://bereschitrabba.hypotheses.org/41› (abgerufen am 07.03.2013).

Plinius C., der Ältere, *Naturalis historiae – Naturgeschichte*. Lateinisch-deutsch, Buch 36: *Die Steine*, hg. von Roderich König in Zusammenarbeit mit Joachim Hepp, Düsseldorf 2007.

Polleroß, Friedrich, »Joyas de las Indias und Parvus Mundus. Sammlungen und Bibliotheken als Abbild des Kosmos«, in: *Federschmuck und Kaiserkrone. Das barocke Amerikabild in den habsburgischen Ländern*, Ausstellungskatalog, Wien 1992, 36-53.

Posner, Roland, *Warnungen an eine ferne Zukunft*, München 1990.

Prescher, Hans, »Mineralogische Einführung«, in: Johann Georg Agricola, *De natura fossilium libri X. Die Mineralien*, übers. und bearb. von Georg Fraustadt in Verb. mit Hans Prescher, Berlin 1958, 3-7.

Przibram, Hans, »Die Regeneration als allgemeine Erscheinung in den drei Reichen«, in: *Naturwissenschaftliche Rundschau* XXI, H. 47-49, 1906, 619-622, 633-634, 644-648.

Przibram, Hans, *Die anorganischen Grenzgebiete der Biologie (insbesondere der Kristallvergleich)*, Berlin 1926.

Quiccheberg, Samuel, *Der Anfang der Museumskunde. Das Traktat »Inscriptiones vel Tituli Theatri Amplissimi« von Samuel Quiccheberg*. Lateinisch-Deutsch, hg. und komm. von Harriet Roth, Berlin 2000 [1565].

Ratzel, Friedrich, *Politische Geographie oder die Geographie der Staaten, des Verkehrs und des Krieges*, München/Berlin 1903.

Rau, Ambrosius, *Lehrbuch der Mineralogie*, 2. Aufl., Würzburg 1826.

Reinitzer, Friedrich, »Beiträge zur Kenntniss des Cholesterins«, in: *Monatshefte für Chemie* 9, 1888, 421-441.

Reuss, Franz A., *Lehrbuch der Mineralogie*, Leipzig 1801.

Ricking, Klaus, »Otto Lehmann – Flüssige Kristalle und ihr scheinbares Leben«, in: Peter Johannes Droste (Hg.), *Made in Aachen. Beiträge zur regionalen Technik-, Wirtschafts- und Sozialgeschichte*, Aachen 2000, 56-59.

Riedl-Dorn, Christa, *Wissenschaft und Fabelwesen. Ein kritischer Versuch über Conrad Gessner und Ulisse Aldrovandi*, Wien/Köln 1989.

Rieger, Stefan, *Speichern/Merken. Die künstlichen Intelligenzen des Barock*, München 1997.

Rieger, Stefan, »Richard Semon und/oder Aby Warburg: Mneme und/oder Mnemosyne«, in: *DVjs* 72, 1998, Sonderheft *Medien des Gedächtnisses*, 245-263.

Rieger, Stefan, *Die Individualität der Medien. Eine Geschichte der Wissenschaften vom Menschen*, Frankfurt am Main 2001.

Rieger, Stefan, »Tautologisches Telefonieren. Wie man am Apparat mit sich selbst kommuniziert«, in: Aleida Assmann/Ulrich Gaier/Gisela Trommsdorff (Hg.), *Zwischen Literatur und Anthropologie. Diskurse, Medien, Performanzen*, Tübingen 2005 (= Literatur und Anthropologie, 23), 267-283.

Rieger, Stefan, *Schall und Rauch. Eine Mediengeschichte der Kurve*, Frankfurt am Main 2009.

Rieger, Stefan, *Multitasking. Zur Ökonomie der Spaltung*, Berlin 2012.

Rieger, Stefan, »Weltgedächtnis. Zur Universalisierung von Übertragungsräumen«, in: Eva Johach/Diethard Sawicki (Hg.), *Übertragungsräume*, Trier 2013.

Rinne, Friedrich, »Spermien als lebende flüssige Kristalle«, in: *Die Naturwissenschaften* 18, H. 40, 1930, 837-841.

Rinne, Friedrich, *Grenzfragen des Lebens. Eine Umschau im Zwischengebiet der biologischen und anorganischen Naturwissenschaft*, Leipzig 1931.

Rochow, Eugene G., *Silicium und Silicone*, Berlin u. a. 1987.

Rousseau, Jean-Jacques, *Diskurs über die Ungleichheit / Discours sur l'inégalité*. Kritische Ausgabe des integralen Textes, hg. von Heinrich Meier, 2. Aufl., Paderborn u. a. 1990 [1755].

Rowling, Joanne K., *Harry Potter and the Half-Blood Prince*, London 2005.

Rudwick, Martin, *Meaning of Fossils. Episodes in the History of Palaeontology*, Chicago/London 1985a.

Rudwick, Martin, *The Great Devonian Controversy. The Shaping of Scientific Knowledge among Gentlemanly Specialists*, Chicago/London 1985b.

Rudwick, Martin, *Bursting the Limits of Time. The Reconstruction of Geohistory in the Age of Revolution*, Chicago/London 2005.

Rudwick, Martin, *Worlds before Adam. The Reconstruction of Geohistory in the Age of Reform*, Chicago/London 2008.

Rupnow, Dirk/Veronika Lipphardt/Jens Thiel/Christina Wessely (Hg.), *Pseudowissenschaft. Konzeptionen von Nichtwissenschaftlichkeit in der Wissenschaftsgeschichte*, Frankfurt am Main 2008.

Rustemeyer, Paul, *Faszination Turmalin. Formen – Farben – Strukturen*, Heidelberg u. a. 2003.

Sachs, M./J. Meller, »Untersuchungen über die optische Orientierung bei Neigung des Kopfes gegen die Schulter«, in: *Von Graefe's Archiv für Ophthalmologie* 52, 1924, 387-401.

Sahlins, Peter, *Boundaries. The Making of France and Spain in the Pyrenees*, Berkeley u. a. 1989.

Schaffer, Simon/Steven Shapin, *Leviathan and the Air-Pump. Hobbes, Boyle, and the Experimental Life*, Princeton 1985.

Scheibe, Adolf, *Piezoelektrizität des Quarzes*, Dresden und Leipzig 1938 (= *Wissenschaftliche Forschungsberichte*; Naturwissenschaftliche Reihe, 45).

Schlegel, Friedrich, *Kritische und theoretische Schriften*, Stuttgart 1997.

Schlögel, Karl, *Im Raume lesen wir die Zeit. Über Zivilisationsgeschichte und Geopolitik*, München/Wien 2003.

Schmalenbach, Herman, »Soziologie der Sachverhältnisse«, in: *Jahrbuch für Soziologie. Eine internationale Sammlung* 3, 1927, 38-45.

Schmitt, Carl, *Der Nomos der Erde im Völkerrecht des Jus Publicum Europaeum*, Köln 1950.

Schmitt, Roland, *Grenzsteine. Zur Geschichte, Typologie und Bewahrung von historischen Grenzzeichen aus Stein*, Mandelbachtal 2003.

Schoenflies, Arthur Moritz, »Bemerkungen über die Theorien der Krystallstruktur«, in: *Zeitschrift für Physikalische Chemie, Stöchiometrie und Verwandtschaftslehre* 9, H. 2, 1892, 158-170.

Schoenflies, Arthur Moritz, *Theorie der Kristallstruktur*, Berlin 1923.

Schulz, Sandra, »Opfer eines Atomtests: Fluch der Strahlen«, in: *Spiegel Online*, 28.03.2011; online verfügbar unter ⟨http://www.spiegel.de/panorama/opfer-eines-atomtests-fluch-der-strahlen-a-753368.html⟩ (abgerufen am 19.03.2013).

Schupbach, William, »Some Cabinets of Curiosities in European Academic Institutions«, in: Oliver Impey/Arthur MacGregor (Hg.), *The Origins of Museums. The Cabinet of Curiosities in Sixteenth- and Seventeenth-Century Europe*, Oxford 1985, 169-178.

Schütt, Hans-Werner, *Die Entdeckung des Isomorphismus. Eine Fallstudie zur Geschichte der Mineralogie und der Chemie*, Hildesheim 1984 (= *arbor scientarum. Beiträge zur Wissenschaftsgeschichte*, Reihe A: *Abhandlungen*, IX).

Schütt, Hans-Werner, *Auf der Suche nach dem Stein der Weisen. Die Geschichte der Alchimie*, München 2000.

Schröder, Tim, »Fasern mit eingebauter Intelligenz«, in: *Pictures of the Future*, 2003, 12-14, online verfügbar unter ⟨http://www.siemens.com/innovation/de/publikationen/zeitschriften_pictures_of_the_future/pof_fruehjahr_2003/materialforschung/adaptronik.htm⟩ (abgerufen am 24.04.2013).

Schwann, Theodor, *Mikroskopische Untersuchungen über die Übereinstimmung in der Struktur und dem Wachstum der Tiere und Pflanzen*, in: Ilse Jahn (Hg.), *Klassische Schriften zur Zellenlehre von Jacob Matthias Schleiden, Theodor Schwann und Max Schultze*, Leipzig 1987 [1839], 79-130.

Schwartz, Mel, *Smart Materials*, Boca Raton, Florida u. a. 2009.

Sheldrake, Rupert, *Das schöpferische Universum. Die Theorie des morphogenetischen Feldes*, München 1983.

Siedentopf, Henry/Ernst Sommerfeldt, »Über die Anfertigung kinematographischer Mikrofotografien der Kristallisationserscheinungen«, in: *Zeitschrift für Elektrochemie und angewandte physikalische Chemie* 13, 1907, 325-326.

Simmel, Georg, »Soziologie des Raumes«, in: ders., *Schriften zur Soziologie. Eine Auswahl*, hg. und eingel. von Heinz-Jürgen Dahme und Otthein Rammstedt, Frankfurt am Main 1983, 221-242.

Simmel, Georg, »Philosophische Kultur. Gesammelte Essays«, in: ders., *Hauptprobleme der Philosophie. Philosophische Kultur*, hg. von Rüdiger Kramme und Otthein Rammstedt, Frankfurt am Main 1996 [1911], 159-459.

Skinner, Burrhus F., »Walden II Revisited«, in: ders., *Walden Two. With a New Introduction by the Author*, Englewood Cliffs, NJ 1976.

Sloterdijk, Peter, *Das Menschentreibhaus. Stichworte zur historischen und prophetischen Anthropologie*, Weimar 2001.

Sluckin, Timothy J./David A. Dunmur/Horst Stegemeyer (Hg.), *Crystals That Flow. Classic Papers From the History of Liquid Crystals*, London/New York 2004.

Somers, Suzanne, *Knockout: Interviews with Doctors Who Are Curing Cancer – And How to Prevent Getting It in the First Place*, New York 2009.

Sörgel, Hermann, *Atlantropa*, Zürich/München 1932.

Spencer-Brown, George, *Laws of Form. Gesetze der Form*, Lübeck 1997 [1969].

Sprenger, Florian, »Gefährdungen der Zukunft«, in: Lorenz Engell/Bernhard Siegert/Joseph Vogl (Hg.), *Gefahrensinn. Archiv für Mediengeschichte*, München 2009, 79-91.

Steininger, Benjamin, »Pipeline«, in: *Tumult. Schriften zur Verkehrswissenschaft* 38, 2012, 20-25.

Steininger, Benjamin/Christina Wessely, »Zeitspeicher. Zur Globalisierung und Ökonomisierung von Erdgeschichte«, in: *Recherche. Zeitung für Wissenschaft* 3, 2010, 26-27.

Steinschneider, Moritz, »Lapidarien. Ein culturgeschichtlicher Versuch«, in: George A. Kohut (Hg.), *Semitic Studies in Memory of Alexander Kohut*, Berlin 1897, 42-72.

Stensen, Niels, *Das Feste im Festen. Vorläufer einer Abhandlung über Festes, das in der Natur in anderem Festen eingeschlossen ist*, hg. von Gustav Scherz, übers. von Karl Mieleitner, Frankfurt am Main 1967 [1669] (= Ostwalds Klassiker der exakten Wissenschaften, N. F. 3).

Stensen, Niels, »Canis carchariae dissectum caput/A Carcharadon-Head dissected«, in: ders., *Geological Papers*, hg. von Gustav Scherz, übers. von Alex J. Pollock, Odense 1969 [1667], 73-131.

Stifter, Adalbert, »Der Hochwald«, in: ders., *Werke und Briefe. Historisch-kritische Gesamtausgabe*, hg. von Alfred Doppler und Wolfgang Frühwald, Bd. 1,4: *Studien. Buchfassungen. Erster Band*, hg. von Helmut Bergner und Ulrich Dittmann, Stuttgart u. a. 1980 [1841], 209-318.

Stifter, Adalbert, *Werke und Briefe. Historisch-kritische Gesamtausgabe*, hg. von Alfred Doppler und Wolfgang Frühwald, Bd. 2,2: *Bunte Steine. Buchfassungen*, hg. von Helmut Bergner, Stuttgart u. a. 1982 [1852].

Stifter, Adalbert, »Der Waldbrunnen«, in: *Werke und Briefe. Historischkritische Gesamtausgabe*, hg. von Alfred Doppler und Hartmut Laufhütte, Bd. 3,2: *Erzählungen 2. Band*, Stuttgart u. a. 2003 [1866], 95-139.

Strzmepa-Depré, Michael, *Die Physik der Erleuchtung. Der Versuch einer physikalischen Betrachtung unserer Spiritualität*, München 1988.

Szabo, Sacha-Roger, *Rausch und Rummel. Attraktionen auf Jahrmärkten und in Vergnügungsparks. Eine soziologische Kulturgeschichte*, Bielefeld 2006.

Teubner, Gunther, »Elektronische Agenten und große Menschenaffen. Zur Ausweitung des Akteurstatus in Recht und Politik«, in: *Zeitschrift für Rechtssoziologie* 27, H. 1, 2006, 5-30.

Thornton, Jack, »Total Immersion«, in: *Mechanical Engineering*, November 2011, 43-45.

Tiedemann, Rolf/Hermann Schweppenhäuser, »Anmerkungen zu Über den Begriff der Geschichte«, in: Walter Benjamin, *Gesammelte Schriften*, Bd. I.3, hg. von Rolf Tiedemann und Hermann Schweppenhäuser, Frankfurt am Main 1978, 1222-1266.

Titus, A. Costandina, *Bombs in the Backyard. Atomic Testing and American Politics*, Reno/Las Vegas 1986.

Trout, Otto F./William J. Bruchey, »Water Immersion Reduced-Gravity Simulation«, in: *Human Factors* 11, H. 5, 1969, 473-488.

Tschermak, Armin/Gustav Schubert, »Über Vertikalorientierung im Rotatorium und im Flugzeuge«, in: *Pflügers Archiv für die gesamte Physiologie des Menschen und der Tiere* 228, 1931, 235-257.

Uchino, Kenji, »Piezoelectric Actuators 2008. Key Factors for Commercialization«, in: *Actuator 08. 11th International Conference on New Actuators & 5th International Exhibition on Smart Actuators and Drive Systems*, 2008, 106-112.

Uekötter, Frank, *Von der Rauchplage zur ökologischen Revolution. Eine Geschichte der Luftverschmutzung in Deutschland und den USA 1880-1970*, Essen 2003.

United Nations Environment Programme (UNEP), *Environmental Assessment of Ogoniland Report* (2011), online verfügbar unter ⟨http://www.unep.org/nigeria/⟩ (abgerufen am 01.02.2013).

Vehlken, Sebastian, »Gesichter im Sand. Schwärme zwischen Nicht-Identität und Pattern Recognition«, in: Michael Andreas/Natascha Frankenberg (Hg.), *Im Netz der Eindeutigkeiten. Unbestimmte Figuren und die Irritation von Identität*, Bielefeld 2013, 165-188.

Velikovsky, Immanuel, »Über die Energetik der Psyche und die physikalische Existenz der Gedankenwelt. Ein Beitrag zur Psychologie des gesunden und somnambulen Zustandes«, 1931, online verfügbar unter ⟨http://www.varchive.org/tpp/energetik.htm⟩ (abgerufen am 10.02.2013).

Velikovsky, Immanuel, *Welten im Zusammenstoß. Als die Sonne still stand*, 3. Aufl., Stuttgart 1954.

Velikovsky, Immanuel, *Menschheit im Gedächtnisschwund*, Julia White Publishing 2008.

Verworn, Max, »Gleichgewicht und Otolithenorgan. Experimentelle Untersuchungen«, in: *Pflügers Archiv. European Journal of Physiology* 50, H. 9-10, 1891, 423-472.

Vismann, Cornelia, »Eigene Rechte für Dinge?«, in: Friedrich Balke/Maria Muhle/Antonia von Schöning (Hg.), *Die Wiederkehr der Dinge*, Berlin 2011, 129-145.

Vogel, Juliane, »Bunte Steine. Entfärbung und Erosion in Stifters Sammlung«, Vortragsms. zur Tagung »Die Farben der Prosa« zu Ehren von Inka Mülder-Bach, veranst. v. Eva Esslinger, Heide Volkening, Cornelia Zumbusch et al., Siemens Stiftung München, Juli 2013.

Volk, Jeff, »Cymatics. Insights Into the Invisible World of Sound«, in: *Caduceus* 71, 2007, 12-16.

Vorreiter, Gunter, *Die Heilenergie der Edelsteine. Versuch einer naturwissenschaftlichen Deutung und Untersuchung*, Baunach 1994.

Waschkies, Hans-Joachim, »Leibniz' geologische Forschungen im Harz«, in: Herbert Breger/Friedrich Niewöhner (Hg.), *Leibniz und Niedersachsen. Tagung anlässlich des 350. Geburtstages von G. W. Leibniz, Wolfenbüttel, 1996*, Stuttgart 1999, 187-210.

Weiser, Mark, »The Computer for the 21st Century«, in: *Scientific American*, Sept. 1991, 94-104.

Wernadski, Wladimir I., *Der Mensch in der Biosphäre. Zur Naturgeschichte der Vernunft*, Frankfurt am Main 1997.

Westbroek, Peter, *Life as a Geological Force. Dynamics of the Earth*, New York/London 1991.

Westermann, Bianca, *Anthropomorphe Maschinen. Grenzgänge zwischen Biologie und Technik seit dem 18. Jahrhundert*, München 2012.

Whiston, William, *Gruendlicher Beweis, daß die Offenbahrung befindliche Geschichte von der Schoepfung der Welt und die allda geschehene Verkuendigung von dem Untergang der Welt mit der gesunden Vernunft keineswegs streite*, Wittenberg 1720.

Wiederkehr, Karl Heinrich, »Das Weiterwirken der Haüyschen Idee von der Polyedergestalt der Moleküle in der Chemie, die Umgestaltung der Haüyschen Strukturtheorie durch Seeber und Delafosse und Bravais' Entdeckung der Gittertypen«, in: *Centaurus* 22, H. 3, 1978, 177-186.

Winden, Jacobus C. M. van, »Hexaemeron«, in: *Reallexikon für Antike und Christentum*, Bd. 14, Stuttgart 1988, 1250-1269.

Würzburger, Karl, »Antwort an Gerhard Tannenberg«, in: *Rufer und Hörer* 1, 1931/32, 454-456.

Yates, A. Frances, *The Art of Memory*, London 1984.

Yerkes, Robert M., *The Dancing Mouse. A Study in Animal Behavior*, New York 1907.

Zedler, Johannes Heinrich, *Grosses vollständiges Universallexicon aller Wissenschaften und Künste*, Art. »Affen-Stein, Affen-Bezoar«, Bd. 1, Halle/Leipzig 1732, 719; Art. »Bezoar«, Bd. 3, Halle/Leipzig 1733, 1656-1663.

Ziolkowski, Theodore, »Der Karfunkelstein«, in: *Euphorion* 55, 1961, 297-326.

Zoepfl, Heinrich (Hg.), *Die peinliche Gerichtsordnung Kaiser Karl's V. nebst der Bamberger und der Brandenburger Halsgerichtsordnung. Sämmtlich nach den ältesten Drucken und mit den Projecten der peinlichen Gerichtsordnung Kaiser Karl's V. von den Jahren 1521 und 1529*, Leipzig/Heidelberg 1876.

Zola, Émile, *Germinal*, übers. von Johannes Schlaf, Berlin 1965 [1885].

## Filme

Fox, Josh, *Gasland*, USA 2010.

Geller, Phylis, *Coal Country*, USA 2009.

Guggenheim, Davies, *An Inconvenient Truth*, USA 2006.

## Internetquellen

*Caduceus*, 2009, ⟨http://www.caduceus.info⟩ (abgerufen am 12.12.2013).

*Cosmic Energy*, ohne Datierung, ⟨http://www.cosmic-energy.org⟩ (abgerufen am 12.12.2013).

*Die Skeptiker*, 2001, H. 2, ⟨http://www.gwup.org/zeitschrift/skeptiker-archiv/446-skeptiker-2001-2⟩ (abgerufen am 12.12.2013).

ONDAMED (Website der GmbH) 2013, ⟨http://www.ondamed.net/de/ueber-uns.html⟩ (abgerufen am 12.12.2013).

Piezo Motor Solutions for Automation & Ultra-Precision Motion Control, 2012, ⟨http://www.piezo-motor.net/?onl_goog_comp_inchworm⟩ (abgerufen am 12.12.2013).

»Piezoelectric Effect«, Cosmic Energy, ohne Datierung, ⟨http://www.cosmic-energy.org/?page_id=771⟩ (abgerufen am 12.12.2013).

»Sand«, Eintrag bei Wikipedia, 2013, ⟨http://de.wikipedia.org/wiki/Sand⟩ (abgerufen am 12.12.2013).

»Supertuning«, Wiki der Webseite »Psiram«, 2013, ⟨http://www.psiram.com/ge/index.php/Supertuning?COLLCC=1129424076&COLLCC=373250403&⟩ (abgerufen am 12.12.2013).

»Suzanne Somers«, Eintrag bei Wikipedia, 2013, ⟨http://de.wikipedia.org/wiki/Suzanne_Somers⟩ (abgerufen am 12.12.2013).

*Virtual Museum of the History of Mineralogy*, 2011, ⟨http://www.mineralogy.eu⟩ (abgerufen am 12.12.2013).

# Abbildungsverzeichnis

Einleitung

Abb. 1: Eginhard Fabian, *Die Entdeckung der Kristalle*, Leipzig 1986, 102.

Abb. 2: Ludwig Burmester, »Geschichtliche Entwicklung des krystallographischen Zeichnens«, in: *Zeitschrift für Krystallographie* 57, 1922, hier: 21 ff.

Bezoar

Abb. 1: Ulisse Aldrovandi, *Musaeum metallicum in libros IIII*, Bologna 1648, 803.

Abb. 2a und 2b: Conrad Gessner, *De omni rerum fossilium genere, gemmis, lapidibus, metallis, et huiusmodi*, Zürich 1565, o. S.

Abb. 3: Ole Worm, *Museum wormianum seu historia rerum rariorum*, Leiden 1655, o. S.

Abb. 4: Frances A. Yates, *The Art of Memory*, London 1984, zwischen 144 und 145.

Erde

Abb. 1: Niels Stensen (= Nicolaus Stenonius), *Geological Papers*, hg. von Gustav Scherz, übers. von Alex J. Pollock, Odense 1969, 285 und 346, Abb. 125.

Abb. 2: Thomas Burnet, *The Sacred Theory of the Earth*, 2. Aufl. 1691, London 1965.

Abb. 3: Robert M. Garrels/Fred T. Mackenzie, *Evolution of Sedimentary Rocks*, New York 1971, 330.

Flüssigkristall

Abb. 1: Reinhard Brauns, *Flüssige Kristalle und Lebewesen. 170 Referate aus dem Neuen Jahrbuch und Centralblatt für Mineralogie, Geol.[ogie] u[nd] Pal.[äontologie]*, Stuttgart 1931, o. S.

Abb. 2: Otto Lehmann, *Das Kristallisationsmikroskop und die damit gemachten Entdeckungen, insbesondere die der flüssigen Kristalle*, Braunschweig 1910, 39.

Abb. 3: Eginhard Fabian, *Die Entdeckung der Kristalle*, Leipzig 1986, 116.

Abb. 4: Johann Jakob Burckhardt, *Die Symmetrie der Kristalle. Von René-Just Haüy zur kristallographischen Schule in Zürich*. Mit einem Beitrag von Erhard Scholz, Basel, Boston, Berlin 1988, 71.

Abb. 5: Online verfügbar unter ⟨http://diglit.ub.uni-heidelberg.de/diglit/kla1905/0021?sid=e5417bfca19b200635806125b2a08eb7⟩ (abgerufen am 16. 12. 2013).

Abb. 6: Ernst Haeckel, *Kristallseelen. Studien über das anorganische Leben*, Leipzig 1925, Tafel III, Abb. 1.
Abb. 7 und 8: Jean Painlevé, »Cristaux liquides (Liquid Crystals)«, Kurzfilm, in: *Science is Fiction. The Films of Jean Painlevé*, Frankreich/Großbritannien 2005.

Grenzstein
Abb. 1: Franz Philipp Florin, *Oeconomvs prvdens et legalis. Oder Allgemeiner Klug- und Rechts-verständiger Haus-Vatter*, Nürnberg, Frankfurt, Leipzig 1705, 346.

Kalkspat
Abb. 1: Johann Jakob Burckhardt, *Die Symmetrie der Kristalle. Von René-Just Haüy zur kristallographischen Schule in Zürich*. Mit einem Beitrag von Erhard Scholz, Basel, Boston, Berlin 1988, 17.
Abb. 2: Ebd., 19.
Abb. 3: Eginhard Fabian, *Die Entdeckung der Kristalle*, Leipzig 1986, 112.
Abb. 4: Wolf-Dieter Finck, *Rudolf Fuess. Mineralogische, Krystallographische und Physikalische Instrumente*, Bd. 2, Weil im Schönbuch 2007, 9.
Abb. 5: Jean-Baptiste Louis de Romé de L'Isle, *Manuel Cristallographie, ou Abrégé de la Cristallographie*, Paris 1772, o.S.; online verfügbar unter ⟨http://www.sil.si.edu/digitalcollections/hst/scientific-identity/fullsize/SIL14-H003-01a.jpg⟩ (abgerufen am 16.12.2013).
Abb. 6: Online verfügbar unter ⟨http://www.sammlungen.hu-berlin.de/dokumente/8189/⟩ (abgerufen am 16.12.2013).
Abb. 7: Dr. F. Krantz Rheinisches Mineralien-Kontor. Fabrik und Verlag Mineralogischer und Geologischer Lehrmittel in Bonn a. Rh. *Katalog Nr. 18. I. Teil: Allgemeiner mineralogisch-geologischer Lehrmittel-Katalog für den Schulgebrauch*, 2. Aufl., Bonn 1913, 109.
Abb. 8: Johann Jakob Burckhardt, *Die Symmetrie der Kristalle. Von René-Just Haüy zur kristallographischen Schule in Zürich*. Mit einem Beitrag von Erhard Scholz, Basel, Boston, Berlin 1988, 32.
Abb. 9: Walter Friedrich/Paul Knipping/Max von Laue, »Interferenz-Erscheinungen bei Röntgenstrahlen«, in: *Sitzungsberichte der mathematisch-physikalischen Klasse der Kaiserlichen Akademie der Wissenschaften*, München, 1912, 303-322, Tafel II.
Abb. 10: Peter Paul Ewald, *Kristalle und Röntgenstrahlen*, Berlin 1923, 102.
Abb. 11: Ebd., 190.

Kohle
Abb. 1: Georg Agricola, *De re metallica libri XII*, Berlin 1974 [1556], 255 und 749.
Abb. 2: Jacob Leupold, *Theatrum Machinarum Generale. Schauplatz des*

*Grundes mechanischer Wissenschaften* [...], Faksimile-Ausgabe d. 1724 in Leipzig erschienenen Orig., Düsseldorf 1982, Tab. 36.
Abb. 3a: Hermann Sörgel, *Atlantropa*, Zürich und München 1932, 13.
Abb. 3b: Ebd., 99.
Abb. 4: »Learn more about Mountaintop Removal Coal Mining«, online verfügbar unter ‹http://ilovemountains.org/resources› (abgerufen am 16.12.2013).

Ohrstein
Abb. 1: J. Rothfeld, »Über den Einfluss der Kopfstellung auf die vestibularen Reaktionsbewegungen der Tiere«, in: *Pflügers Archiv – European Journal of Physiology* 159/11-12, 1914, 607-625, hier: 618.
Abb. 2: G. W. Mackenzie, »Klinische Untersuchungen über die labyrinthären Gleichgewichtsstörungen mit besonderer Berücksichtigung der allgemeinen Prüfungsmethoden und des Goniometers«, in: *Archiv für Ohrenheilkunde* 78/3-4, 1909, 167-196, hier: 169.
Abb. 3: Josef Breuer, »Beiträge zur Lehre vom statischen Sinne (Gleichgewichtsorgan, Vestibularapparat des Ohrlabyrinths)«, in: *Medizinische Jahrbücher* 1, 1875, 87-156, hier: 96.
Abb. 4 und 5: Robert M. Yerkes, *The Dancing Mouse. A Study in Animal Behavior*, New York 1907, ii und 43, online verfügbar unter ‹http://www.archive.org/stream/dancingmousestud00yerk#page/n7/mode/2up› (abgerufen am 16.12.2013).
Abb. 6: Ernst Mach, *Analyse der Empfindungen und das Verhältnis des Physischen zum Psychischen.* Mit einem Vorwort zum Neudruck von Gereon Wolters, Darmstadt 1991 [1922], 123.
Abb. 7: Brita Karnahl, *Vergleichende Untersuchungen von Leistungs- und Stoffwechselparametern im ergonomischen Test an Land und im Wasser*, Dissertation Universität Potsdam, 2010, 15; online verfügbar unter ‹http://opus.kobv.de/ubp/volltexte/2010/4952/pdf/karnahl_diss.pdf› (abgerufen am 16.12.2013).
Abb. 8: Online verfügbar unter ‹http://www.swimsmartsa.com/files/QuickSiteImages/blue_logo_jpeg_format.jpg› (abgerufen am 16.12.2013).
Abb. 9: Max Verworn, »Gleichgewicht und Otolithenorgan. Experimentelle Untersuchungen«, in: *Pflügers Archiv – European Journal of Physiology* 50/9-10, 1891, 423-472, hier: 444.

Phosphor
Abb. 1: Online verfügbar unter ‹http://illumina-chemie.de/bologneser-leuchtsteine-t3246-s15.html› (abgerufen am 16.12.2013).
Abb. 2: Online verfügbar unter ‹http://www.nationalarchives.gov.uk/education/politics/g8/source/g8s3a.htm› (abgerufen am 16.12.2013).
Abb. 3: Online verfügbar unter ‹http://t1.gstatic.com/images?q=tbn:8Axl

wtOoaVkuIM:http://www.digicult.it/archivio/digimag_26eng/articoli/img/ia_teresadefeo01.jpg⟩ (abgerufen am 16. 12. 2013).

Quarz
Abb. 1: Rupert Sheldrake, *Das schöpferische Universum. Die Theorie des morphogenetischen Feldes*, München 1983, Cover.
Abb. 2: Gustav Eichhorn, »Das Telegraphon«, in: *Forschritte der naturwissenschaftlichen Forschung*, Bd. V, hg. von Emil Abderhalden, Berlin und Wien 1912, 241-245, hier: 241.
Abb. 3: Richard Semon, *Die Mneme als erhaltendes Prinzip im Wechsel des organischen Geschehens*, 4. und 5., unveränderte Aufl., Leipzig 1920, 171.
Abb. 4: Ebd., 172.
Abb. 5: Christian Appelt, *Powerkristalle. Heilen mit energetisierten Quarzkristallen*, Baden und München 2005, 65.
Abb. 6: Online verfügbar unter ⟨http://www.tryondamed.com⟩ (abgerufen am 16. 12. 2013).

Radionuklid
Abb. 1: Online verfügbar unter ⟨http://www.nv.doe.gov/library/photos/photodetails.aspx?ID=1087⟩ (abgerufen am 16. 12. 2013).
Abb. 2: Online verfügbar unter ⟨http://www.nv.doe.gov/library/photos/photodetails.aspx?ID=429⟩ (abgerufen am 16. 12. 2013).

Sand
Abb. 1: Screenshot aus *Spider-Man 3* (USA 2007, Regie: Sam Raimi); online verfügbar unter ⟨http://lifebetweenframes.blogspot.de/2013/01/forgiving-spidey.html⟩ (abgerufen am 16. 12. 2013).
Abb. 2: Jeff Volk, »Cymatics. Insights Into the Invisible World of Sound«, in: *Caduceus* 71, 2007, 12-16, hier: 13.
Abb. 3: Hans Jenny, *Kymatik. Wellen und Schwingungen mit ihrer Struktur und Dynamik/Cymatics. The Structure and Dynamics of Waves and Vibrations*, Müchen 1967, 45.
Abb. 4: Jeff Volk, »Cymatics. Insights Into the Invisible World of Sound«, in: *Caduceus* 71, 2007, 12-16, hier: 14.
Abb. 5: Inge Hinterwaldner, »Audiovisuelle Spannungen«, in: *Nature's Revenge. Insight Concrete Jungle*, hg. von Roland Maurmair, Wien 2011, 196-208, hier: 201.
Abb. 6: Online verfügbar unter ⟨http://www.rechner-photovoltaik.de/wp-content/uploads/2013/01/Monokristalliner_Ingot.jpg⟩ (abgerufen am 16. 12. 2013).
Abb. 7: Eginhard Fabian, *Die Entdeckung der Kristalle*, Leipzig 1986, 95.

Transuran
Abb. 1: Patentamt der Vereinigten Staaten, »1,948,384, Ernest O. Lawrence, Methode und Apparat für die Beschleunigung von Ionen«, Antrag vom 26. Januar 1932, Ordnungsnummer 589, 033.
Abb. 2: Online verfügbar unter ⟨http://daten.didaktikchemie.uni-bayreuth.de/umat/pse_schraeg/pse_meyer.gif⟩ (abgerufen am 16.12.2013).
Abb. 3: Online verfügbar unter ⟨http://lp.uni-goettingen.de/get/text/4734⟩ (abgerufen am 16.12.2013).
Abb. 4: Florian Sprenger, »Kommunikation mit der Zukunft«; online verfügbar unter ⟨http://www.faz.net/aktuell/wissen/atomium-culture/ewige-warnzeichen-kommunikation-mit-der-zukunft-1968406.html⟩ (abgerufen am 16.12.2013).

Turmalin
Abb. 1: Paul Rustemeyer, *Faszination Turmalin. Formen – Farben – Strukturen*, Heidelberg und Berlin 2003, 5.
Abb. 2: Ebd., 8.
Abb. 3: Shaul Katzir, *The Beginnings of Piezoelectricity. A Study in Mundane Physics*, Boston 2008, 6.
Abb. 4: Online verfügbar unter ⟨http://mb.uni-paderborn.de/uploads/RTEmagicC_funktionsprinzip_pt.jpg.jpg⟩ (abgerufen am 16.12.2013).
Abb. 5: Shaul Katzir, *The Beginnings of Piezoelectricity. A Study in Mundane Physics*, Boston 2008, 40.
Abb. 6: August Kundt, »Ueber eine einfache Methode zur Untersuchung der Thermo-, Actino- und Piezoelectricität der Krystalle«, in: *Annalen der Physik und Chemie* XX (Neue Folge), 1883, 592-601, Tafel.
Abb. 7: Walter Guyton Cady, *Piezoelectricity. An Introduction to the Theory and Applications of Electromechanical Phenomena in Crystals*, New York und London 1946, 505.
Abb. 8: Ebd., 499.
Abb. 9: Hartmut Janocha, *Unkonventionelle Aktoren. Eine Einführung*, München 2010, Cover.

Zungenstein
Abb. 1: Niels Stensen (= Nicolaus Stenonius), *Geological Papers*, hg. von Gustav Scherz, übers. von Alex J. Pollock, Odense 1969, Abb. 119.
Abb. 2: Ebd., Abb. 216.
Abb. 3: Otto Wittmann (Hg.), *Balthasar Ehrhart (1700-1756) aus Memmingen (Schwaben) und seine Dissertatio de belemnitis Suevicis (1727)*, Erlangen 1979, Tafel 2.
Abb. 4: Richard Owen, »On the *Archeopteryx* of von Meyer. With a Description of the Fossil Remains of a Long-tailed Species. From the Lithographic Stone of Solnhofen«, in: *Philosophical Transactions of the Royal Society of London* 153, 1863, 33-47, Tafel 1.

# Register der Mineralien, Steine und Elemente, die dem Netz der alphabetischen Gesamtordnung und seiner Querverweise entgingen

## edition suhrkamp
## Eine Auswahl

**Giorgio Agamben.** Herrschaft und Herrlichkeit. Zur theologischen Genealogie von Ökonomie und Regierung. Übersetzt von Andreas Hiepko. es 2520. 360 Seiten

**Giorgio Agamben et al.** Demokratie? Eine Debatte. Übersetzt von Tilman Vogt u. a. es 2611. 137 Seiten

**Valentin Akudowitsch.** Der Abwesenheitscode. Versuch, Weißrussland zu verstehen. Übersetzt von Volker Weichsel. es 2665. 204 Seiten

**Arjun Appadurai.** Die Geographie des Zorns. es 2541. 158 Seiten

**Jakob Arnoldi.** Alles Geld verdampft. Finanzkrise in der Weltrisikogesellschaft. es 2590. 92 Seiten

**Nanni Balestrini.** Tristano. es 2579. 120 Seiten

**Zygmunt Bauman, David Lyon.** Daten, Drohnen, Disziplin. Ein Gespräch über flüchtige Überwachung. Übersetzt von Frank Jakubzik. es 2667. 204 Seiten

**Zygmunt Bauman.** Wir Lebenskünstler. es 2594. 206 Seiten

**Ingolfur Blühdorn.** Simulative Demokratie. Neue Politik nach der postdemokratischen Wende. es 2634. 304 Seiten

**Carla Blumenkranz u. a. (Hg.).** Occupy! Die ersten Wochen in New York. edition suhrkamp digital. 94 Seiten

NF 383/1/8.14

**Friedrich von Borries, Jens-Uwe Fischer.** Heimatcontainer. Deutsche Fertighäuser in Israel. es 2593. 200 Seiten

**Hauke Brunkhorst.** Das doppelte Gesicht Europas. Zwischen Kapitalismus und Demokratie. es 2676. 212 Seiten

**Susan Buck-Morss.** Hegel und Haiti. Für eine neue Universalgeschichte. Übersetzt von Laurent Faasch-Ibrahim. es 2623. 221 Seiten

**Bernd Cailloux.** Der gelernte Berliner. Sieben neue Lektionen. es 2563. 251 Seiten

**Colin Crouch**
- Postdemokratie. Übersetzt von Nikolaus Gramm. es 2540. 159 Seiten
- Das befremdliche Überleben des Neoliberalismus. Postdemokratie II. Übersetzt von Frank Jakubzik. es-Sonderdruck. 247 Seiten

**Max Dax.** Dreißig Gespräche. es 2558. 330 Seiten

**Matthias Dusini, Thomas Edlinger.** In Anführungszeichen. Glanz und Elend der Political Correctness. es 2645. 297 Seiten

**Gudrun Ensslin, Bernward Vesper.** »Notstandsgesetze von Deiner Hand«. Briefe 1968/1969. es 2586. 289 Seiten

**David Foster Wallace.** Schicksal, Zeit und Sprache. Über Willensfreiheit. es 2653. 207 Seiten

**Heiner Flassbeck.** Zehn Mythen der Krise. edition suhrkamp digital. 59 Seiten

NF 383/2/8.14

**Mischa Gabowitsch.** Putin kaputt!? Russlands neue Protestkultur. es 2661. 438 Seiten

**Mark Greif**
- Bluescreen. Essays. Herausgegeben und übersetzt von Kevin Vennemann. es 2629. 231 Seiten
- Hipster. Eine transatlantische Diskussion. Herausgegeben von Mark Greif u. a. es-Sonderdruck. 206 Seiten

**Durs Grünbein.** Die Bars von Atlantis. Eine Erkundung in vierzehn Tauchgängen. es 2598. 60 Seiten

**Jürgen Habermas**
- Im Sog der Technokratie. Kleine politische Schriften XII. es 2671. 193 Seiten
- Zur Verfassung Europas. Ein Essay. es-Sonderdruck. 129 Seiten

**David Harvey.** Rebellische Städte. Übersetzt von Yasemin Dincer. es 2657. 283 Seiten

**Wolfgang Fritz Haug.** Kritik der Warenästhetik. Gefolgt von Warenästhetik im High-Tech-Kapitalismus. es 2553. 350 Seiten

**Wilhelm Heitmeyer (Hg.).** Deutsche Zustände. Folge 10. es 2647. 335 Seiten

**Claudia Honegger / Sighard Neckel / Chantal Magnin (Hg.).** Strukturierte Verantwortungslosigkeit. Berichte aus der Bankenwelt. es 2607. 395 Seiten

**Axel Honneth.** Vivisektionen eines Zeitalters. Porträts zur Ideengeschichte des 20. Jahrhunderts. es 2678. 307 Seiten

NF 383/3/8.14

**Thomas Kapielski**
- Je dickens, destojewski. Ein Volumenroman. es 2694. 455 Seiten
- Mischwald. es 2597. 347 Seiten
- Sezessionistische Heizkörperverkleidungen. es 2680. 214 Seiten

**Christian Kellermann / Henning Meyer (Hg.).** Die Gute Gesellschaft. Soziale und demokratische Politik im 21. Jahrhundert. es 2662. 318 Seiten

**Benjamin Kunkel.** Utopie oder Untergang. Ein Wegweiser für die gegenwärtige Krise. Übersetzt von Richard Barth. es 2687. 245 Seiten

**Philipp Lepenies.** Die Macht der einen Zahl. Eine politische Geschichte des Bruttoinlandsprodukts. es 2673. 186 Seiten

**Oliver Lepsius / Reinhart Meyer-Kalkus (Hg.).** Inszenierung als Beruf. Der Fall Guttenberg. es-Sonderdruck. 215 Seiten

**Martina Löw / Renate Ruhne.** Prostitution. Herstellungsweisen einer anderen Welt. es 2632. 215 Seiten

**Barbara Marković.** Ausgehen. es 2581. 95 Seiten

**Eduardo Mendieta / Jonathan VanAntwerpen (Hg.).** Religion und Öffentlichkeit. es 2641. 196 Seiten

**Markus Metz / Georg Seeßlen**
- Blödmaschinen. Die Fabrikation der Stupidität. es 2609. 780 Seiten
- Geld frisst Kunst – Kunst frisst Geld. Ein Pamphlet. es 2675. 496 Seiten

NF 383/4/8.14

**Danny Michelsen / Franz Walter.** Unpolitische Demokratie. Zur Krise der Repräsentation. es 2668. 411 Seiten

**Stephan Moebius / Markus Schroer (Hg.).** Diven, Hacker, Spekulanten. Sozialfiguren der Gegenwart. es 2573. 473 Seiten

**Chantal Mouffe**
- Agonistik. Die Welt politisch denken. Übersetzt von Richard Barth. es 2677. 214 Seiten
- Über das Politische. Wider die kosmopolitische Illusion. Übersetzt von Niels Neumeier. es 2483. 169 Seiten

**Franco Moretti.** Kurven, Karten, Stammbäume. Abstrakte Modelle für die Literaturgeschichte. Übersetzt von Florian Kessler. es 2564. 138 Seiten

**Valzhyna Mort.** Tränenfabrik. Gedichte. es 2580. 86 Seiten

**Sighard Neckel / Greta Wagner (Hg.).** Leistung und Erschöpfung. Burnout in der Wettbewerbsgesellschaft. es 2666. 219 Seiten

**Barbara Nolte, Jan Heidtmann.** Die da oben. Innenansichten aus deutschen Chefetagen. es 2599. 202 Seiten

**Miltiadis Oulios.** Blackbox Abschiebung. Geschichten und Bilder von Leuten, die gerne geblieben wären. es 2644. 482 Seiten

**Hanno Rauterberg.** Wir sind die Stadt! Urbanes Leben in der Digitalmoderne. es 2674. 156 Seiten

**Werner Schiffauer.** Nach dem Islamismus. Eine Ethnographie der Islamischen Gemeinschaft Milli Görüş. es 2570. 200 Seiten

NF 383/5/8.14

**Frank Schirrmacher, Thomas Strobl.** Die Zukunft des Kapitalismus. es 2603. 198 Seiten

**Michel Serres.** Erfindet euch neu! Eine Liebeserklärung an die vernetzte Generation. Übersetzt von Stefan Lorenzer. es-Sonderdruck. 76 Seiten

**Aleš Šteger.** Preußenpark. Berliner Skizzen. es 2569. 156 Seiten

**Bernard Stiegler.** Von der Biopolitik zur Psychomacht. Logik der Sorge II. es 2575. 203 Seiten

**Mark Terkessidis.** Interkultur. es 2589. 220 Seiten

**Kevin Vennemann.** Sunset Boulevard. Vom Filmen, Bauen und Sterben in Los Angeles. es 2646. 184 Seiten

**Franz Walter**
- Charismatiker und Effizienzen. Porträts aus 60 Jahren Bundesrepublik. es 2577. 405 Seiten
- Vorwärts oder abwärts? Zur Transformation der Sozialdemokratie. es 2622. 142 Seiten

**Raul Zelik.** Der Eindringling. Roman. es 2658. 288 Seiten

**Slavoj Žižek.** Auf verlorenem Posten. es 2562. 319 Seiten

**Gabriel Zucman.** Steueroasen. Wo der Wohlstand der Nationen versteckt wird. Übersetzt von Ulrike Bischoff. es Sonderdruck. 118 Seiten

NF 383/6/8.14